1905 ist das *annus mirabilis*, in dem Einstein mit mehreren epochalen Arbeiten die Bühne der Physik betritt. 1919 aber, mit der Bestätigung eines Effekts der Allgemeinen Relativitätstheorie, beginnt der jähe und unaufhaltsame Aufstieg zum internationalen Star. Ein Aufstieg, der nie geendet hat: Nie wieder erreichte ein Wissenschaftler einen vergleichbaren Grad medialer Aufmerksamkeit. Dieser Ruhm, den Einstein selbst auch einzusetzen wußte, hat Folgen gehabt, mitunter recht merkwürdige. Einigen von ihnen gehen die Beiträge dieses Bandes nach: Einstein & DADA & die Psychoanalyse & sein Haarschnitt & Aby Warburg & das Kino & Marilyn & Erinnerungsräume & sein Gehirn & die Architektur & die Kindlichkeit & die Politik & die Philosophie & die Nachwelt ...

Michael Hagner ist Professor für Wissenschaftsforschung an der ETH Zürich. Zuletzt veröffentlichte er *Geniale Gehirne. Zur Geschichte der Elitegehirnforschung*. Im Fischer Taschenbuch Verlag gab er 2001 die *Ansichten der Wissenschaftsgeschichte* heraus.

Unsere Adressen im Internet: www.fischerverlage.de und
www.hochschule.fischerverlage.de

Einstein on the Beach

Der Physiker als Phänomen

Herausgegeben von
Michael Hagner

Fischer
Taschenbuch
Verlag

Originalausgabe
Veröffentlicht im Fischer Taschenbuch Verlag,
einem Unternehmen der S. Fischer Verlag GmbH,
Frankfurt, Mai 2005

Satz: Pinkuin Satz und Datentechnik, Berlin
Druck und Bindung: C.H. Beck, Nördlingen
Printed in Germany
ISBN 3-596-16515-6

Inhalt

Michael Hagner

Zur Einführung

Dies ist kein wissenschaftshistorisches Buch. Es geht nicht um die Allgemeine oder Spezielle Relativitätstheorie, um ihre Voraussetzungen oder ihre Konsequenzen. Nicht die Revision des Newtonschen Weltbilds wird abgehandelt und auch nicht der lebenslange Widerstand Einsteins gegen die Quantentheorie, die zweite revolutionäre Veränderung in der Physik des 20. Jahrhunderts. Die einzigartigen wissenschaftlichen Beiträge des 1879 in Ulm geborenen, hauptsächlich in Bern, Berlin und Princeton wirkenden Physikers sind im Rahmen einer weitverzweigten wissenschaftshistorischen Forschung mehrfach durchgearbeitet worden und stehen in einer Fülle von Untersuchungen zur Verfügung. Trotz dieser Fülle werden immer wieder neue und überraschende wissenschaftshistorische Deutungs- und Interpretationsangebote gemacht, die den Verständnishorizont von Einsteins Werk erweitern und verändern. Und doch bleibt ein Rest von Unerklärbarkeit, ein deutungsresistenter Bezirk, der jenseits der Bedeutung Einsteins für die zeitgenössische Physik einen entscheidenden Impuls für die anhaltende Beschäftigung mit seiner Arbeit und seiner Person darstellt.

Dies ist auch kein biographisches Buch. Es geht nicht um das vielschichtige und schillernde Leben Einsteins, den Physiker oder Pazifisten, den Patentbeamten oder Philosophen, den Zionisten oder Freund der Frauen. Wohl werden diese Facetten aus Einsteins Leben vielfach gestreift, doch sie sind nicht der eigentliche Gegenstand dieser Essaysammlung. Statt dessen geht es um Einstein als Phänomen. Unter einem Phänomen versteht man eine Erscheinung, die über ihr bloßes Auftauchen hinaus eine besondere Eigenschaft hat: Sie macht einen immer wieder staunen. Einstein dürfte, trotz des außerordentlichen Aufwands, der in diesen Wochen und Monaten betrieben wird, zu den wenigen Persönlichkeiten zählen, bei denen nicht erst im Jubiläums- und Jubeljahr auf wundersame Art und Weise herausgefunden wird, daß sie uns noch etwas angehen. Wie kein anderer Wissenschaftler und überhaupt nur wenige andere historische Persönlichkeiten ist Einstein auf eine eigentümliche Weise immer da, durch seine Haare oder seine Zunge, seine berühmte Formel oder eine seiner aphorismustauglichen Bemerkungen. Diese immerwährende Anwesenheit benötigt, da sie sich nicht in einer Mozart-Oper oder einer Beethoven-Sinfonie, der Madonna Raffaels oder dem Shakespeareschen *Lear* verdichtet und von selbst unterhält, verschiedene Erkennungsmerkmale, narrative und ikonische Figurationen, die auf das Außerordentliche und Staunenswerte und eben auch auf jenen Rest von Unerklärbarkeit verweisen.

Es ist eine triviale Einsicht, daß Einstein im 20. Jahrhundert die Ikone für das wissenschaftliche Genie schlechthin geworden ist. Das hat zur Herausbildung einer ganzen Reihe von Bildern, Objekten, Symbolen, Chiffren, Wertvorstellungen und Reliquien geführt, die sich tief in das politische, soziale und kulturelle Leben eingenistet haben. Wie diese Ikonisierung vonstatten gegangen ist und an welchen Punkten sie ansetzt, ist der Gegenstand des vorliegenden Buchs.

»Einsteins Gehirn ist ein mythisches Objekt« – mit diesem Satz hat Roland Barthes seinen berühmten Essay eröffnet, in dem er argumentiert, daß Einsteins Gehirn genau das Scharnier bildet, um die Gegensätze zwischen genialem Magier und Maschine bzw. Computer zu überbrücken. Das magische Moment liegt darin, daß dieses Gehirn für viele Zeitgenossen die letzten Geheimnisse der Welt erklärt und ein überkommenes Weltbild aus den Angeln gehoben hat. Die Maschine steht für das kardinale Problemlösungsinstrument des kybernetischen Zeitalters; sie funktioniert nach klar anzugebenden Algorithmen, ist nachbaubar und also geheimnislos. Der von Barthes angezeigte Zusammenhang zwischen Magie und Maschine ist ein sinnvoller Ausgangspunkt, um die historischen Eruptionen und Verzweigungen, die mit der Ikonisierung Einsteins verbunden sind, auch jenseits des wissenschaftlichen Gehalts seiner Beiträge zur Physik zu erklären. Denn neben dem Gehirn haben sich noch zahlreiche weitere mythische Objekte und Phänomene um Einstein versammelt: körperliche Attribute wie eben seine herausgestreckte Zunge oder die struppigen Haare; die fehlenden Socken und die bewußt unprofessorale Kleidung; die Formel $E = mc^2$ und der Satz, daß Gott nicht würfelt. Und schließlich ist die Universalisierung von Einsteins Autorität, sind sein Nonkonformismus und seine politischen Interventionen, sein musikalischer Dilettantismus und sein ästhetisches Urteil selbst zu einem mythischen Phänomen geworden, das die erstaunlichsten Reaktionen hervorgerufen hat.

Wie anders wäre es zu erklären, daß der alte Sigmund Freud geradezu sehnsüchtig darauf erpicht war, daß Einstein seine psychoanalytische Theorie anerkennt? Oder daß Aby Warburg Einstein unbedingt von seiner Lesart der Keplerschen Kosmologie überzeugen wollte? Wie sonst soll man es verstehen, daß die Relativitätstheorie bis auf den heutigen Tag einen mächtigen Impuls hervorgebracht hat, nämlich den Trieb nach Widerlegung? Ganze Kohorten von (zum Teil selbsternannten) Physikern, Philosophen und sonstigen Naturkennern, zumeist politisch eingefärbt, haben hartnäckig versucht, die Unhaltbarkeit der Speziellen oder Allgemeinen Relativitätstheorie nachzuweisen.

Gottfried Benn ließ sich zu Beginn der 1920er Jahre zu einem bissigen Statement hinreißen: »Ran die Fotografen, rechts rüber, die Herren Abendblattsalbader bitte links die Galerie, der neueste Start betreffend Geistesgut, physikalisches Geschwöge, Formelfick mit Kosmikappretur: Relativitätstheorie: Der Bürger will seinen großen Mann haben – Blende auf, eine Seite Großoktav.«[1] Wenn man diesen Zeilen etwas abgewinnen möchte, dann die scharfe Beobachtung, daß Einstein als »großer Mann« über die Ikonisierung, genauer: die Fotografie, funktioniert. Dazu paßt es, daß in der Weimarer Republik die

Technik des Ausschneidens von Zeitungsartikeln Einstein zu einer »Papier-Persona« (Anke te Heesen) gemacht hat, die in Kunst und politischer Propaganda ein Eigenleben zu entwickeln begann.

Zu diesem Zeitpunkt war Einstein bereits eine »neue Größe der Weltgeschichte«, wie die *Berliner Illustrirte Zeitung* im Dezember 1919 titelte. Kurz zuvor war auf einer astronomischen Expedition die Krümmung des Lichtes weit entfernter Sterne im Gravitationsfeld der Sonne gemessen worden, eine triumphale Bestätigung der Einsteinschen Theorie. Bis dahin hatte der Physiker ein einigermaßen zurückgezogenes Forscherdasein führen können, das nicht allzuviel Stoff für eine Kultfigur hergibt.

Die Jahre in der Schweiz (1896–1914) zeigen Einstein als eigenwilligen jungen Physiker, der unbekannt und unerkannt im Alleingang und in der Position eines Berner Patentbeamten – ein »ehrwürdiger eidgenössischer Tintenscheißer mit ordentlichem Gehalt«, wie er 1906 an Alfred Schnauder schreibt – die Spezielle Relativitätstheorie ersinnt und noch weitere umstürzende Beiträge zur Physik liefert. Naturgemäß ist über die Zeit in Bern am wenigsten bekannt, und deswegen zeichnet sich das Museum in der Kramgasse 49, der Hauptwohnung Einsteins in jenen Jahren, vor allem durch Leere aus: ein Imaginationsraum, in den alle möglichen Vorstellungen über die epochale Tat hineinprojiziert werden können.

Die Berliner Jahre (1914–1933) sind wissenschaftlich zunächst durch die Vollendung der Allgemeinen Relativitätstheorie, politisch durch den Weltkrieg bestimmt, den Einstein mit bewunderungswürdiger Beharrlichkeit ablehnt. Mit der großen Zäsur von 1919 wird Einstein zu dem Phänomen, das nicht bloß Staunen erregt, sondern jeden, der etwas auf sich hält, dazu bringt, sich in irgendeiner Weise dazu zu äußern bzw. darauf zu reagieren. Mit der erzwungenen Emigration in die USA wird diese Situation noch einmal verschärft. Noch in der Weimarer Zeit, vor allem aber in den Jahren in Princeton (1933–1955) wird Einstein zum Initiator und Unterzeichner von Petitionen, Überbringer von Grußbotschaften, Verfasser von Geleitworten und Eröffnungsansprachen. Die meisten der berühmt gewordenen Bilder Einsteins sind in den Vereinigten Staaten entstanden: Einstein auf dem Fahrrad, auf dem Wolkenkratzer in Manhattan, auf der Pritsche des die Hirnströme ableitenden Neurologen oder im Fonds einer Limousine mit herausgestreckter Zunge. Viermal war Einstein auf dem Titelblatt von *Time* abgebildet. Das erste Mal, 1929, sitzt er in leger-selbstbewußter Haltung auf einem hölzernen Gartenstuhl. Die übrigen drei Bilder zwischen 1946 und 1999 bieten dem amerikanischen Leser den struppigen weißen Haarschopf und den treuherzigen Blick des gutmütigen Onkels an. Ein Hauch von Tragik liegt über seinen späten Jahren, nach Bau und Zündung der Atombombe, vom FBI aufmerksam überwacht, und in seinen pazifistischen Bemühungen fast wie ein rührender Wanderprediger in der Wüste agierend.

Das Nachleben hat zu einer unerhörten Vermehrung von mythischen Objekten geführt. Einsteins Gehirn oszilliert zwischen obskuren Reliquiensammlern und Wissenschaftlern, zwischen Roadmovie und Journalisten, Geschäftsinteressen und moralischen Bedenklichkeiten. Haarschopf und Zunge sind, wie vielleicht nur noch der auf dem Klo sitzende Frank Zappa, zum Emblem für antibürgerliche Unangepaßtheit geworden. Und wen könnte es noch wundern, daß früher oder später die beiden Ikonen Einstein und Marilyn zueinander finden mußten.

Das Ziel dieses Buches besteht also nicht darin, ein neues Einstein-Bild zu generieren. Es versteht sich vielmehr als Kommentar zu denjenigen Unternehmungen, die Einstein zu einer fortlaufenden Projektionsfläche gemacht haben, auf der immer wieder Bilder sichtbar werden, die Auskunft geben darüber, wie ein angeblich entzaubertes Zeitalter mit einer seiner erstaunlichsten Erscheinungen umgeht.

Auch das Jubeljahr hält noch Überraschungen bereit. Die erstaunlichste Neuigkeit kommt aus der Neuromythologie. Eine renommierte Tageszeitung schreibt in ihrer aufwendigen, streckenweise durchaus instruktiven Einstein-Beilage folgendes: »Die moderne Gehirnforschung erlaubt uns heute zu verstehen, warum Einstein und Freud auf so wütenden Widerstand ihrer Zeitgenossen gestoßen sind. Es fällt dem Menschen nämlich ungemein schwer zu akzeptieren, daß sein Bild von der Welt nicht das Ergebnis rationaler Überlegungen, sondern sehr oft das von Vorurteilen ist.«

Wer hätte das gedacht, daß uns die Neurohistorie so grundlegende Einsichten zu vermitteln vermag? Insbesondere, wenn man die zwingenden Konsequenzen dieser Einsicht bedenkt. Es ist nämlich eine Tatsache (die auch in diesem Buch mehrfach thematisiert wird), daß Einsteins Relativitätstheorie in den zwanziger Jahren gerade wegen ihres revolutionären Potentials von den Kommunisten, Sozialisten und der künstlerischen Avantgarde enthusiastisch begrüßt wurde. Also dürfen wir mit Gewißheit schließen: Die moderne Gehirnforschung erklärt uns, was wir intuitiv schon immer geahnt haben, daß Kommunismus, Sozialismus und künstlerische Avantgarde »den Menschen« von seinen Vorurteilen zu befreien vermögen. Schade ist nur, daß sich die Einsichten der modernen Hirnforschung speziell auf das deutsche Volk zu beziehen scheinen, denn es ist nicht bekannt, daß Einstein in England, Frankreich oder den USA auf allzu »wütenden Widerstand« gestoßen wäre.

Einstein on the Beach, das ist eine Oper von Philip Glass und Robert Wilson, die mit den bestehenden Konventionen bricht, denn sie geht nicht mehr von einem Libretto aus, das dann vertont wird. Die Oper ist um einzelne Bilder und Zeichnungen Wilsons herum komponiert und verfügt über keine durchgehende Handlung. Der Text wird als Material benutzt, und dementsprechend haben mehrere Autoren Textelemente beigesteuert. Die Bezüge zu Einstein sind locker gewoben und assoziativ, obgleich es Glass und Wilson von Anfang an darum ging, eine das 20. Jahrhundert prägende Figur in den Mittelpunkt zu stellen. Sie erwogen zunächst Chaplin, Hitler oder Gandhi, bevor sie sich auf Einstein einigten. Auch hier steht das Jahrhundertphänomen also am Anfang.

Die Oper beginnt und endet mit einer endlos erscheinenden Kaskade von Zahlen, die von einem Chor mit gleichschwebender Höflichkeit und Zurückhaltung gesungen wird: 1234/ 123456 / 12345678 / 1234 / 123456 / 12345678 / 1234 / 123456 / 2345678 / 1234 / 123456 / 2345678 / 1234 / 23456 / 12345678 / 1234 / 23456 / 12345678 / 234 / 123456/12345678/234 / 123456 / 12345678 usw. Das klingt sehr schön, ist aber auch etwas sinnlos. Doch wenn einem zu Einstein als Phänomen nichts mehr einfällt, wenn man einmal genug hat von all den Verklärungen und Travestien, Hagiographien und Ikonisierungen, dann wirken die Zahlen in ihrer Schlichtheit und Klarheit ausgesprochen beruhigend.

William Clark

Einsteins Haar

> Betrachten wir [...] das typische Erscheinungsbild der Propheten. Normalerweise kommen sie aus den Randbereichen der Gesellschaft und sind ziemlich zottelige, ungepflegte Gestalten. Körperlich bringen sie die Unabhängigkeit von sozialen Normen zum Ausdruck, wozu sie durch ihre randständige Herkunft verleitet werden.[1]
>
> *Mary Douglas, Anthropologin der Ungewaschenen*

Ihren Bericht auf Seite eins über die Entdeckung von Johanna Fantovas Tagebuch begann die *New York Times* am 24. April 2004 so: »In Princeton kannte man sie als Einsteins letzte Freundin. Sie schnitt ihm die Haare – so schockierend die Vorstellung auch sein mag, daß sich jemand an dieser feinen kosmischen Aureole zu schaffen macht.« Nicht lange davor hatte die *Iowa City Press-Citizen* eine Umfrage durchgeführt, deren Ergebnisse am 14. März 2004 ins Internet gestellt wurden: Was verbinden die Einwohner von Iowa City mit dem Wort »Einstein«? Die häufigste Antwort lautete »Genie«. An zweiter Stelle folgte »$E = mc^2$«. Den dritten Platz machte »Wissenschaft«. Und die vierthäufigste Antwort hieß »komische Haare«. Ich ziehe meinen Hut vor den gescheiten Bürgern von Iowa City.

Einstein, ein Genie, das $E = mc^2$, die Zauberformel der Wissenschaft, entdeckte, hatte auffälliges Haar. Die von der *New York Times* so genannte »kosmische Aureole« seiner Haartracht ist zum wichtigsten Detail der Vorstellung, des Bildes von Einstein geworden, zum Leitmotiv für Cartoons, Comics und Karikaturen.[2] Dieser Strahlenkranz von Haar läßt an ein Halo denken, an kosmisches Licht, die Aura eines Propheten. In der Hagiographie der modernen Wissenschaft kommt niemand einem biblischen Propheten so nahe wie Einstein.

Hagiographie und Dämonologie speisen den modernen Mythos des »Mad Scientist«. Eine Zeitlang planten Michael Hagner und ich ein Buch über diesen modernen Mythos, wobei sich Michael vor allem für die Figur des Gehirns in solchen Zusammenhängen interessiert, während ich mich mehr von Dingen wie Haaren angezogen fühle. (Vielleicht fühlt sich jeder von uns einfach von dem angezogen, wovon er am meisten hat.) Die populäre Klischeefigur des »Mad Scientist« ist entweder heilig oder dämonisch, ein exzentrisches oder ein böses Genie, auf jeden Fall aber mit einem Superhirn ausgestattet. Das Superhirn manifestiert sich nicht notwendigerweise in einem überdimensionalen Schädel. Eine wilde Haartracht reicht aus, ohne ihrerseits zwingend zu sein. Jedoch tritt der »Mad Scientist« häufig als abnorme Figur in Erscheinung, irgendwie merkwürdig, schräg. An diesem Punkt unterhält die moderne, populäre Dämonologie Verbindungen zur traditionellen Teratologie, der Lehre von den Mißbildungen.[3]

Die populäre Kultur steht unter dem Szepter der Dämonologie – zumindest hinsichtlich des »Mad Scientist«. In Literatur und Film, in Comics und Cartoons erscheint dieser üblicherweise in Gestalt des bösen Genies.[4] Soziologische Untersuchungen verschiedener Bevölkerungsgruppen, von Grundschülern bis hin zu Studierenden, fördern ähnlich negative Einstellungen gegenüber der Figur des Wissenschaftlers zutage.[5] Warum ist das so? Eine mögliche Erklärung lautet: Die Aufklärung ist fehlgeschlagen.

Ziel der aufklärerischen Bemühungen des 18. Jahrhunderts war es unter anderem, dem volkstümlichen Geisterglauben den Boden zu entziehen und die Menschen davon zu überzeugen, daß Dämonen, Geister und dergleichen Hirngespinste seien, reiner Aberglaube. Die Wissenschaft würde nun an die Stelle solchen Aberglaubens treten. Die Leute aber wollten sich ihre Dämonen nicht nehmen lassen.[6] Wenn die Wissenschaftler behaupteten, es gäbe die althergebrachten Dämonen gar nicht, dann verlangte es die Menschen eben nach einer neuen Sorte Dämonen – nach Wissenschaftlern. Genauer, nach verrückten

Exemplaren dieser Spezies, bösen »Zauberern«. Mary Shelleys *Frankenstein* von 1818 kann man als Geburtsanzeige dieser neuen volkstümlichen Dämonologie, dieses modernen Mythos der Populärkultur ansehen.

Zwar gab es auch Bestrebungen, Wissenschaftler als Heilige zu verklären, doch hatten sie in der populären Kultur nicht dieselbe Durchschlagskraft wie ihre Dämonisierung. Die Hagiographie verschwand aber auch nicht aus der modernen Welt. Während die Populärkultur der Dämonologie zuneigt, bevorzugt die kulturelle Elite mit ihren Instrumenten – dem Bildungssystem, populären Wissenschaftsmagazinen, Fernsehdokumentationen, Werbung, dem Nachrichtenwesen und so weiter – die Hagiographie des Wissenschaftlers. Dieser Prozeß setzte in der Aufklärung ein. Man kann die Geburt dieser Hagiographie beispielsweise daran ersehen, wie Wissenschaftler über verstorbene Wissenschaftler als einer neuen Sorte von Heiligen sprachen.[7] Man kann sie auch an dem Kult ablesen, den das 18. Jahrhundert um Sir Isaac Newton veranstaltete, den ersten Heiligen der Wissenschaft und das künftige Vorbild des exzentrischen Genies. Elemente der traditionellen Hagiographie fanden hier ein neues Betätigungsfeld.

Das ganze 19. Jahrhundert über behielt Newton seine überragende Stellung in der kanonischen Hierarchie der Wissenschaft. Im 20. Jahrhundert machte ihm Einstein diesen Status streitig. Er wurde zum Inbegriff des »exzentrischen Genies [...], das für die Kamera die Zunge herausstreckt und in Schuhen ohne Socken herumläuft. [...] In einem weltlichen Zeitalter umgab ihn die Aura eines Heiligen.«[8] Josef Mengele dürfte wohl zu *der* historischen Verkörperung des bösen Genies im 20. Jahrhundert geworden sein – vielleicht auch nur des Bösen. Albert Einstein aber hat sich unzweifelhaft zu *der* historischen Verkörperung des exzentrischen Genies entwickelt – des guten Genies. Der vorliegende Beitrag untersucht dieses Phänomen anhand von Einsteins Haar.

1879 bis 1904

Als junger und selbst als reifer Mann hatte Einstein regelmäßige Züge, volle Wangen, rundes Kinn. Er war von jener männlichen Schönheit, die besonders zu Anfang des Jahrhunderts Unheil anrichtete.[9]

Antonina Vallentin, eine Freundin Elsa Einsteins aus der Berliner Zeit

Soweit ich weiß, war Albert Einstein, als er am 14. März 1879 in Ulm auf die Welt kam, kein behaartes Baby. Seinen Eltern stachen eher sein unförmiger Kopf und seine übermäßige Pummeligkeit ins Auge. Der Babyspeck ging bald weg, bis auf die Pausbäckchen. Was sich nach der Geburt als deformierter Schädel ausnahm, entwickelte sich zu einem Kopf, den Künstler und Frauen interessant fanden.[10]

Falls Einstein, bewußt oder unbewußt, eine »randständige Herkunft« (als Impulsgeber für seine spätere Rolle als Prophet) verspürte, dann hätte sich dies dem Umstand verdanken können, daß seine Eltern assimilierte deutsche Juden waren. Doch ein ausgeprägtes Gefühl jüdischer Identität hatte Einstein erst mit knapp vierzig. Und in seiner Jugend lehnte er weite Teile der deutschen Kultur ab, sobald er sie bewußt wahrgenommen hatte. Er machte jedoch auch Ausnahmen, besonders bei Musik und Sprache. Vielleicht trugen diese frühen Einstellungen dazu bei, jenes Gefühl der Distanz gegenüber seiner Umgebung und vor allem gegenüber den ihm am nächsten stehenden Menschen hervorzurufen, das ihn sein Leben lang begleitete.

Daß sich der junge Einstein nicht für Sport interessierte, trug ihm den Schimpf seiner Klassenkameraden ein. Schließlich aber beeindruckte er sie und ihre Lehrer durch seine großspurige, dreiste, beinah arrogante Art. In der Erinnerung eines Klassenkameraden: »In diese Atmosphäre [der jugendlichen religiösen Skepsis] paßte der kecke Schwabe [Einstein] nicht übel, dessen originelle Selbstherrlichkeit ihn schon vor allen anderen auszeichnete. Den grauen Filz auf die Seidenfülle des schwarzen Haares zurückgeschoben, schritt er energisch und sicher.«[11]

Charismatische Macht über beide Geschlechter sowie ein kapriziöses Erscheinungsbild und Gedächtnis – bereits in seiner Jugend lief er ungekämmt und notorisch geistesabwesend herum – waren weder Effekte noch Affektiertheiten, die erst das »Phänomen Einstein« bewirkt hätte, vielmehr tragen sie dazu bei, es zu erklären. »Einsteins gleichgültige oder absonderliche Weise, sich zu kleiden, amüsierte die Mutter« eines Schulkameraden und zweifellos nicht nur sie.[12] Fotografien von vor 1905 lassen erkennen, daß Einstein grundsätzlich zur Zotteligkeit neigte; doch war sein dunkles Haar zugleich so lockig, daß es sich dicht auf seinem reizenden Kopf zusammenballte. Rückblickend mag man hier die Anfänge eines Strahlenkranzes oder kosmischen Halos erkennen. Aber seinerzeit standen andere Eigenschaften im Vordergrund. Lippen und Mund verrieten einen Sinnenmenschen. »Die Augen aber waren es zuerst, die diesen anfänglichen Eindruck durcheinanderbrachten, diese sehr dunklen, sehr leuchtenden, stark gewölbten Augen. […] Vielleicht ein Dichter? Sicherlich ein Musiker!«[13]

1905 bis 1918

> Als er in seiner etwas abgetragenen Kleidung mit den zu kurzen Hosen und der eisernen Uhrkette das Katheder betrat, waren wir eher skeptisch.[14]
>
> *Hans Tanner*, Student an der ETH, über Einsteins erste Vorlesung, 1909

Einstein wurde zu einem Akademiker mit dem Habitus eines Dichters oder Musikers *dans la belle époque*. Bei seiner ersten Vorlesung im Jahr 1909 jedoch könnte er sogar noch merkwürdiger ausgesehen haben. Passend zu seinem Habitus war Einsteins akademischer Weg ungewöhnlich verlaufen. Zwischen

1902 und 1909 arbeitete er als Patentingenieur in Bern. 1905 veröffentlichte er den ersten Schwung seiner berühmten Aufsätze. Im selben Jahr ließ er, wie es damals üblich war, etliche Porträtfotos von sich anfertigen, die er an diverse Akademien und Eminenzen sandte – ein erster Schritt, um sich einzuführen. Dies sind die Aufnahmen, die Einstein in eher unakademischem, »modisch geschnittenem Glencheck«-Anzug zeigen.[15]

Einstein als Patentbeamter in Bern 1905

Auf diesen Fotos assoziiert man mit dem dunklen Haar weniger ein Halo als Einsteins Neigung zum Bohemien, von der auch der Anzug kündet. Wer sich zu ihm hingezogen fühlt, möchte ihm wohl mit den Fingern durch die Haare fahren. Und die, die etwas langfristiger planen, denken wahrscheinlich, er sollte sein Haar bürsten. So jedenfalls Cousine Elsa in Berlin, wo die beiden ihre junge Liebe lebten. Im Winter 1913 schenkte Elsa ihm eine Bürste, um seine widerspenstigen Haare zu zähmen, und mahnte ihn, etwas mehr auf sein Äußeres zu achten. Er erwiderte, daß sie sich ja einen passenderen Freund suchen könnte, wenn sie ihn nicht so akzeptieren konnte, wie er war.[16] Bald darauf ließ sich Einstein von überaus attraktiven akademischen Angeboten nach Berlin locken, wo er und Elsa mehr als gute Freunde wurden. Einsteins erste und zu diesem Zeitpunkt Noch-Ehefrau Mileva hatte sein Äußeres allem Anschein nach nicht so sehr zu beeinflußen versucht. Aber Einstein hatte sich ihr schon lange entfremdet.

In dieser Zeit, zwischen 1905 und 1918, wurde Einstein unter Wissenschaftlern und Eingeweihten berühmt. Noch heute beruht sein Ruf vor allem auf Schriften, die er in jenen Jahren veröffentlichte. Er hatte Professuren an berühmten Universitäten inne, war Direktor des renommierten Kaiser-Wilhelm-Instituts für Physik in Berlin und Mitglied der Preußischen Akademie der Wissenschaften. Bald galt er als führender Wissenschaftler Deutschlands.

Sein mittlerweile leicht graumeliertes Haar blieb einigermaßen gebändigt. Auf einer Fotografie von 1914, die ihn mit dem Chemiker Fritz Haber zeigt, hat Einstein sogar eine richtig ordentliche Kurzhaarfrisur. Auf einem 1916 in seinem Berliner Arbeitszimmer aufgenommenen Bild scheint er über die Aussichten zu strahlen, die sein monumentales Werk, die Allgemeine Relativitätstheorie, eröffnete (gewöhnliche Sterbliche würden noch drei Jahre und mehr brauchen, bis sie überzeugt waren). Was einmal Arroganz war, ist dem gütigen, etwas abwesenden Blick eines Mannes gewichen, der das Jenseits gesehen hat.[17] Sein vornehm graumeliertes Haar wirkt buschig, aber noch nicht wirklich zottelig.

1919 bis 1932

> Oui, une belle tête; c'est un poète?[18]
> *Aristide Maillol*, ein Bildhauer, der Einstein nicht kannte

Im November 1919 begann Einstein zur weltweiten Berühmtheit zu werden. Sein Haar brauchte länger. Dafür ist dessen Berühmtheit leichter zu erklären als die seines Trägers. Wer die Entwicklung von Einsteins Ruhm untersucht, ist im allgemeinen erstaunt. Wie kam es, daß Einstein zwischen 1919 und 1925 zu einem weltweiten Star avancierte? Der Physiker Emilio Segrè drückt es so aus: »Das war der Zeitpunkt, zu dem Einsteins Popularität explodierte. Aus mir persönlich unerklärlichen Gründen wurde er plötzlich unglaublich populär, selbst bei Leuten, die von seiner Arbeit nicht das geringste verstanden. Er wurde […] wie ein Filmstar oder ein beliebter Schauspieler bewundert.«[19]

Einsteins Allgemeine Relativitätstheorie hatte unter anderem prophezeit, daß die Anziehungskraft einer großen Masse wie unserer Sonne das Licht in ihrer unmittelbaren Nachbarschaft merklich beugen würde. Eine Sonnenfinsternis Ende Mai 1919 erlaubte es zu messen, wie sich das Sternenlicht beim Passieren der Sonne verhält, und so die Frage zu entscheiden, ob Einstein oder Newton über den Himmel herrschte. Gruppen britischer Astronomen brachen zum afrikanischen und zum südamerikanischen Äquator auf, wo die Bedingungen für die entsprechenden Beobachtungen während der Sonnenfinsternis am günstigsten waren.

Den Sommer und Herbst über mühten sich britische Astronomen unter Leitung von Sir Frank Dyson und Sir Arthur Eddington mit den Berechnungen der Beobachtungsergebnisse ab. Im Oktober gaben erste inoffizielle Berichte Einstein den Vorzug vor Newton – ein Desaster für die britische Kultur. Am 6. November 1919 schließlich wurde das Ergebnis auf einer gemeinsamen Sitzung der *Royal Society* und der *Royal Astronomical Society* offiziell bekanntgegeben. Am nächsten Tag verkündete die Londoner *Times* auf S. 12:

REVOLUTION IN DER WISSENSCHAFT.
NEUE THEORIE DES UNIVERSUMS.
NEWTONS IDEEN UMGESTÜRZT.

Andere Zeitungen verbreiteten diese Neuigkeiten rasch weiter.[20] Am 9. November berichtete die *New York Times*, Einsteins Arbeiten würden »ALS EPOCHEMACHEND BEJUBELT«. Die Zeitung setzte ihre Berichterstattung über Einstein zwei Tage lang fort. Am 3. und am 7. Dezember druckte sie dann Artikel, die auf einem in Berlin geführten Interview mit Einstein fußten. Der Berliner Korrespondent, der das Gespräch geführt hatte, brachte eine komische falsche Geschichte über den Ursprung der Allgemeinen Relativitätstheorie in Umlauf. In den Artikeln war mehr von Einsteins Wohnung und »elesener Bibliothek« (dem Arbeitszimmer) die Rede als von ihm selbst. Von der Person Einsteins erwähnte der Korrespondent lediglich die Lippen, die ihm vermutlich die Legende eingeflüstert hatten. Einsteins Haar schien den Medien zu diesem Zeitpunkt offensichtlich nicht besonders bemerkenswert.[21]

Es dauerte fünf Wochen, bis die Zeitungsphase von Einsteins Ruhm auch eine Feier des Propheten in seiner Heimat einschloß. Die Verspätung verdankte sich nicht etwa irgendeinem Widerwillen, sondern dem Umstand, daß Einstein in Berlin schon überaus bekannt war und keinen Nachrichtenwert hatte. Der Beifall im Ausland aber war eine Neuigkeit. Am 14. Dezember 1919 druckte die *Berliner Illustrirte Zeitung* eine Fotografie mit der Bildunterschrift: »Eine neue Größe der Weltgeschichte: Albert Einstein [...]« und stellte diesen auf ein Podest mit Kopernikus, Kepler und Newton (siehe die Abbildung auf S. 45 in dem Beitrag von Anke te Heesen). Das Bild ist interessant. Im Gegensatz nämlich zu der von Suse Bück gemachten Porträtfotografie, die Einstein mit buschigem Haar zeigt, ist der Schopf auf dem Foto der *Berliner Illustrirten* abgeschnitten. Einsteins Haltung und Ausdruck auf Porträt und Foto von 1917/1919 situieren ihn in einer bemerkenswerten figurativen Konstellation und deuten in mindestens zwei verschiedene Richtungen, denen die Konstruktion seines Bildes zu diesem Zeitpunkt folgen könnte. Um den sich anbahnenden weltgeschichtlichen Ereignissen gerecht zu werden, wollen wir hier ein wenig verweilen.

Es geht um nichts Geringeres, als daß Einstein im modernen Pantheon Newton vom Sockel stößt. Nach meiner Auffassung geistert Newton durch die Porträt-Foto-Sequenz von 1917/1919. Nehmen wir zwei denkbare Konstruktionen Einsteins: den *titanischen Denker* und den *melancholischen Philosophen*. William Blakes »Newton« (1795–1805) zeigt letzteren als *titanischen Denker*. Godfrey Knellers Newton-Porträt von 1689 veranschaulicht den *melancholischen Philosophen*. Natürlich verweisen das Porträt Einsteins und seine fotografische Reproduktion allenfalls indirekt auf diese Newtonbilder.

Unmittelbarer spielt die Sequenz von 1917/1919 auf Auguste Rodins »Le penseur« (1880–83; 1903) und Albrecht Dürers »Melencolia I« (1514) an. Dürers Werk bietet das kanonische Bildnis des Melancholikers, mithin einer Gestimmtheit, die vor allem den Gelehrten und den Philosophen heimsucht. Rodins »Denker« ist das berühmteste Werk der modernen Bildhauerei und entfachte unmittelbares Interesse bei der Fachwelt und beim breiten Publikum. 1903 veröffentlichte Rainer Maria Rilke unter dem Titel »Auguste Rodin« einen höchst einflußreichen Essay über den »Denker«.[22] Rodins »Denker« und Blakes »Newton« ähneln einander auf interessante Weise. (Auch Blakes »The Ancient of Days« von 1794 müßte man hier einbeziehen.) Sie stellen den Denker als Titanenfigur nach dem klassischen Vorbild Michelangelos dar. Rodin sieht seine Figur als einen »Dichter und Denker« und als einen Schöpfer. Blake zeichnet Newton als einen prometheischen Rechenkünstler. In beiden Fällen ist der Denker oder Philosoph (oder Wissenschaftler) eine muskulöse Figur – ein heroischer Genius jenseits der hagiographischen Tradition.[23]

Dürers Melancholiker und Knellers Newton hingegen folgen dem Mainstream der christlichen Tradition: ein Denker neigt zur Melancholie. Geisteskrankheit oder Trübsinn prägen einen Körper, der nicht muskelbepackt, sondern schwach und krankheitsanfällig zu sein pflegt. Nach diesem Vorbild formte die Hagiographie des 18. und des 19. Jahrhunderts das wissenschaftliche Originalgenie Newton. Dieser heroische Genius hatte Muskeln allein im Gehirn, er war ein heiliger Asket, ein melancholisches oder vielmehr exzentrisches Genie – eher auf angenehm-heitere als auf traurige Weise verrückt.[24]

Als Einstein nach 1919 begann, Newtons Platz im Pantheon der Wissenschaft einzunehmen – würde er da als titanischer Denker oder als melancholischer Philosoph antreten oder als eine ganz andere Figur? Wer das Phänomen Einstein nach 1919 beschrieb, charakterisierte ihn mit Ausdrücken wie »sanft«, »bescheiden«, »einfach«, »heilig« und so weiter. Derlei Berichte zeigen die traditionelle Hagiographie am Werk. Um 1900 waren die berühmtesten Wissenschaftler in Amerika Thomas Edison und Nikola Tesla gewesen, zwei »Zauberer«, die einander bekämpft hatten, wie man es von Zauberern ja kennt. Nach dem Grauen des Ersten Weltkriegs und dem Ende der *belle époque* scheint es das Publikum weniger nach Zauberern verlangt zu haben, nach den dämonischen Mächten der Unterwelt, mit denen Zauberer in Verbindung stehen. Die Öffentlichkeit war vielmehr bereit für einen neuen Heiligen.[25]

Einer der scharfsinnigsten Kommentare zu diesem Phänomen stammt von Abraham Pais:

> Das Wesentliche an Einsteins einmaliger Position geht tiefer und hat […] vor allem mit den Sternen und der Sprache zu tun. Plötzlich tritt ein neuer Mann auf, der ›plötzlich berühmte Doktor Einstein‹. Er verkündet die Botschaft von einer neuen Ordnung im Universum. Er ist ein neuer Moses […] und ein neuer Josua, der die Gesetze der himmlischen Körper lenkt. Er spricht mit fremden Zungen, aber weise Männer bestätigen, daß die Sterne seine Wahrhaftigkeit bezeugen. […] Er wird zum θειος ἀνήϱ, dem göttlichen Mann des 20. Jahrhunderts.[26]

Einstein um 1920, vor der Bücherwand

Pais' Beschreibung treibt das populäre Bild Einsteins über das eines Heiligen (oder Zauberers) hinaus, bis es sich in das eines biblischen Helden verwandelt. Einsteins Haar sollte dabei eine zentrale Rolle spielen. Würde es ihn in einen Samson oder in einen Jesaja verwandeln?[27]

Im September 1920 schrieb Einstein seiner achtjährigen Kusine Elisabeth: »Ich sage Dir daher, wie ich ausseh: Bleiches

Gesicht, lange Haare und eine Art schleichendes Bäuchlein.«[28] Auf einer Aufnahme, die ihn im selben Jahr in seinem Berliner Arbeitszimmer zeigt, ist das blasse Gesicht nicht so recht zu sehen. Eine leichte Wölbung in seinem Pullover verrät den Bauchansatz. Und das Haar, das Haar. Strahlenförmig pulsiert es nach oben, von einem Kreis aus, der auf der Stirn leuchtet. (Oder ist das einfach das blasse Gesicht?) Die Energie sprüht hier aus Einsteins Haar.

Der Kult begann am 2. April 1921, wie die *New York Times* am folgenden Tag vermeldete:

PROF. EINSTEIN EINGETROFFEN, ERKLÄRT RELATIVITÄT

»Poetischer Wissenschaftler« sagt: Es ist eine
Theorie über Raum und Zeit,
aber sie verwirrt die Journalisten

BEMÜHT SICH UM HILFE FÜR PALÄSTINA

Tausende warten stundenlang, um
den Theoretiker und seine Begleiter
in Amerika willkommen zu heißen

> Ein Mann im ausgebleichten grauen Regenmantel und schlappen schwarzen Filzhut, der das über seinen Ohren wuchernde graue Haar fast verbarg, stand [...] schüchtern vor einem Bataillon von Kameramännern. Mit einer Hand umklammerte er eine glänzende Bruyèrepfeife, mit der anderen hielt er sich an einer kostbaren Geige fest. Er wirkte wie ein Künstler – ein Musiker. Was er ja auch war.
> Doch unter seinen zotteligen Locken steckte ein wissenschaftlicher Geist, dessen Schlußfolgerungen den fähigsten Köpfen Europas die Sprache verschlagen haben [...][29]

Wie durch Zauberei enthalten diese ersten Absätze des Aufmachers auf der ersten Seite die meisten Elemente des bald schon kanonischen Einstein-Bilds. Man erklärte sich den ›theoretischen Physiker‹ – eine seltsame Vorstellung für den Großteil der Öffentlichkeit –, indem man ihn zum Dichter, Musiker, Künstler machte. Der »schlappe schwarze Filzhut« sollte als Einsteins »Künstlerhut« bekannt werden. Eine Zeitlang sollten die »zotteligen Locken« mit diesem Künstlerhut um den Vorrang kämpfen, das Genie zu definieren. Einsteins Haar machte ihn nicht automatisch zum Propheten oder Heiligen. Das brauchte Zeit. Von April 1921 bis Mai 1925 bereiste Einstein Nordamerika, Europa (u. a. England und Frankreich), den Fernen und den Nahen Osten sowie Südamerika.[30] Vielerorts war er seit dem Ersten Weltkrieg der erste Repräsentant deutscher Kultur, der mit öffentlichen Ehren empfangen wurde. Das wurde dadurch erheblich erleichtert, daß er weder so aussah noch so auftrat, wie die Welt das von einem deutschen Professor erwartete. Dies wiederum entging der Aufmerksamkeit der deutschen Regierung nicht. Bald behandelte sie Einsteins Habitus, Kopf und Haartracht als *Politikum*.[31]

Einstein mit Künstlerhut, 1921 in New York

April 1921, New York City, USA – der Kult beginnt.
April 1922, Paris, Frankreich – der Kult erweist sich als übertragbar.

Paris hatte sich gewappnet, um dem Bann dieses Deutschen zu widerstehen. Binnen weniger Tage lag es ihm zu Füßen – welche man noch nicht einmal für seinen interessantesten Körperteil hielt. Die Presse schwärmte von seinen Augen (einer fand sie melancholisch, ein anderer nicht), seinem Kopf (»belle«), seinen Händen (»d'une rare éloquence«), seinem Mund (sinnlich), seinem Schnurrbart (»à l'américaine«) und seiner Stimme (»douce«). Und er sprach Französisch! Selbstverständlich nicht korrekt. Aber doch immerhin »exquisement caressante«. Natürlich registrierte man »volles, nach hinten geworfenes Haar, eher in der Art eines Künstlers als eines Mathematikers«. Ein Journalist fühlte sich an den jungen Beethoven erinnert.[32] Das Haar schien zu diesem Zeitpunkt weniger ein Halo als eine Mähne zu sein.

Am 1. April schrieb der *Figaro*: »Einstein hat einen schönen Kopf, eine hohe Stirn, die Haare nach seinen letzten Fotografien kurz geschnitten, mit Naturlocken, in denen Silberfäden blitzen.«[33] Spätestens im April 1922 hatte die Öffentlichkeit also bestimmte Erwartungen bezüglich des Haars und seiner Beschaffenheit.

Am 12. April 1922 berichtete das *Berliner Tageblatt*: »Seit zehn Tagen ist der Professor Albert Einstein die populärste Persönlichkeit in Paris ... Alle Zeitungen haben sein Bild gebracht ... Einstein ist die große Mode geworden ... Ganz Paris weiß alles und erzählt noch mehr ... von Albert Einstein.«[34] Die Presse war voller Cartoons und Karikaturen.[35] (Diese sind bislang nicht systematisch untersucht worden, was ich für den vorliegenden Artikel auch nicht nachholen konnte.) Hilaire Cuny war 1922 zehn Jahre alt, als sie Einstein in einem Bahnhof zum erstenmal sah. Ein Bild brannte sich in ihrem Gedächtnis fest – nicht daß Einstein größer gewesen oder sich anders benommen hätte als andere Menschen, »sondern weil ins Auge sprang, daß er barhäuptig war, was zu der Zeit schon als extravagant galt«. Vor allem erinnerte sich Cuny an Einsteins komische Schuhe und seinen unbedeckten Kopf.[36]

Der unbedeckte Kopf hatte politische Folgen, von denen eine in einem alarmierten deutschen Botschafter bestand. »Der Botschafter machte sich Sorgen, daß Regen und Wind dem illustren Schädel zusetzen könnten, doch Einstein erwiderte, daß ebendieser Schädel durch dichtes Haar geschützt werde, welches im Zweifelsfalle schneller trockne als ein Hut […].«[37] So weit die Erinnerungen einer Zehnjährigen, denen spätere Forschung vielleicht etwas nachgeholfen hat. In *L'Illustration* vom 15. April hingegen sprach der Journalist Charles Nordmann von Einsteins »legendärem Künstlerhut«, den der große Physiker eindeutig dabeihatte – wie verschiedene Fotografien aus dem April in Paris belegen.[38]

Im November und Dezember 1922 weilte Einstein in Japan. Nach seinem fünfwöchigen Besuch hielt ein Bericht des deutschen Botschafters, Wilhelm H. Solf, am 3. Januar 1923 von Amts wegen fest: »Auch Karikaturen von EINSTEIN gab es, bei denen seine kurze Pfeife und sein üppiges, kammtrotziges Haar eine Hauptrolle spielten und seine, nicht immer mit Treffsicherheit der Gelegenheit angepaßte Kleidung leicht angedeutet wurde.«[39] Einen Hut kann ich in diesem Bericht nicht entdekken. Genausowenig in der Karikatur von Ippei Okamoto (komplett mit Pfeife und Haar), die Einstein signierte, wobei er die große Nase registrierte, die der Zeichner ihm verpaßt hatte.

Ab einem gewissen Zeitpunkt wurde Einstein mit Chaplins »kleinem Tramp« verglichen. Eine Gemeinsamkeit zwischen Chaplin und Einstein gab es schon vor ihrem berühmten gemeinsamen Auftritt bei der Hollywood-Premiere von *City Lights (Lichter der Großstadt)* im Jahre 1931. 1922, wenige Monate vor Einsteins Apotheose in Paris, war Chaplin dort ebenso begeistert begrüßt worden. Die Parallelen zwischen dem Phänomen Chaplin und dem Phänomen Einstein blieben nicht unbemerkt.[40] Dennoch nimmt die Figur Einstein in den zwanziger Jah. ren allem Anschein nach keine chaplinesken Züge an. Wenn man die Entwicklung durch

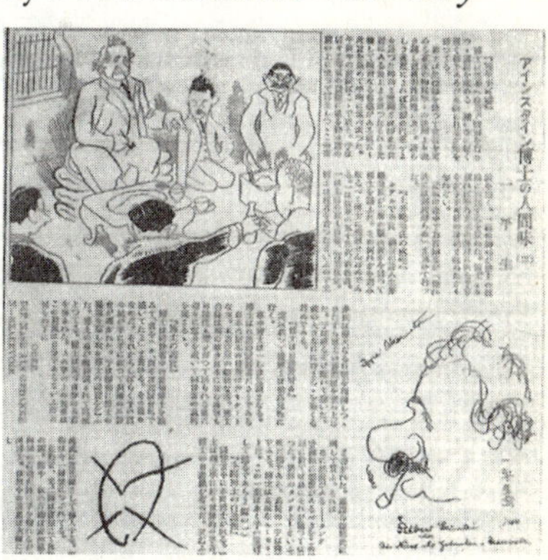

Karikatur von Ippei Okamoto anläßlich des Japan-Besuchs 1922

Harpo Marx in
Monkey business (1931)

die Hollywood-Brille sehen möchte, dann ist Harpo Marx der passende Vergleich – der engelhafte Kobold, der weißhaarige, nachdenkliche Trickster mit Halo und Harfe – oder Geige.

Der »legendäre Künstlerhut« findet sich auf Fotografien bis mindestens 1930. Doch spätestens 1923 war das Haar zum entscheidenden ikonischen Element geworden. In den frühen zwanziger Jahren glich es noch eher einer Mähne als einem Halo. Es verriet Männlichkeit und rebellischen Geist – etwas »Marxistisches«, Schelmisches, Bohemienhaftes. Im Lauf der zwanziger Jahre jedoch mutierte der Künstler/Dichter/Musiker irgendwie zum Heiligen/Propheten. Der Künstlerhut hatte seine Magie verloren. Die Mähne wurde zum Halo, zum Strahlenkranz, zur Aureole. Am 12. Dezember 1930 vermeldete die *New York Times* Einsteins Ankunft in Amerika. Diesmal registrierte sie, daß seine »grauen, drahtigen Haare von seinem Gesicht und Kopf abstrahlten wie eine Aura« (A16).

1933 bis 1944

> Mutter, er sieht *wirklich* aus wie ein Löwe![41]
>
> *Ein Kind in Princeton*, New Jersey, nach einer Begegnung mit Einstein

In dieser Zeit wurde Einstein zum berühmtesten Flüchtling der Welt. Oft sprach er von sich als einem »Künstlermodell« oder gar einem »jüdischen Heiligen«. Diese Wendungen bringen seinen Humor trefflich zum Ausdruck und zeigen auch, wie bewußt ihm die Rollen waren, die die Welt von ihm zu spielen verlangte.

Einsteins Haar war mit ihm nach Amerika gereist. Am 18. Oktober meldete der *New York American*, daß Einsteins erste Tat nach seiner Ankunft in Princeton darin bestand, einen Kamm zu kaufen. »Nach ausgiebiger Prüfung entschied er sich für einen großen braunen Kamm mit dicken und dünnen Zähnen für zehn Cent« (A3). Allem Anschein nach vordringlich mit seiner Toilette beschäftigt, erwarb Einstein im Anschluß – nach ebenso gewissenhafter Untersuchung – eine Schere, freilich für seine Nägel, nicht für seine Haare. Die schicksalsträchtige Entscheidung wurde also tatsächlich am ersten Tag in Princeton gefällt. Das Haar würde lang sein – und vielleicht diente der Kamm ja insgeheim dazu, es zu seinem Heiligenkranz aufzutoupieren.

Winifred Rieber malte Einstein im Jahre 1934 und hielt fest: »Alles an ihm war elektrisch.«[42] Das erleichtert das Verständnis des Haars in ihrem Porträt. (*Frankensteins Braut* indes hatte erst 1935 Premiere.) Manches Kind konnte hier noch den alten löwenartigen Einstein ausmachen. Einige Erwachsene, vor allem Konservative und Faschisten, sahen wieder etwas anderes – einen Anarchisten oder Dekadenten. Doch immer zahlreicher wurde die nicht-faschistische Welt, die in der Haartracht eine Art Halo und in Einstein einen säkularen religiösen Führer sah, in dem vielleicht die Seele eines Künstlers wohnte.

Einstein-Porträt
von Winifred Rieber (1934)

Als Einstein dort eintraf, war Princeton eine zutiefst konventionelle Universitätsstadt. Einstein fiel auf und erwies sich der Legende, die ihm vorausgeeilt war, als würdig – das geistesabwesende Genie, das mit auf den Boden gehefteten Augen herumläuft, gedankenverloren und manchmal auch einfach nur verloren. Es kursierten Anekdoten darüber, daß er seinen Heimweg nicht fände. Kinder hatten großen Respekt vor ihm. Eines nannte ihn »den Mann mit Seife im Haar«. Manche Kinder waren sich nicht sicher über sein Geschlecht. Andere – wie Hilaire Cuny – vergaßen niemals den ersten Blick, den sie auf sein »engelhaftes Gesicht« und sein »langes weißes Haar« erhaschten.[43]

Einsteins öffentlicher Habitus hatte sich nach 1932 fundamental gewandelt. Anfang Dezember 1932 machte ein Passant, Charles Holdt, die letzte Aufnahme von Einstein in Berlin und Deutschland.[44] Er trägt den »legendären Künstlerhut«, dazu seine mittlerweile altmodisch gewordene Sorte Hemd und Krawatte. Wetter und Ambiente sind düster und trüb. Einstein ist es nicht minder. Im Februar 1933 entstand in Santa Barbara, Kalifornien, das berühmte Foto, das ihn auf einem Fahrrad zeigt. Hemd und Krawatte sind immer noch altmodisch. Aber wir sehen Einstein mit einem Pullover und einem Lächeln.

Einstein legte den »Künstlerhut« ab und einige Jahre später auch die altmodischen Hemden und Krawatten. Wenn er überhaupt einmal einen Anzug anhatte, dann einen modernen, wie wir ihn auch heute noch tragen. Mitte der dreißiger Jahre hatte er sich eine ziemlich unakademische Lederjacke zugelegt. Einstein-in-Leder mit einer elektrischen Löwenmähne: ein Heiliger mit Stil.

1945 bis 1965

> Ich schreibe Ihnen, um herauszufinden, ob es Sie wirklich gibt. Sie finden das bestimmt sehr seltsam, aber einige Schüler in meiner Klasse meinen, Sie wären nur eine Figur in einem Comic […].[45]
>
> *Ein Brief an Einstein von Jane*, 7. Klasse, 3. Juni 1952

Daß Einstein in der Mitte dieses Zeitabschnitts starb, hatte keinen nennenswerten Einfluß auf das Haar und die Legende. Comic- und Cartoonfiguren leben im Reich der Romanze, nicht in dem des Realismus. Normalerweise altern und sterben sie nicht (es sei denn, sie sind Bösewichte), und natürlich verfügen sie oft über magische Kräfte.

Irgendwann zwischen August 1945 und Juli 1946 verbanden sich im öffentlichen Bewußtsein die Atombombe und die Atomkraft mit Einstein und seiner Zauberformel. Einstein hatte beim Bau der Atombombe nicht mitgeholfen. Im August 1945 erwähnten ihn diesbezügliche Medienberichte – etwa in der *New York Times* und im Magazin *Time* – allenfalls am Rande. Am 13. August 1945 druckte *Time* ein Foto von Einstein und seinem Haar. Die Bildunterschrift lautete:

EINSTEIN
Er schrieb die Gleichung.

Der dazugehörige Artikel stellte eine Verbindung zwischen Einsteins Zauberformel und der ungeheuren im Atom eingeschlossenen Kraft her. Sonst war von Einstein nicht weiter die Rede. Henry Smyth's offizieller Bericht über das »Manhattan-Projekt« war am 12. August 1945 herausgekommen. Auf Seite 16 räumte er der Zauberformel einen prominenten Platz ein. Auf Seite 69 erwähnte der Bericht die heute berühmten Briefe an Roosevelt vom Sommer und Herbst 1939, in denen Einstein den Präsidenten davor warnte, wie gefährlich eine Nazi-Atombombe wäre, solange Amerika keine eigene hatte. Darüber hinaus kommt Einstein in dem Papier nicht vor, wird also auch eindeutig nicht als »Vater der Bombe« angesehen.[46]

Im Frühjahr 1946 stellte Einstein in Princeton zusammen mit Leo Szilard für die *Time-Life*-Wochenschau *The March of Time* nach, wie er den Brief an Roosevelt aufsetzte. Spätestens nach der Ausstrahlung dieser Sendung wurde Einsteins Brief in populären Darstellungen der Geschichte der Atombombe praktisch so berühmt wie seine Gleichung: Einsteins Formel ließ es zu; sein Brief ließ es geschehen. Beide Behauptungen sind übertrieben. Doch Einstein wurde zu einer Art Zauberer.

Einstein auf dem Cover von TIME, 1. Juli 1946

Am 1. Juli 1946 brachte *Time* Einstein zum zweiten Mal aufs Titelbild. Der Anlaß hieß »Operations Crossroads«: die Zündung der vierten und fünften Atombombe der Geschichte zu Testzwecken auf dem Bikini-Atoll. Zu diesem Zeitpunkt war Einstein zum »Vater« der Bombe geworden. Um seine Vaterschaft nachzuweisen, zitierte das *Time*-Magazin die Formel und den Brief. Das Umschlagbild zeigt den Atompilz, in dessen Krone die Zauberformel steht. Einstein ist in einem modernen Anzug abgebildet. Er hat langes, weißes, drahtiges Haar. Sein Gesicht ist das einer Sphinx. Der Artikel berichtete, wie besorgt Einstein über seine atomare Nachkommenschaft war, in der er eine apokalyptische Bedrohung der Welt sah, die das amerikanische Volk anscheinend schon, »gleichmütig [hingenommen hatte] – wie ein Erdbeben, wie Gotteswerk«.[47]

Der Atompropagandafilm *A Is for Atom*, den General Electric 1953 herausbrachte, benutzt Einsteins Haar, um die vielversprechende explosive Kraft des Atoms zu symbolisieren, wie sie die Formel enthüllt hatte. Doch entwickelte sich Einstein zwischen 1945 und 1955 vom berühmtesten Flüchtling der Welt zum bekanntesten Kritiker der amerikanischen Atompolitik. Er wandte sich ständig, öffentlich und sogar im Fernsehen gegen sie – so etwa am 22. Februar 1950 gegen Präsident Trumans Entscheidung, die Wasserstoffbombe zu bauen. Dafür mußte Einstein büßen. Im paranoiden Klima der McCarthy-Ära wuchs ein umfangreiches FBI-Dossier über ihn heran. Den bekannten Brief, den ihm die sechsjährige Ann G. Kocin 1951 schrieb, müssen wir vor diesem Hintergrund eines konformistischen Amerika lesen.[48]

Lieber Herr Einstein,
ich bin ein Mädchen und sechs Jahre alt.
Ich habe Ihr Bild in der Zeitung gesehen.
Ich glaube, Sie sollten sich Ihre Haare schneiden lassen, dann könnten Sie besser aussehen.
Herzliche Grüße,
Ann G. Kocin [1951]

Irgendwann in der Geschichte der amerikanischen Populärkultur war der Ausdruck »long-haired music« für klassische oder E-Musik geprägt worden, für Musik, die über den Horizont »normaler« Menschen ging. In der Bugs-Bunny-Folge »Long-Haired Hare« von 1949, in der Bugs den langhaarigen Dirigenten eines Klassikorchesters spielte, schlug sich diese Vorstellung nieder. Sollte die kleine Ann diesen Zeichentrickfilm gesehen haben, dann legte er sie jedenfalls in ihrer Lektüre von Einsteins Haar nicht fest. Ihr Brief von 1951 könnte durch das berühmte Foto veranlaßt worden sein, das in diesem Jahr an Einsteins Geburtstag gemacht worden war und auf dem er die Zunge herausstreckt – eine unproblematische Geste für eine Sechsjährige und folglich der Aufmerksamkeit der kleinen Ann nicht wert. Es scheint doch das Haar gewesen zu sein, das sie so sehr störte.

Das andere berühmte Einstein-Foto dieser Periode, ein Bild, das für viele sein wahres Wesen zeigt, schoß 1947 Philippe Halsman, ein ehemaliger Flüchtling, dem Einstein entscheidend geholfen hatte, in die Vereinigten Staaten einzureisen. Dort wurde er von *Life* als Fotograf angestellt und lichtete die Stars und Berühmtheiten seiner Zeit ab. *Sight and Insight*, eine

1972 erschienene Sammlung dieser Fotos, eröffnete er mit besagtem Einstein-Porträt.

Halsman erzählt, wie die berühmte Aufnahme entstand. Einstein »sprach von seiner Verzweiflung darüber, daß seine Formel $E=mc^2$ und sein Brief an Präsident Roosevelt die Atombombe möglich gemacht hatten [...]«. Einstein beklagte die Menschenleben, die durch den Einsatz der Bombe ausgelöscht worden waren, und äußerte seine Befürchtung, daß man sie gegen die UdSSR einsetzen würde. »Er verstummte. In seinen Augen lag eine maßlose Traurigkeit. [...] Ich war wie gelähmt vom Bann dieses Augenblicks. Dann zwang ich mich, auf den Auslöser meines Fotoapparats zu drücken.« So kam es. Einsteins Stieftochter Margot mußte weinen, als sie das Bild sah. Einstein stellte fest, daß er dieses Foto weniger stark ablehnte als alle anderen, die von ihm gemacht worden waren.[49] Einmal fragte ein Kind, nachdem es einen Blick auf das Bild geworfen hatte: »Ist das der liebe Gott?«[50]

1966 und danach

> In diesem grellen Licht wurde das Menschenwesen zum Orakel von Delphi vergrößert. Die Aureole aus weißem Haar war da kein Hindernis. Auch nicht die großen leuchtenden Augen.[51]
>
> *Ronald Clark* im Vorwort seiner Einstein-Biographie von 1971

Eine Karikatur, die David Levine 1965 für die *New York Review of Books (NYRB)* zeichnete, präsentierte einen Fantasie-Einstein mit altmodischem Anzug und Binder und richtig wüstem Haar. Bob Dylan hatte eine Zeitlang zotteliges Haar, als er, zum Entsetzen der Puristen unter seinen Fans, seine Folkmusik elektrifizierte. 1965/66 ging Dylan mit seiner Musik nach Nashville, Tennessee, der Hauptstadt des Country. Auf dem Cover des Doppelalbums *Blonde on Blonde*, das er 1966 dort aufnahm, ist ein unscharfes Foto von Dylan abgebildet – er trägt Einsteins Haar. Ebenfalls 1966 zeigt eine Karikatur Levines für die *NYRB* Einstein – in dem Pullover, den Halsmans Aufnahme von 1947 berühmt gemacht hatte – mit langem, aber im Vergleich zum Vorjahr etwas gebändigtem Haar.

Einstein-Porträt von David Levine (1966)

Zu dieser Zeit war Einstein bereits über zehn Jahre tot. Das Haar hatte ihn überlebt. Seine proteische Natur trat im Bedeutungswandel des Ausdrucks »long-haired music« zutage, den das Musical *Hair* 1968 offenbarte. Viel stärker als die »Pilzköpfe« der Beatles von 1964 stand Dylans Haartracht von 1966 für den neuen rebellischen, politisierten Geist der Popmusik der »60s« (just in dem Moment, als Dylans Songs unpolitischer geworden waren). Einsteins Haar sicherte ihm einen heroischen Status in der neuen Gegenkultur, die mit ihm schon in der Nuklearfrage sympathisierte.

Frisurmoden ändern sich. 1969 lief Dylan, der Rebell unter Rebellen, auf einmal adrett herum. Die Figur Einstein aber war im Bewußtsein der Öffentlichkeit erstarrt – in gewisser Hinsicht war er zu einer Karikatur von kanonischem Äußeren geworden. Das Haar hatte sich in eine Ikone verwandelt. In seinen Zeichnungen für die *NYRB* etwa variierte Levine die Frisur J. Robert Oppenheimers gelegentlich von kurz zu lang. Einsteins Haar jedoch blieb, wie Darwins Bart, von den sechziger Jahren bis in die neunziger Jahre und vielleicht darüber hinaus eine feste Größe für den Karikaturisten.[52]

Das *Time*-Magazin plazierte Einstein im 20. Jahrhundert noch zwei weitere Male auf dem Titelbild. Auf dem Cover der

Einstein auf dem Cover von TIME, 31. Dezember 1999

Ausgabe vom 19. Februar 1979 wurde das Haar aus Anlaß von Einsteins hundertstem Geburtstag zu einer Metapher für den Ursprung des Universums. Und am 31. Dezember 1999 zierte Halsmans Foto von 1947, das wahre Wesen Einsteins, den Umschlag des Magazins, als es Einstein zur »Persönlichkeit des Jahrhunderts« ernannte.[53]

Fazit

Wie Einsteins Gehirn ist sein Haar zu einem mythischen Objekt geworden. Solche unmöglichen Objekte verschmelzen archaische oder gar archetypische Elemente mit Bedeutungen, die sich von Generation zu Generation verändern. Der Stellenwert von Einsteins Haar und die Assoziationen, die sich mit ihm verbinden, unterliegen einem ständigen Wandel. Ich habe Einstein in einem nicht so sehr von Physikern, sondern von anderen Charakteren bevölkerten Universum angesiedelt. Wir sind Figuren wie den melancholischen oder muskulösen Denkern Dürers und Rodins begegnet, die neben Knellers und Blakes Bildern eines melancholischen oder muskelbepackten Newton standen. Charlie Chaplin und Harpo Marx haben kurz vorbeigeschaut, so wie Moses und Josua, Edison und Tesla, Dylan und Beethoven, Frankensteins Braut und Bugs Bunny. Ich habe, wenn auch implizit, auf Figuren des Wissens angespielt, die dem modernen »Mad Scientist« vorausliegen: den Philosophen, den Melancholiker, den Zauberer, den Schwindler. Mit ausdrücklichem Bezug auf Einstein war vom Künstler, vom Musiker, vom Heiligen, vom Propheten die Rede – und noch von einigen anderen.

Wenn Mary Douglas recht hat, dann sind Einsteins Haar und seine prophetische Gestalt miteinander verschränkt. Ich für meinen Teil glaube, daß das Haar ein Beispiel für das beharrliche Fortwirken hagiographischer Traditionen darstellt und in die moderne Vorstellung des exzentrischen Genies eingegangen ist, die in der Tat viele archaische Züge aufzuweisen scheint. Doch sollten wir die Komplexität des mythischen Objekts nicht aus dem Auge verlieren. Bevor das Haar ein Halo war, war es eine Mähne usw.

Einstein sagte einmal, er sei schlicht durch Nachlässigkeit zu dem Haar gekommen.[54] Doch dessen Macht, der sich auch sein Träger nicht entziehen konnte, erwies sich vielleicht als entscheidend. Denkend schien Einstein nicht anders zu können, als das Haar zu zwirbeln. Bereits 1929 registrierte die *New York Times* das Zwirbeln und das Denken.[55] In späteren Jahren fiel es auch Einsteins Assistenten in Princeton auf: Wenn er mit einem schwierigen Problem konfrontiert war, lief Einstein hin und her, und er zwirbelte dabei eine Locke seines Haars.[56]

Aus dem Englischen von Michael Adrian

Anke te Heesen

DADA/EINSTEIN

Ein Physiker in Papier

An dem Wochenende vom 24./25. August 1920 fanden in Berlin zwei Veranstaltungen statt, in denen Albert Einstein auf die ein oder andere Weise im Mittelpunkt stand. Bei der einen war er anwesend, bei der anderen bleibt unklar, ob er sie überhaupt gesehen hat oder nicht. Beide stießen jedoch auf ein reges Presseecho.

Am Samstag, den 24. August fand in der Philharmonie ein als Kritik der Relativitätstheorie angekündigter Vortragsabend statt, der von Paul Weyland initiiert worden war. Dort hielt, neben dem Initiator selbst, auch der Physiker Ernst Gehrcke einen Vortrag. Gehrcke hatte sich bereits seit einigen Jahren als Kritiker Einsteins und der Relativitätstheorie hervorgetan und dabei seit 1919 eine umfangreiche Zeitungsausschnittsammlung angelegt. Die Veranstaltung war gut besucht, die *Vossische Zeitung* berichtete von einer »zahlreiche[n] Zuhörerschaft«.[1]

Am Sonntag, den 25. August wurde die Erste Internationale Dada-Messe geschlossen. Sie war am 30. Juni eröffnet worden, hatte über den ganzen Zeitraum hinweg wahrscheinlich ähnlich viele Besucher zu vermelden wie die Veranstaltung in der Philharmonie an einem einzigen Abend und war zu einem Skandal erster Güte geworden, dessen Ende man von staatlicher Seite aus nicht ohne Erleichterung zur Kenntnis nahm.[2] Und auch hier war Einstein – wenn auch wesentlich versteckter – vertreten. Neben den männlichen Protagonisten der Dada-Bewegung wie Raoul Hausmann, George Grosz oder Hans Arp hatte die weibliche Teilnehmerin der Messe, Hannah Höch, Einsteins Porträt in eine ihrer Collagen mit dem Titel »Schnitt mit dem Küchenmesser Dada durch die letzte weimarer Bierbauchkulturepoche Deutschlands« geklebt. Das eingefügte Porträt hatte sie 1919 einer Berliner Zeitschrift entnommen, um gemeinsam mit anderen zahlreichen Papierelementen ein Panorama der Zeit zu entwerfen.

Der physisch präsente Einstein und der Einstein in Papier, der Physiker und der Modernist, die Figur und ihre Erscheinungsweisen wurden in dieser Zeit in unterschiedlicher Weise verstanden und benutzt, funktionalisiert und interpretiert. Zu den in der Öffentlichkeit wirksamen Facetten des Mannes gehörten nicht nur seine physikalische Theorie, sein öffentliches Auftreten und seine Publikationen, vor allem seit 1919 wurden die Relativitätstheorie und ihr Begründer in Form zahlreicher kolportierter oder zitierter Äußerungen und Bilder in die öffentliche Berichterstattung übersetzt und in Zeitungsmeldungen gefaßt.[3] Aus diesem Zeitungspapier wiederum fügten Wissenschaftler wie Künstler Papiermontagen, die ihre Wirkung in unterschiedlichen Kontexten entfalteten.

Raoul Hausmann und Hannah Höch 1920 im ersten Ausstellungsraum der »Ersten Internationalen Dada-Messe«

Die Erste Internationale Dada-Messe fand in den Räumen der Kunsthandlung Dr. Otto Burchard statt. Sie gehörte zu den öffentlichen Veranstaltungen der Dadaisten in Berlin, wo nicht nur Arbeiten des engeren Berliner »Club Dada« gezeigt wurden, sondern auch solche von Freunden und Kollegen aus dem Umkreis. Insgesamt 174 Arbeiten von 27 Ausstellern oder Künstlern füllten die Räume, darunter Gemälde, Installationen, Plakate, Photomontagen und Collagen.[4] Diese Schau war die einzige größere gemeinsame Ausstellung der so unterschiedlichen Dada-Künstler.

Unter den wenigen Fotografien, die von der Hängung der Werke erhalten sind, befindet sich eine, die im ersten Raum der Messe Hannah Höch und Raoul Hausmann zeigt. Dandyhaft auf einen Stock gestützt, blickt die Künstlerin in ein Papier, das der in den Raum blickende Hausmann ihr mit beiden Händen zur Einsicht entgegenhält. Während an der linken Schulter Höchs eine Collage Hausmanns zu sehen ist, zeichnet sich in einem breiten schwarzen Rahmen an der rechten Schulter Hausmanns eine Collage Höchs ab, mit Abstand die größte der auf der Fotografie sichtbaren Werke. Die anderen Bilder mögen dieser Collage in Textur und Ausführung ähneln, doch Höchs Arbeit ist so groß, daß sich in ihr das Prinzip der Collage in einem ganzen Panorama niederzuschlagen scheint. Dieser Komplexität haben die Ausstellungsmacher Rechnung getragen: Der links unten noch angeschnittene, an das Bild herangerückte Stuhl oder Sessel verweist auf eine gewisse Verweildauer, die für einen Einblick in die 114×90 Zentimeter große Papierarbeit notwendig war.

Hannah Höch: »Schnitt mit dem Küchenmesser Dada durch die letzte weimarer Bierbauchkulturepoche Deutschlands«, 1919/1920

Zu sehen sind eine Vielzahl von ausgeschnittenen Reproduktionen aus Zeitschriften und Zeitungen und einige wenige Textbruchstücke, die aus zumeist in dieser Zeit veröffentlichten Dada-Manifesten stammen.

Auf den ersten Blick dominieren in dem geordneten Wirrwarr die Personen, oft nur Köpfe von berühmten und weniger berühmten Leuten, und Radelemente wie Zahnräder, Kugellager und Gummireifen. Zwei verschiedene Papiersorten bestimmen durch ihre Tonwerte das Bild: die eher beigen, zum Vergilben neigenden Zeitungs- und Illustriertenausschnitte und die ins bläuliche gehenden Ausschnitte aus solchen Zeitschriften, die auf haltbarerem Papier gedruckt waren. Das helle Zentrum in der Mitte der Collage weitet sich in die obere linke Hälfte und die untere rechte Hälfte aus, während links unten und rechts oben dunklere Partien überwiegen. Jula Dech, die die zugleich kleinteilige und großformatige Collage minutiös beschrieben hat, interpretiert diese leichte X-Verteilung der Lichtwerte der Collage wie folgt: »So dominiert rechts oben (!) eine Büste Wilhelms II. von Preußen im Umkreis anderer ›rechter‹ Repräsentanten, während links unten (!) verschiedene Volksmassen zusammenzuströmen scheinen. Auf der anderen Diagonalen stehen sich (oben) vor allem der Kopf Albert Einsteins und (unten) allerlei Exponenten von Dada gegenüber.«[5]

Folgt man dieser sich kreuzenden Diagonalstruktur, so erkennt man auf einen zweiten Blick mehr und mehr Köpfe von bekannten Persönlichkeiten: Käthe Kollwitz in der Mitte des Bildes, den Reichskanzler Friedrich Ebert zur Rechten des Kopfes von Einstein oder Wladimir I. Lenin inmitten der Massen unten links. Deutlich werden jetzt auch die Verfremdungen und Überklebungen einzelner Physiognomien und Körper: Männerköpfe sitzen auf Frauenleibern und umgekehrt, Nacktheit wechselt mit Bekleidung, und einzelne Partien der Gesichter, etwa die Augen, werden durch vergleichbare Formelemente wie Räder ersetzt. Dazwischen eingestreut erscheinen Schriftelemente, die sich auf die Dada-Bewegung beziehen und deren gedruckten Slogans und Reklamesprüchen entsprechen. Hier erfolgt ein »Schnitt mit dem Küchenmesser Dada durch die letzte weimarer Bierbauchkulturepoche Deutschlands«. Ein Panorama der Weimarer Zeit also, chaotische

Zustände und Aufbruchstimmung zitierend, umfassend und polarisierend zugleich. Ein Besucher der Dada-Messe hätte die meisten Elemente des Bildes dechiffrieren können, handelte es sich doch um aktuelle Bildzitate, die Höch hauptsächlich der damals bekannten, im Ullstein Verlag erscheinenden *Berliner Illustrirten Zeitung* entnahm.

Hannah Höch arbeitete bereits seit 1916 neben ihrem Studium drei Tage pro Woche als Entwurfszeichnerin im Ullstein Verlag. Dieser Verlag war 1877 zunächst in Konkurrenz zu den Unternehmungen Rudolf Mosses als ein Zeitungsverlag gegründet worden, dem nach erfolgreichen Jahren 1905 auch ein Frauen- und Modeverlag angegliedert wurde. Dort erschienen Zeitschriften wie *Die praktische Berlinerin*, die *Illustrirte Frauenzeitung* oder *Ullstein-Schnittmuster*, für die Höch arbeitete.[6] In dieser Zeit begann sie mit ersten Collagen, zwei Jahre später, jetzt zusammen mit Raoul Hausmann, gestaltete sie die ersten Foto-Collagen.[7] Rückschauend beschreibt sie die Motivation für ihre Schnitt- und Klebearbeiten in diesen Nachkriegsjahren: »Ich […] sah meine Rolle darin, zu versuchen, diese turbulente Zeit bildlich einzufangen.«[8] Das Material für ihre Collagen, so legt die häufige Verwendung der Bildmaterialien der *Berliner Illustrirten Zeitung* in ihren Collagen nahe, rekrutierte sie aus den Restbeständen des Verlagshauses. Die

Detail der Collage »Schnitt mit dem Küchenmesser Dada durch die letzte weimarer Bierbauchkulturepoche Deutschlands«, 1919/1920

Berliner Illustrierte Zeitung war ungemein erfolgreich und erreichte 1914 als erstes deutsches Presseerzeugnis eine Auflage von über einer Million.[9] In ihr wurden die Sensationen und Katastrophen der Zeit berichtet, politische Berichte oder wirtschaftliche Hintergründe kamen nicht zur Sprache. Dafür stach diese Zeitschrift durch die reiche Bebilderung heraus und zählte nicht nur zu einer der ersten Illustrierten überhaupt, sondern führte auch die ganzseitige, großflächige Titelseite mit Schauspielerinnen und Ballonfahrern, Politikern und Honoratioren ein.[10]

Auch der Kopf Einsteins aus der linken oberen Hälfte der Collage entstammt einem Titelblatt dieser Zeitschrift. Sie zeigt den Physiker mit an das Kinn angelegter Hand, den Blick sinnierend nach unten gewendet. Die Aufnahme, so der Nachweis unten rechts am Bildrand, wurde von der jüdischen Porträtfotografin Suse Byk angefertigt, die zu diesem Zeitpunkt in Berlin nicht zuletzt wegen ihrer Fotografien von künstlerischen Tanzdarbietungen einige Berühmtheit erlangt hatte.[11] Die Denkerpose ist büstenartig ausgeschnitten und wird als Zentrum dieses Teils des Bildes von verschiedenen Elementen überklebt und unterstützt. Wie eine krasse Gegenüberstellung der alten und neuen Zeit, klebt ein Pferdefuhrwerk an der rechten Seite des Kopfes, während über Einstein, in Anspielung auf

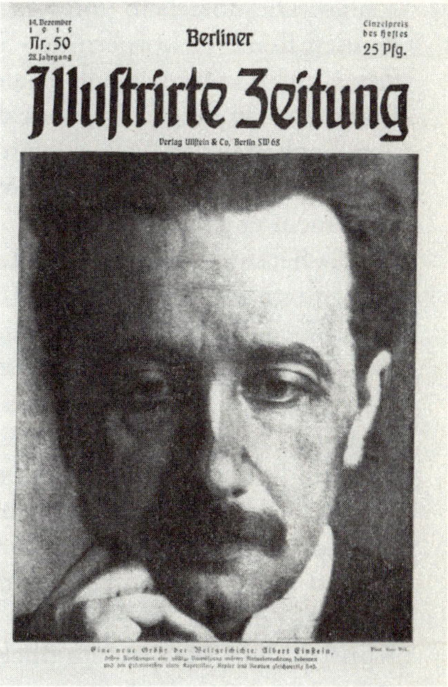

Titelseite der *Berliner Illustrirten Zeitung* (Nr. 50) von 1919

eine neue Zeit, eine schwere Lokomotive auf Schienen zu sehen ist. Damit ist ein technisch-industrieller Entwicklungsschritt markiert, der mit der Einsteinschen Theorie in Korrespondenz gebracht wird. Die neue, Einsteinsche Zeit ist relativ (worauf auch das das linke Auge Einsteins ersetzende Unendlichkeitszeichen hinweist), und dies wurde nicht zuletzt von ihm selbst mit Hilfe einer Lokomotive und deren Schnelligkeitsfahrt veranschaulicht. Die neue Zeit umfaßt Transporttechnologie und Relativitätstheorie, aber auch »dada«, wie die Schriftzüge um die Lokomotive, sie vorantreibend und ihr entweichend, feststellen. Die unterhalb von »dada« in schweren Stiefeln steckenden Beine verkörpern den Schriftzug und treten die »alte Zeit« mit Füßen. Präsentiert sich auf der Stirn Einsteins ein Ohrwurm, in dessen Greifern der Schriftzug »S. Friedländer: der Waghalter der Welt« klemmt, so wächst aus dem rechten Ohr des Mannes ein weiterer, metaphorischer Ohrwurm, der, aus einem einer Flüstertüte ähnlichen Element ragend, »dada siegt!« heißt. Nicht der Mund Einsteins propagiert Dada, sondern durch ihn hindurch wird Dada generiert und mit Hilfe seiner Gedanken in die Welt gesetzt. Und so ruht der Physiker auf zwei polarisierenden Elementen: Während er links im Bild, direkt unterhalb seines Kopfes, vermeintlich durch »He, he, Sie junger Mann, Dada ist keine Kunstrichtung« angesprochen wird und dieser Schriftzug auf einem Kugellager und deshalb wie auf Bewegung aufsetzt, ruht die rechte Seite auf einer genieteten Eisenkonstruktion, die stabil und zugleich neuartig ist und größte Lasten auf einen winzigen Punkt zu vereinen vermag. Eine für die Zeitgenossen nach wie vor verwirrende Konstruktion, bei der dem Blick die Möglichkeit fehlt, »abzutasten, wo Last oder Stütze ineinander übergehen«.[12]

Dieses Element der unklaren Verteilung, das Verschwinden der »letzten Andeutung der Säule«,[13] wird durch den bereits zitierten Ausdruck »S. Friedländer: der Waghalter der Welt« angemeldet. Der Philosoph und unter dem Pseudonym »Mynona« veröffentlichende Dichter Salomo Friedländer war eng mit den Dadaisten verbunden, und Hannah Höch dürfte hier Friedländers 1918 erschienenes Buch »Die schöpferische Indifferenz« indirekt zitiert haben. Darin finden sich am Ende neben den Abhandlungen und Skizzen auch Aphorismen, die einige der Thesen Friedländers pointiert zusammenfassen. Ihre Bildhaftigkeit ist den von Höch gewählten Collage-Elementen sehr nahe: »Person ist das lebendige Kugellager und absolute Schiffskreisel der Welt.«[14] Die Person als Verkörperung der miteinander im Wettstreit stehenden Pole der Welt bewegt sich ständig auf und ab und stellt ein Ineinandergreifen der gleichen und doch voneinander unabhängigen Elemente dar. Ein Echo des Waghalter-Zitats Höchs ist darüber hinaus in seinem Ausspruch »Persönliche Unabhängigkeit besteht im perfekten Balancement aller Gewichte und Gegengewichte«[15] zu finden.

Hannah Höch hatte Einsteins Kopf dem Titelblatt der *Berliner Illustrirten Zeitung* vom 14. Dezember 1919 entnommen.[16] Dort war das Bild mit der folgenden Unterschrift erschienen: »Eine neue Größe der Weltgeschichte: Albert Einstein, dessen Forschungen eine völlige Umwälzung unserer Naturbetrachtung bedeuten und den Erkenntnissen eines Kopernikus, Kepler und Newton gleichwertig sind.« Der Text entspricht den zu dieser Zeit üblichen hymnischen Verklärungen, wonach die Relativitätstheorie alles bislang Erforschte in den Schatten stelle. Ein Vergleich mit dem »Schnitt mit dem Küchenmesser« zeigt, daß Höch den Kopf in ganzer Größe wiedergegeben und nur den Hintergrund weggeschnitten hat. Die auffällige Licht-Schatten-Verteilung des ursprünglichen Porträts wird in die Collage integriert, und zur helleren Kopfseite hin entfleuchen dem Physiker denn auch die dada-Gedanken. Schon die *Berliner Illustrirte Zeitung* verteilte auf ihren Seiten Abbildung und Text collagenartig.[17]

Höch löste die Abbildung Einsteins aus diesem, bereits disparaten Kontext und fügte sie, gemeinsam mit anderen, nicht weniger disparaten Elementen, in ihr persönliches, polarisierendes Gesamtbild einer Epoche ein. Damit werden Einstein und die Relativitätstheorie der Dada-Sphäre zugeschlagen. Der Physiker bildet den Überbau, den theoretischen Garanten für eine antibürgerliche, in Teilen anarchistische, in jedem Fall künstlerische Bewegung. Der papierene Einstein verdichtet sich zum ausgewählten, bedeutungsvollen und zentralen Materialsegment einer Papiermontage.

Als die Collage am 25. August 1920 abgehängt wurde, hatte das Ereignis in der Philharmonie bereits stattgefunden. Paul Weyland war in dieser Zeit maßgeblich an der antisemitischen Hetze gegen Einstein beteiligt und vertrat in seinen sonstigen Veröffentlichungen völkische, kulturkritische Positionen, in denen er die vermeintliche Degeneration der Zeit anprangerte.[18] Auch bei der Veranstaltung in der Philharmonie, angeblich im Auftrag der »Arbeitsgemeinschaft deutscher Naturforscher zur Erhaltung reiner Wissenschaft e. V.« organisiert,[19] machte er aus seinem Einstein-Haß keinen Hehl und diffamierte die Relativitätstheorie nach Strich und Faden. Er stellte einen direkten Bezug zu der zur gleichen Zeit endenden Dada-Messe her, indem er Einsteins Theorie in seinem Vortrag als »wissenschaftlichen Dadaismus« bezeichnete, was natürlich von den Zeitungen sofort aufgegriffen wurde.[20] »[...] selbst der Dadaismus wurde herangezogen und Herrn Einstein und seinen Anhängern wissenschaftlicher Dadaismus vorgeworfen. Daneben klang ganz schwach eine anti-semitische Note an und zum Schlusse Herrn Einstein ohne weiteres vorgeworfen, daß seine Formen über die Perihelbewegung des Merkur einfach von Gerber abgeschrieben worden sei.«[21]

Zeitzeugen wie der Physiker Max von Laue, der ebenso wie Einstein selbst der Veranstaltung beiwohnte, berichteten im Anschluß, daß Gehrcke in seiner ruhigen sachlichen Art gegenüber dem Demagogen Weyland eine regelrechte Erholung gewesen sei, wenngleich er abstruse Physik geboten habe und es weniger um die Physik als vielmehr um die Persönlichkeit Einsteins gegangen sei.[22] Ein Protestschreiben, das er gemeinsam mit Walther Nernst und Heinrich Rubens verfaßt hatte, wurde im *Berliner Tageblatt* vom 26. August in Auszügen veröffentlicht: »In der gestrigen Versammlung in der Philharmonie, auf der Einsteins Relativitätsprinzip beleuchtet werden sollte, sind nicht nur gegen seine Theorie, sondern zum tiefen Bedauern der Unterzeichneten Einwände gehässiger Art auch gegen seine wissenschaftliche Persönlichkeit erhoben wurden.«[23]

Gehrcke selbst, der sich zu keinem Zeitpunkt durch direkte antisemitische Äußerungen hervortat,[24] verzichtete in seinem Vortrag auf Polemik und versuchte, der Theorie Einsteins mit inhaltlichen Argumenten zu begegnen. Daß diese Ablehnung bereits zu jenem Zeitpunkt von Laue und auch in der Folgezeit als »abstruse Physik« bezeichnet wurde, lag nicht daran, daß Gehrcke nichts von Physik verstand. Im Gegenteil, er war angesehener Angestellter der berühmten Physikalisch-Technischen Reichsanstalt in Berlin, in der er in der Optischen Abteilung forschte, die er später auch leiten sollte. Zu diesem Zeitpunkt, 1920, konnte er bereits auf ansehnliche Erfolge zurückblicken und hatte sich als sorgfältiger Experimentator und Beobachter erwiesen. Nicht ein unfähiger Physiker kritisierte Einstein vor großem Publikum, sondern einer, dem die theoretisch geprägten Annahmen Einsteins obskur erschienen und als nicht empirisch nachgewiesen galten. Allerdings war der Vorwurf einer unbewiesenen Theorie im Jahre 1920, als die Veranstaltung in der Philharmonie stattfand, nicht mehr haltbar. Ein Jahr zuvor hatten englische Physiker anläßlich einer Sonnenfinsternis einen Teil der Einsteinschen Annahmen experimentell bestätigt und damit Einsteins weltweiten Ruhm erheblich beschleunigt. Doch Gehrcke ließ nicht locker. Zwar kam es zu keinen weiteren Großveranstaltungen mehr, und in der Folge distanzierte er sich auch von Weyland, doch akribischer denn je versuchte er nun, die »Einstein-Reklame-AG« zu bekämpfen.

Neben seiner physikalisch motivierten Kritik versuchte Gehrcke als zweites großes Argument gegen Einstein dessen enorme Popularität ins Feld zu führen. Seine Erscheinung in der Zeitung sei völlig überzogen, und die Aufregung der Zeitgenossen über die Relativitätstheorie stelle ein Medienphänomen, ja eine Massenhysterie dar. 1924 veröffentlichte Gehrcke zwei Bücher im gleichen Verlag: zunächst eine »Kritik der

Relativitätstheorie: Gesammelte Schriften über absolute und relative Bewegung«, in der er seine physikalisch-theoretischen Auseinandersetzungen mit der Relativitätstheorie versammelte; und schließlich den Band »Die Massensuggestion der Relativitätstheorie. Kulturhistorisch-psychologische Dokumente«, in dem er vor allem das Medienereignis Relativitätstheorie und Einstein darzustellen suchte. Die Diagnose war nicht falsch. Einstein war seit 1919 zu einem Medienphänomen geworden, was zum Teil durch sein öffentlichkeitswirksames Auftreten befördert worden sein mag, zum erheblicheren Teil aber auch durch die Eigendynamik des Mediums Zeitung bedingt war.[25] Hier erwies sich Gehrcke als sorgfältiger, geradezu obsessiver Beobachter und Sammler, der all diese Erscheinungsweisen Einsteins auf Papier ausschnitt, ordnete, aufbewahrte und schließlich auswertete.

Die Zeitungsausschnittsammlung entstand in den Jahren 1919–1922 und umfaßte zahlreiche selbstgefertigte Klebebände, von denen ursprünglich mindestens 21 existierten und heute noch 12 erhalten sind.[26] Mit seiner akribischen Sammeltätigkeit – es handelte sich 1924 nach seinen Aussagen um ca. 5000 Zeitungsausschnitte – versuchte Gehrcke die flüchtige Tageszeitung in eine kulturhistorisch relevante und glaubwürdige Quelle umzuwandeln. Ähnlich wie für Hannah Höch das bedruckte Papier der *Berliner Illustrirten Zeitung* nach und nach zum selbstverständlichen Material ihrer künstlerischen Praxis gehörte, aus dessen Gegebenheiten heraus sie gestaltete, war es dem Physiker möglich, sich auf das als oberflächlich und unzuverlässig verpönte Medium Zeitung zu beziehen. Dabei ging es nicht darum, wissenschaftlich relevante Forschungen zu annoncieren, fachimmanente Informationen wurden den Tageszeitungen nicht entnommen. Diese waren dort entweder gar nicht zu finden, oder sie waren so verwässert, daß sie unbrauchbar waren. Gehrcke und andere Wissenschaftler interessierten sich vielmehr dafür, wie die Wissenschaften, die eigene Person oder Kollegen von der »Öffentlichkeit« wahrgenommen respektive von den Zeitungen dargestellt wurden.

In dieser Zeit legten zahlreiche Wissenschaftler Sammlungen mit Zeitungsartikeln an.[27] Die Zeitungen wiederum trugen dazu bei, daß die Figur des Wissenschaftlers, später auch der Wissenschaftlerin (wenn auch ungleich weniger) mehr und mehr zu einer festgefügten, verbreiteten Persona mit entsprechenden Attributen und Verhaltensweisen wurde. Bei der Persona handelt es sich um eine kulturelle Identität, die von vielen geteilt und durch bestimmte Techniken generiert und herbeigeführt wird.[28] Die aufkommende Massenpresse zum Ende des 19. Jahrhunderts war dafür ein hervorragendes Medium, das durch Text ebenso wie durch das nun telegrafisch vermittelbare und durch bestimmte Drucktechniken massenhaft verbreitete Bild wirkte. Der moderne Wissenschaftler, der experimentierende, berechnende Ingenieur im weißen Kittel wurde in dieser Zeit und nicht zuletzt in diesem Medium zementiert. Als ein erstes öffentliches Phänomen dieser Art im Wissenschaftsbereich kann dabei Conrad Wilhelm Röntgen gelten, der 1896 zum erstenmal »Über eine neue Art von Strahlen« berichtet hatte, die später als Röntgenstrahlen berühmt werden sollten.[29]

Blickt man auf die Zeitungsausschnittsammlungen, so erkennt man darin eine der zentralen Techniken, mit denen die Papierpersona Einsteins zusammengefügt wurde. Seit Ende des 19. Jahrhunderts sorgten speziell gegründete Zeitungsausschnittbüros dafür, daß Individuen oder Institutionen die flüchtige Berichterstattung systematisch sammeln konnten. Sie nahmen den Auswahldienst aus den täglich erscheinenden Zeitungen vor und sandten die Artikel an ihre Kunden.[30] Auch Gehrcke war Kunde bei bekannten Berliner Zeitungsausschnittbüros wie etwa Adolf Schustermann sowie bei Büros in Frankreich, England und Italien.[31] Nach Erhalt der ausgewählten Artikel klebte er diese auf Makulaturpapier auf und fügte die Seiten mit Fadenheftung zu Klebebänden zusammen. Bei der Makulatur handelte es sich um Altpapier aus verschiedenen Quellen, das zugleich das Format der Fadenbände bestimmte. Die Einordnung der Artikel erfolgte nicht in streng

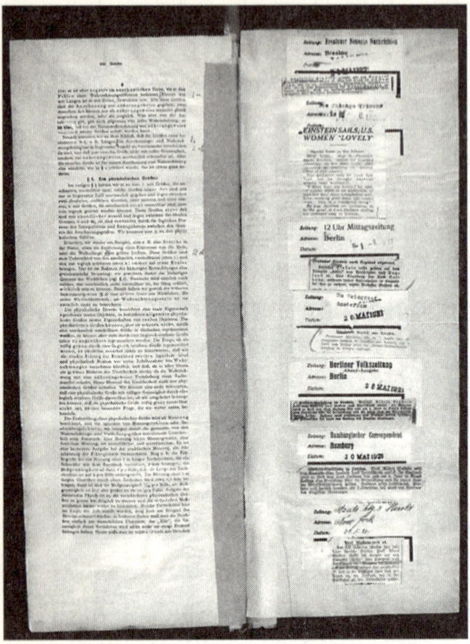

Ein aufgeschlagener Band aus der Zeitungsausschnittsammlung von Ernst Gehrcke von 1921

chronologischer Reihenfolge, sondern in grober Ordnung nach Monaten. Die Bände selbst waren einzelnen Themen wie etwa der Aufnahme der Relativitätstheorie in England oder der Berichterstattung über den Film zur Relativitätstheorie gewidmet. So entstand nach und nach durch die Konzentration und Ordnung der Ausschnitte ein Starschnitt, eine scheinbar umfassende, weil umfangreiche Informationssammlung über Albert Einstein.

Um diese gerichtete Konzentration zu verstehen, muß man sich die Technik selbst, mit der solche Sammlungen hergestellt wurden, vor Augen führen: Erschien die intakte Seite einer Zeitung selbst als ein Konglomerat unterschiedlichster Inhalte, löste ein Ausschnittbüro die einzelnen Artikel aus dem materialen Gesamtzusammenhang der Seite heraus und überbrachte sie dem Kunden. Dort sammelten sich die verschiedenen Facetten zu einem einzigen Thema und wurden nicht nur in einen neuen materialen Zusammenhang gestellt, sondern dieser Vorgang veränderte zugleich ihre Funktion und ihren Status. Aus der Berichterstattung, aus einer nur wenige Stunden geltenden Neuigkeit, entwickelte sich ein Dokument für spätere Untersuchungen. In der klassischen Kanzleimanier des fadengebundenen Konvoluts wurden die Zeitungsausschnitte – bedrucktes, wertloses Papier – zu archivalischen, respekteinflößenden Akten. Ihnen einverleibt war selbst die kleinste Meldung, und Gehrcke wie seine Zeitgenossen scheuten sich nicht, auch identische oder nur durch wenige Formulierungen variierende Meldungen untereinander zu kleben. Denn neben Konzentration und Ordnung des Materials führte man als drittes entscheidendes Kriterium einer solchen Sammlung die Vollständigkeit an – der Ereignisse, der verschiedenen Zeitungen und der Chronologie. Dies galt sowohl für Texte als auch für Bildmaterial wie Karikaturen oder Fotografien.

Bilder, also Fotografien von Einstein, wie sie Höch in ihre Collage eingefügt hatte, sind in der Sammlung Gehrckes vergleichsweise selten zu finden. Das mag daran liegen, daß er sich mehr für die Artikel selbst interessierte und dementsprechend die in Zeitschriften wie der *Berliner Illustrirten Zeitung* publizierten Fotografien nicht in seine kulturkritische Untersuchung einbezog. Um so mehr fallen die wenigen Portraits Einsteins auf, die er in seine Sammlung ordnete. Mehrere Seiten seiner Sammlung waren dem Besuch Einsteins in Frankreich 1922 gewidmet. Auch dort war dieser als Berühmtheit gefeiert worden, und die Zeitungen druckten immer wieder sein – oft das gleiche Porträt – ab. Die Abbildungen zeigen den frühen, noch jungen Physiker und den bereits etwas älteren, jetzt schon mit längerem Haar auftretenden Einstein, mit der Frisur, die später ihre ikonische Kraft entfalten sollte.[32] Bei einigen Ausschnitten, die collagenhaft zueinandergefügt wurden, wird wiederum deutlich, daß die Zeitungen selbst mit montierten Elementen arbeiteten. Dies zeigt sich beispielsweise in der Abbildung des Porträts Einsteins, das ihn neben dem von Erich Mendelsohn gebauten, 1920 fertiggestellten Einsteinturm in Potsdam zeigt. Gehrcke stellte die Fotografien so zueinander, als bildeten sie eine eigene Klasse. Die seriell erscheinenden Stempel der Zeitungsausschnittbüros beglaubigten dabei die Echtheit des Ausschnitts, die zudem durch den zusätzlich angeklebten *fiche*, der ursprünglich für die handschriftliche Eintragung des Datums und der Zeitung vorgesehen und jetzt zeitsparend durch einen Stempel ersetzt war, verstärkt wurde.

Eine Seite aus der Zeitungsausschnitt-sammlung von Ernst Gehrcke, 1922

Auf diesen stark gefurchten Seiten, die auf reichlich aufgetragenen Kleister schließen lassen, schneiderte sich Gehrcke ein eigenes, redundantes Bild von Einstein zusammen. Ein oder zwei Ausschnitte dieser Art hätten genügt, um das Phänomen zu veranschaulichen, das er später auch in seinem Buch beschreiben sollte. Doch der Glaube an die größtmögliche Vollständigkeit des empirischen Materials ließ ihn jeden Artikel aufkleben und ein objektives und doch sehr persönliches Panorama eines Physikers zusammenstellen. Objektiv, weil er vermeintlich alle Artikel, ohne die Herkunft oder ihre Qualität zu behandeln, nebeneinanderstellte. Subjektiv, weil die Ausschnitte der Büros in seiner Person zusammenliefen und nicht nur aus ihrem ursprünglichen Kontext gelöst waren, sondern von Gehrcke in ein neues, von ihm zusammengestelltes und nach bestimmten Kriterien geordnetes Umfeld überführt wurden. Hatte Hannah Höch ein Panorama der Zeit entworfen, sowohl in der Auswahl als auch in ihrer Klebeweise, verfuhr Gehrcke im Prinzip ähnlich. Zwar handelte es sich nicht wie bei der Collage der Künstlerin um ein Endprodukt, sondern um die Vorstufe zu einer gelehrten Veröffentlichung, doch auch Gehrcke entwarf klebend das Panorama einer Person. Seine in Kolumnen geordnete Arbeitsweise teilte nicht die Ästhetik Höchs, aber folgte ebenso – für Text wie für Bild – einem bestimmten ästhetischen Vorbild: Gehrcke teilte die Seite vertikal auf, er füllte sie und nutzte den freien Platz der Rückseite der Makulatur aus, die einzelnen Artikel überlappen nicht und schaffen eine typographische Ordnung. Er folgte dabei einer klaren bildlichen Vorstellung und stellte eine Komposition zusammen, die ebenso wie diejenige von Höch eine Collage genannt werden kann.

Die akribische Klebetechnik der Künstlerin und des Physikers, das *cut and paste* des Zeitungs- und Zeitschriftenmaterials, folgt ähnlichen Gesetzen, die von Papier, Schere und Kleister vorgegeben werden. Texte wie Fotografien sind gleichermaßen auszuschneidende Elemente, die sie ähnlich erscheinen lassen und ihnen den Charakter eines Sammlungsstücks, eines Informationssegments oder eines Bildelements zuteil werden lassen. Der Ausschnitt nimmt bei Höch wie bei Gehrcke den gleichen, die Gegenwart sezierenden Charakter ein. Doch während Höch schon früh die ikonische Kraft des Einstein-Porträts erkennt und es – etwa anstatt des Wortes »Relativität« – in ihre Komposition einfügt, unterschätzt der textfixierte Gehrcke die Kraft der Bilder. Er, der eigentlich das Medienphänomen Einstein entlarven und damit kritisieren wollte, läßt sich eines der wirksamsten Elemente der Berühmtheit entgehen: den Kopf Einsteins. Dies zeigt sich nicht zuletzt daran, daß er in seinem Buch von 1924 nur wenige Bilder, haupt-

Eine Seite aus der Zeitungsausschnittsammlung von Ernst Gehrcke, 1922

sächlich Karikaturen und nur ein einziges Foto von Einstein abbildet.[33] Wohl bezieht er sich in seinem Text auf die äußere Erscheinungsweise Einsteins, doch während er immer wieder versucht, in seiner Analyse den Text der Zeitung entlarvend zu lesen, nimmt er die Bilder als Illustrationen auf, beachtet aber deren eigene Wirkmacht nicht. So zukunftsweisend Gehrckes Feststellung des Medienphänomens Einsteins gewesen sein mag, so unvollständig und mit persönlichen Ressentiments behaftet war seine Analyse.[34]

Hannah Höch und Ernst Gehrcke waren Zeitgenossen und lebten in der gleichen Stadt. Vermutlich nahmen sie nicht voneinander Notiz, bewegten sich vielmehr in ihrer je eigenen Welt der Künste und der Physik. Sie bedienten sich des gleichen Materials (Zeitschriften und Zeitungen), nutzten die gleichen Werkzeuge (Schere und Klebstoff) und entwarfen einen Physiker in Papier. Während Hannah Höch Einstein progressiv, zukunftsweisend, ja ein neues Weltbild evozierend, auftreten ließ, ging es dem konservativen Gehrcke darum, den Presserummel um den Wissenschaftler Einstein als Scharlatanerie und als unlautere, von Einstein geförderte Reklame zu interpretieren. Doch beide vereinte, daß sie künstlerisch wie sammelnd Fakten schafften, und eine Papier-Persona aus dem denkbar ephemersten Material der Zeit zementierten, der Zeitung. Das Ziel der Dadaisten, mit ihrer Kunst der »Zeit einen Spiegel vorzuhalten«,[35] wurde von beiden erfüllt. Man hätte Hannah Höch eine »wissenschaftliche«, weil akribisch sammelnde Dadaistin nennen können und Gehrcke einen »dadaistischen«, weil collagierenden Wissenschaftler, aber gewiß nicht Einstein einen »wissenschaftlichen Dadaisten«, der mit alledem nichts zu tun hatte.

Herzlichen Dank an Sandra Pravica für die Recherche von Zeitungsartikeln und die gemeinschaftliche Auffindung des Einstein-Porträts in der *Berliner Illustrirten Zeitung*.

Michael Hampe

Alles ist relativ

Einsteins »philosophische« Feinde

Nutzungen

Rezeptionen sind auch Nutzungen. Den eigenen Standpunkt auf eine gestorbene oder lebende Geistesgröße zu beziehen, kann vieles bedeuten: Manchmal soll redlich anerkannt werden, daß die eigene Originalität so groß nun auch wieder nicht ist, daß vor oder neben einem schon ähnlich gedacht wurde. Oder es will sich jemand als Abkömmling einer großen Tradition, als Mitglied einer Denkdynastie etablieren, durch Rückführung auf bedeutende Geistesahnen. Oder, wenn es sich um eine negative, kritische Rezeption handelt, kann angestrebt werden, Ruhm durch den Sturz allgemein bewunderter Genies zu erwerben. Albert Einstein hat Philosophen rezipiert und Philosophen haben Albert Einstein rezipiert. Dabei kam es zu allen drei oben genannten Nutzungsformen.

Einstein selbst hat seinen eigenen erkenntnistheoretischen Standpunkt einmal als einen verstanden, der dem Kants *benachbart* ist.[1] Das geschah zu einer Zeit, als Kant immer noch eine ausgesprochen hohe Reputation als Erkenntnistheoretiker besaß, wenn es auch nicht in der Hoch-Zeit des Neukantianismus war. Und umgekehrt ist eines der ersten, mit Gewinn lesbaren philosophischen Bücher über die Einsteinsche Physik, das bis heute interessant geblieben ist, von dem Neukantianer Ernst Cassirer geschrieben worden.[2] (Die Arbeiten des logischen Empiristen Hans Reichenbach zu Einstein fallen in den gleichen Zeitraum.[3]) Einstein konnte sich also auf die Größe Kants berufen und Kantianer wie Cassirer konnten die Einsteinsche Physik zum Anlaß nehmen, ihren Kantianismus weiterzuentwickeln. Das sind die sympathetischen Rezeptionsbeziehungen.

Einsteins nicht-euklidische Theorie einer vierdimensionalen Raum-Zeit scheint jedoch andererseits auch als im Widerspruch zur transzendentalen Analytik von Kants »Kritik der reinen Vernunft« stehend wahrnehmbar zu sein. Kantianer weniger kreativer Spielart als Cassirer konnten sich daher fragen, ob sich Einstein denn zu Recht oder nicht vielmehr zu Unrecht auf Kant berief. Es konnte auch gefragt werden, ob der Neukantianer Cassirer, der sich so affirmativ zur philosophischen Bedeutung der Theorie Einsteins geäußert hatte, tatsächlich noch auf Kants Standpunkt stand oder nicht vielleicht doch schon ein »Verräter« und Relativist geworden war? Hatten nicht die recht, die streng auf die Unvereinbarkeit der Allgemeinen Relativitätstheorie mit der Theorie von Raum und Zeit bei Kant hinwiesen und den »Kantischen Standpunkt« gegen Einstein »verteidigen« wollten und damit die Welt vor »Relativismus« zu retten hofften?

Diese Fragen konnten nur so lange gestellt werden, wie Kant der Garant wissenschaftlicher Rationalität schien, auf den man sich berufen mußte, wenn man einer in den Einzelwissenschaften anerkannten Theorie ihre Wissenschaftlichkeit aus philosophischen Gründen glaubte absprechen zu können. Anders als die Infragestellung der Wissenschaftlichkeit des Historischen Materialismus oder der Psychoanalyse war die philosophische Kritik der Relativitätstheorie jedoch in ihrer Frühzeit vor allem durch zweierlei gekennzeichnet: eine *geringe*, teilweise gegen null gehende *Kenntnis* der Theorie (die sich manchmal nur auf die Rezeption des Titels zu beschränken schien) und eine *hohe Affektivität*, die in einer Auseinandersetzung um physikalische Annahmen eher selten ist und darauf zurückgeführt werden muß, daß Einstein schon zu Lebzeiten zu einem Genie stilisiert wurde, das nur mit Newton vergleichbar ist. Einsteins Relativitätstheorien wurden deshalb nicht einfach wie andere Theorien oder kulturelle Gebilde rezipiert und transformiert. Vielmehr affizierten die schnell entstehenden Fiktionen und Mythen um den Autor der Theorie offenbar auch die Einschätzung der Theorie selbst. Oberflächliche Fehlinterpretation arteten in Kämpfe gegen eine angeblich fälschlicherweise als Jahrhundertgenie eingeschätzte Person aus, die die Rationalität des Abendlands zu ruinieren sich vermeintlich anschickte. Dadurch konnten die Kritiker Einsteins entsprechend den Mechanismen der negativen Rezeption als Retter der abendländischen Rationalität auftreten. Verteidiger Einsteins konnten sich auf der Seite eines Jahrhundertgenies wähnen. Die Folgen dieser Abwegigkeiten haben sich bis in die Gegenwart erhalten: in attentatsäquivalenten Beschimpfungen der Person Albert Einsteins, in denen skurrile Außenseiter dem Autor der Relativitätstheorie elementare Denk- und Rechenfehler nachzuweisen bemüht sind, um so als Zermalmer des Größten sich selbst als Größte fühlen zu können. Denn wer es Einstein gezeigt hat, hat es allen gezeigt.

Das unerschütterliche Fundament

Die Bibliothek der lebenden Philosophen, The Library of Living Philosophers, ein »brainchild« von Paul Arthur Schilpp, operiert mit einem emphatischen Begriff des Philosophen. Hier wird nicht über Fachleute für Philosophie geschrieben, sondern angesichts des nahenden Endes der Lebenszeit putativer Geistesgrößen antizipiert, wer demnächst auch in Ewigkeit als *philosophos* gelten, wem wie Sokrates, Aristoteles, Thomas, Spinoza und Hegel Unsterblichkeit zuteil werden wird. Als siebentes Buch dieser 1939 begonnenen Reihe erschien 1949 ein Doppelband über Albert Einstein – »Philosopher-Scientist«, so der Untertitel.

Die Tatsache, daß Einstein als bis dahin einzigem professionellen Physiker ein Band in dieser bedeutendsten der philosophischen Festschriften gewidmet wurde, könnte nahelegen, die Fachvertreter der Philosophie hätten die Relativitätstheorien mit offenen Armen als wichtige Abhandlungen über Raum, Zeit und Materie im Bunde großartiger philosophischer Erkenntnisse willkommen geheißen und hinter ihren Willkommensgruß mit einem »Schilpp-Band« ein Ausrufezeichen gesetzt. Doch so war es nicht. Bis 1921, bis zum Erscheinen des Buches »Zur Einsteinschen Relativitätstheorie« von Ernst Cassirer (dem der sechste, dem Einsteinschen unmittelbar vorausgehende Band der Library of Living Philosophers gewidmet worden war), erschöpften sich die Reaktionen der philosophischen Zunft auf die Relativitätstheorien fast vollständig in blamablen, von Unverständnis gekennzeichneten Anfeindungen. Hier ein Beispiel:

»Hat Einstein den ›Absolutismus‹ gestürzt, so hat er die wissenschaftliche Wahrheit gestürzt, den theoretischen Wirklichkeitsbegriff in seiner notwendigen Eindeutigkeit zertrümmert. Wir mögen alternativ meinen, Hypothesen aufstellen – aber voraussetzen müssen wir, daß das Festzustellende auch ›fest‹ ist, unabhängig von einem Standpunkt, eben absolut. Sonst schöpfen wir Wasser in ein Sieb und können unser Denken überhaupt aufgeben. Wenn etwas nicht nur verschieden erscheinen kann, sondern auch an sich ›verschieden‹ ›ist‹, selbst ›relativ‹ ist, d.h. abhängig vom Standpunkt und Zustand des Beschauens [...] so hört jedes Denken auf. Der Rest ist Skepsis, Verwirrung, Relativismus.«[4]

Der Autor der Relativitätstheorien hat nach dieser Kritik zu zeigen versucht, daß alles relativ ist. Denn wenn schon in der Physik alles relativ, die Physik aber die Grundlage aller empirischen Wissenschaften ist, dann, so die Stammtischweisheit, ist eben überhaupt alles relativ. An den kantianisierenden Stammtischen wird die Behauptung »Alles ist relativ!«, wie die eben angeführte Philosophin belegt, nicht affirmativ »zitiert«. Hätte Einstein seine Theorien nicht mit dem Attribut »Relativität« versehen, sondern statt dessen, wie es ebenso passend gewesen wäre und in einer geklammerten Alternativformulierung in besagtem Schilpp-Band von ihm auch getan wird,[5] von Prinzipien der *Invarianz* gesprochen, so wären die im Gegensatz zu Cassirer heute zurecht vergessenen Kantianer wie Leonore Ripke-Hühn gar nicht in der Lage gewesen, ihre angesichts des *Inhalts* der Einsteinschen Theorien abwegigen Assoziationen hervorzubringen, in denen die Relativitätstheorie angeblich den Relativismus naturwissenschaftlich verteidigt, mit ihr die Standpunktlosigkeit nun auch in der Physik Einzug hält, weshalb die Philosophie wiederum aufgerufen sei, das Absolute, Unerschütterliche und Nicht-Standpunktrelative menschlicher Einsicht zu bewahren. Klaus Hentschel hat das Niveau und die Strategie dieser ersten philosophischen Antworten auf Einstein treffend charakterisiert: »Es geht [...] um die Behauptung, daß ›Relatives‹ nur durch dahinter stehendes und implizit mitbehauptetes ›Absolutes‹ hinreichend begrifflich festgelegt sei. [...] das Grundübel all der Texte [dieser Trivialkantianer, M.H.] [...] war in der Tat die sehr oberflächliche Auseinandersetzung mit der in Rede stehenden Theorie und die automatische Gleichsetzung physikalischer Termini mit Begriffen der philosophischen Tradition.«[6] »Sehr oberflächlich« ist ein noch zu freundlicher Ausdruck. Man kann sich schwerlich des Eindrucks erwehren, die Konstruktion des angeblich relativistischen Einsteinschen Standpunktes speise sich hier weitgehend allein aus der Rezeption des Titels »Allgemeine Relativitätstheorie«, der einfach als Kennzeichnung eines universalen philosophischen Relativismus aufgefaßt wurde.

Kants Standpunkt markierte dagegen für die nicht zu den Geistesgrößen zu zählenden Neukantianer, die die Szenerie des damaligen philosophischen Deutschland ganz wesentlich mitbestimmten, eine endgültige und *redlich* erlangte *Fundamental*-Erkenntnis. *Architektur* und *Recht* sind zwei wesentliche Metaphernquellen der Kantischen Philosophie. Die Kantischen Einsichten ruhten manchen seiner Interpreten zufolge selbst auf sicherem Fundament und zeigten das sichere Fundament der menschlichen Erkenntnis überhaupt auf. Daß Erkenntnis ein solches Fundament haben muß und eines auf dem anderen aufzubauen habe, das Haus der Wissenschaft architektonisch aufzuführen sei, gehört zum metaphorischen Elementarinventar des Trivialkantianismus. Bei der Errichtung des Erkenntnisgebäudes muß es lauter und rechtens zugehen, es darf nicht spekulativ geschwindelt werden. Auch beim Bau eines Hauses kann man ja keine Stockwerke überspringen.

Einsteins Auffassung von Erkenntnis paßt nicht zu diesen Metaphern. Die abstrakten Ausgangspunkte physikalischer Theorien sind seiner Überzeugung nach, anders als auch Newton noch glaubte, Produkte der *Phantasie*, *Spekulationen*, die sich allerdings inferentiell und empirisch zu bewähren haben. Einstein war nicht nur »vom rein fiktiven Charakter der Grundlagen der Theorie« überzeugt, sondern auch der Meinung, »daß der gedankliche Abstand zwischen den grundlegenden Begriffen und Grundgesetzen [der Physik, M.H.] einerseits und den mit unserer Erfahrung in Beziehung zu setzenden Konsequenzen immer mehr zunimmt«, die Kluft zwischen anschaulicher Alltagsevidenz und den mathematisch-konstruktiven Ausgangspunkten der physikalischen Theoriebildung also stetig zunehmen wird. Über seinen großen Vorgänger in der Gravitationstheorie und den Leitstern der Kantischen theoretischen Philosophie schrieb er: »Newton, der erste Schöpfer eines umfassenden, leistungsfähigen Systems der theoretischen Physik, glaubte noch daran, daß die Grundbegriffe und Grundgesetze seines Systems aus der Erfahrung abzuleiten seien. Sein Wort ›hypotheses non fingo‹ ist wohl in diesem Sinne zu interpretieren.«[7] Doch da irrte Newton nach Einstein ebenso wie der philosophische Empirismus. Einstein erkannte klarer als manche seiner Zeitgenossen, daß sich aus der Erfahrung nichts, aber auch rein gar nichts »ableiten« läßt, weil Ableitungsverhältnisse von Sätzen und Gleichungen, nicht jedoch von Sinneseindrücken auszugehen haben. Der Anfang auch des physikalischen Denkens ist erstens spekulativ und zweitens unanschaulich und nie sicheres Fundament. Das bedeutete in den Augen des Trivialkantianismus spekulative Standpunktlosigkeit. Wenn man sich den Anfang einer Theorie gleichsam aus den Fingern der mathematischen

Phantasie saugen kann, dann ruht diese Theorie auf nichts, ist ein Wolkenkuckucksheim windigen, bestenfalls »scharfsinnigen« Vermutens, aber keine feste Burg der Erkenntnis. Eine solche Burg konnte nur auf dem Fels der von Kant transzendental erkannten Formen der Anschauung, Kategorien und Begriffe entstehen.

Kant hatte angeblich die hier bei Einstein sichtbar werdende Standpunktlosigkeit des Denkens, die nur in den Skeptizismus und damit Irrationalismus führen kann, endgültig widerlegt, die Zigeuner unter den Theoretikern aus dem Lande der Philosophie ausgewiesen. Wer begriff, was es mit der Reinheit der synthetischen Urteile a priori auf sich hat, konnte an der Unerschütterlichkeit der transzendentalphilosophischen Einsichten nicht zweifeln. Durch die Entwicklung der nichteuklidischen, aber dennoch widerspruchsfrei darstellbaren Geometrien, die Cantorsche Mannigfaltigkeitslehre und die Debatten um den Status der Unendlichkeit in der Mathematik seit der Mitte des 19. Jahrhunderts aufgeschreckt, sahen manche Philosophen in der unverstandenen Relativitätstheorie eine weitere Bedrohung der Vernunft aufziehen. Abermals schien, und zwar nun auch von physikalischer Seite, dem längst besiegten Relativismus das Wort geredet zu werden, nachdem die alternativen Geometrien bereits die Rolle der Euklidischen Geometrie als Paradigma der Rationalität in Frage gestellt hatten. Die Revolutionen in der Mathematik und Physik konnten für diese Philosophen nur eines anzeigen: Offenbar waren die Einsichten Kants immer noch nicht außerhalb der Philosophie verstanden, sein transzendentalphilosophischer Standpunkt von den empirischen Wissenschaftlern immer noch nicht gedanklich erreicht worden. Warum sonst blieb Einstein hinter dem Königsberger zurück und glaubte etwas über Raum und Zeit als solche sagen zu können? »Die reinen, ›absoluten‹ Begriffe der Zeit und des Raumes«, schrieb immerhin auch Paul Natorp, »sind überhaupt die Voraussetzungen jeder empirischen Zeit- und Raumbestimmung, also durch diese selbst auf keine Weise abänderlich.«[8] Was Einstein über Raum und Zeit zu sagen hatte, konnte daher lediglich unreine, relative, abänderbare Raum- und Zeitbegriffe betreffen, mußte ohne echte *philosophische* Relevanz sein, weil es nicht um das Fundament unserer Erkenntnis ging, das nun einmal in den Kantischen Anschauungsformen von Raum und Zeit liegt. Die Anschauungsform des Raumes kommt in der Euklidischen Ausdehnungslehre zu einer endgültigen Darstellung und ist von der Zeit als innerem Sinn, den wir uns in der Arithmetik objektivieren können, völlig unabhängig. Ein nicht-euklidischer Raum und erst recht eine gekrümmte Raum-Zeit können, wenn es sich nicht um wüste Phantastereien handelt, nur irgendetwas bloß Empirisches, irgendein abgelegenes unreines Gebilde der physikalischen Forschung betreffen.

Der gegen Einstein angeschlagene Ton: hier werde ohne Fundament spekuliert, hier gehe es unrein und unanschaulich zu, blieb nicht auf den Trivialkantianismus beschränkt. Naziphilosophen und »deutsche Physiker« wie Johannes Stark, Philipp Lenard und Wilhelm Müller, die sich nicht scheuten, in ihrer Opposition gegen die Allgemeine Relativitätstheorie von »talmudischer Inflationsphysik« zu faseln,[9] griffen die Kantianische Reinheits-, Festigkeits- und Fundamentsmetaphorik auf, um das als »jüdisch« charakterisierte Denken Einsteins als *unreine* und *bodenlose* mathematische *Spekulation* zu beschimpfen. Der konstruktivistische Wissenschaftsphilosoph Hugo Dingler galt dabei häufig als Gewährsmann der »Retter vor dem drohenden Abgrund des Relativismus«.[10] Dingler hatte nämlich schon 1921 unter der Überschrift »Warum Relativitätstheorien immer falsch sein müssen« geschrieben:

»Relativitätstheorien im Gebiete der messenden Physik müssen ihrem Wesen nach stets folgenden Sinn haben: Es gibt für das betr. Gebiet keine Messungsbasis, keinen ›Nullpunkt‹. Nun gibt es aber keine Messung ohne Nullpunkt.«[11]

Den spezifischen Status von Raum und Zeit führt Dingler in kantianisierender Manier auch an anderer Stelle gegen Einstein ins Feld:

»Daraus ergibt sich, daß die Einsteinsche Annahme nicht etwa eine physikalische Hypothese ist wie jede andere, sondern daß sie von vornherein und ganz willkürlich diejenige Grundannahme beseitigt, auf der alle sonstigen Hypothesen beruhen, nämlich die von der Unabhängigkeit allen Geschehens von Zeit und Raum. Daher können auch die gewöhnlichen Hypothesen meist durch Experimente geprüft oder widerlegt werden. Die Relativitätstheorie jedoch kann das nicht und damit fallen die Grundlagen aller der so viel besprochenen experimentellen Beweise für dieselbe.«[12]

Reduktionen ad absurdum wie diese und Projektionen vermeintlich elementarer logischer und methodologischer Fehler in die Einsteinsche Theorie, wie sie Dingler hier vorführt in seinen Behauptungen, Einstein vernichte mit seinen Annahmen die Grundlagen jeder Messung und jedes experimentellen Tests, gehören bis heute zu den beliebten Formen der Auslassung gegen die Relativitätstheorie. Darauf wird noch zurückzukommen sein. Der Graben, der sich jedoch zwischen Philosophen wie Natorp oder der zitierten Ripke-Hühn und Einstein auftat, entstand durch die grundsätzlich *verschiedenen Einschätzungen des Verhältnisses von Erkenntnistheorie und Physik*. Einstein gestand der Erkenntnistheorie durchaus eine wichtige Funktion für die Physik zu. Ebenso glaubte er, daß die Einsichten der Physik eine wichtige Bedeutung für die Entwicklung der Erkenntnistheorie haben, wie seine folgende Äußerung belegt: »Die gegenseitige Bezogenheit von Erkenntnistheorie und Wissenschaft aufeinander ist es wert, beachtet zu werden. Sie hängen voneinander ab. Erkenntnistheorie ohne Kontakt zur Wissenschaft wird zu einem leeren Schematismus. Wissenschaft ohne Erkenntnistheorie – sofern das überhaupt denkbar ist – ist primitiv und verwirrt.«[13]

Erkenntnistheorie muß sich nach Einstein auf die *Inhalte* der wissenschaftlichen Erkenntnisse beziehen. Der empirische Wissenschaftler dagegen kann sich opportunistisch gegenüber den erkenntnistheoretischen Schulen verhalten.

Wenn er auf sein Ziel achtet, eine *von unserem Denken unabhängige Sinnenwelt* zu beschreiben, wird er dem Philosophen als naiver Realist erscheinen und kann sich in der realistischen Erkenntnistheorie Material für sein Projekt holen. Bei der Pflege seines »Begriffsparks«, seiner mathematischen und experimentellen *Konstruktionsverfahren* und bei der Suche nach fruchtbaren Erfindungen wird er als ein Idealist oder als Positivist erscheinen, der seinen Theorien nur insofern einen Wert beimißt, als sie auch Relationen zwischen Erfahrungen mit handlichen konstruktiven Mitteln organisieren. Einen Platonistischen Eindruck hinterläßt ein Wissenschaftler in der Philosophie, sobald er die *logische Einfachheit* als ein unabdingbares Kriterium der Qualität seiner Forschung anerkennt und berücksichtigt.[14] Alle diese Ansprüche an die Erkenntnis, Realitätsadäquatheit, konstruktive Ökonomie und logische Einfachheit haben nach Einstein ihre Berechtigung. Sein eigenes Schwanken zwischen Positivismus und Kantianismus kann als Ausdruck des Bemühens gedeutet werden, unterschiedlichen Erkenntniswerten in der physikalischen Arbeit gerecht werden zu wollen. Die philosophischen Bemühungen um Hierarchisierung oder Entscheidungsverfahren zur Ermittlung der eigentlich grundlegenden Erkenntniswerte hielt Einstein offenbar für abwegig. Er scheint hier die Erkenntnistheorien *benutzen* zu wollen, um sich mit verschiedenen philosophischen Instrumenten auszustatten, die geeignet sind, unterschiedliche Aspekte der wissenschaftlichen Tätigkeit plausibel zu machen, ja vielleicht sie jeweils sogar normativ kontrollieren können.

Ein solcher instrumentalistischer erkenntnistheoretischer Eklektizismus, der in verschiedenen Bereichen und Phasen der wissenschaftlichen Tätigkeit auf unterschiedliche epistemische Werte achtet, konnte Philosophen, die ihre Erkenntnistheorien wie *Konfessionen* begriffen, nicht behagen, sondern nur das Bild von Einstein als einem standpunktlosen Relativisten bestätigen bzw. verschärfen. Sowenig man gleichzeitig evangelischer und katholischer Christ, Hindu und Moslem sein kann, ebensowenig kann man gleichzeitig Platonist und Positivist sein, werden die kleingeistigeren unter den damaligen Epistemologen gedacht haben. Danach muß eben auch ein Wissenschaftler sich auf einen eindeutigen erkenntnistheoretischen Standpunkt, auf ein sicheres Geistesfundament stellen, um redliche Arbeit leisten zu können. Dagegen sah Einstein in seiner Betonung der Tatsache, daß der Physiker *sowohl* auf die Qualität seiner Mathematik und seiner Begrifflichkeit *als auch* auf den möglichst engen Bezug zur Empirie in seiner Theoriebildung zu achten habe, eine große Nähe zu Kant. Die fundamentalistischen Kantianer mußten die Äußerung Einsteins, daß seine »theoretische Einstellung [...] nur insofern von der Kants abweiche, als wir ›Kategorien‹ nicht als unveränderbar (bedingt durch die Natur des Verstandes), sondern (in einem logischen Sinne) als *freie Konventionen* begreifen«[15], als eine unzulässige Instrumentalisierung Kants und eine Aufkündigung wissenschaftlicher Rationalität überhaupt ansehen.

Denn die Einstellung der philosophischen Erkenntnistheorie – nicht nur vieler Kantianer, sondern auch einiger Empiristen und natürlich des Konstruktivisten Dingler – zur Wissenschaft war eine ganz andere als die Einsteinsche. Sie erlaubte der Wissenschaft nicht nur keinen erkenntnistheoretischen Eklektizismus, sondern meinte auch, die Erkenntnistheorie selbst könne auf den (von Einstein geforderten) Bezug zu den Inhalten wissenschaftlicher Forschung ohne Schwierigkeiten verzichten, weil sie eben ein *formales* Unternehmen sei, das nach bestimmten Methoden einen abtrennbaren Gegenstandsbereich erforscht: ein Reich der Formen. Gerade die an Kant anknüpfende Erkenntnistheorie sah ihre disziplinäre Autonomie von vielen einzelwissenschaftlichen Seiten (vor allem durch die Psychologie) gefährdet und pochte deshalb auch dann auf ihrer Selbstgenügsamkeit, wenn dies weniger plausibel war. Voraussetzung all dieser Autonomiebestrebungen der Erkenntnistheorie ist die kategoriale Trennung von Formen und Inhalten des Erkennens.

Mehr oder weniger ohne sich über den Sinn dieser Unterscheidung von Form und Inhalt Rechenschaft abzulegen, gingen viele Philosophen in der ersten Hälfte des 20. Jahrhunderts davon aus, philosophische Erkenntnistheorie habe darüber zu wachen, daß die von Kant als Formen der Erkenntnis etablierten Begriffe und Kategorien in den Einzelwissenschaften auch in der Bedeutung und Funktion, die Kant ihnen gegeben hat, in Verwendung bleiben. Die Wissenschaften waren dadurch potentiell bei allen Innovationen, die begriffliche Verschiebungen mit sich bringen, immer unter Verdacht, nicht die logische oder transzendentale Form zu wahren. Vor allem bei etwas so grundlegendem wie den Anschauungsformen von Raum und Zeit war jede Innovation als Formverletzung quasi tabuisiert. Die Philosophie hatte in der erhabenen Rolle einer Richterin (hier konnte man wieder auf Kantische Metaphorik zurückgreifen) zu prüfen und zu entscheiden, wer sich bei wissenschaftlichen Innovationen welchen Vergehens schuldig gemacht hat. Über die Formen der Erkenntnis selbst würde sich die Philosophie in »splendid isolation« klar, denn die Kriterien der Geltung waren vermeintlich ihr ureigenes Gebiet. Daß eine einzelwissenschaftliche Erkenntnis diese Kriterien der Geltung in Frage stellen könnte, war unmöglich, weil eine wissenschaftliche Erkenntnis ja nur solange als tatsächliche Erkenntnis Berücksichtigung und Anerkennung finden konnte, wie sie die von der Philosophie erkannten Geltungskriterien auch erfüllte. Wissenschaftliche Umwälzungen konnten in dieser Perspektive nie die Formen der Erkenntnis betreffen, sondern nur inhaltliche Überzeugungen.

Die Konsequenz dieser Art von Erkenntnistheorie war weitgehende wissenschaftliche Irrelevanz und Selbstbezogenheit der epistemologischen Debatten. Kein Einzelwissenschaftler kam zum Erkenntnis-TÜV, weil er sich davon methodische Fortschritte in der eigenen Arbeit erhoffte, und niemand konnte gezwungen werden, einen philosophischen Erkenntnis-Überwachungsverein als eine Bedingung wissenschaftlicher Rationalität anzuerkennen. Dadurch wurde die

Erkenntnistheorie vor allem zu einer innerphilosophischen Angelegenheit. Andererseits geriet die Philosophie gegenüber den Wissenschaften als Wahrerin der geltenden Erkenntnisformen in eine notorisch konservative Rolle, die Innovationen, die zum Selbstverständnis der modernen Naturwissenschaft gehören, prinzipiell als mögliche Form- und Normverletzungen unter Verdacht stellen mußte und nicht als Fortschrittschance begrüßen konnte. Die grundlegenden wissenschaftlichen Umwälzungen, die seit dem 19. Jahrhundert in der Mathematik und dann mit Einstein und Planck in der Physik stattfanden, waren daher für die Philosophie eine existentielle Bedrohung, weil sie in Frage stellten, ob die Formen, die sie als ihr eigentliches Gegenstandsgebiet, das heißt, auch um ihrer disziplinären Autonomie willen glaubte wahren zu müssen, überhaupt gewahrt werden konnten, wenn Mathematik und Physik vorankommen wollten. Daß das, was in der wissenschaftlichen Selbstdeutung einen Fortschritt darstellte, von der »höheren Warte« der Philosophie aus nur als ein Abgleiten in den Irrationalismus und die Formlosigkeit aufzufassen war, konnten die Einzelwissenschaften nicht akzeptieren.

Es war Ernst Cassirer, der diesen Stil der richterlichen Erkenntnistheorie, vielleicht auch aufgrund seiner Auseinandersetzung mit der Einsteinschen Physik, im Kantianismus beendete.[16] »Jede ursprüngliche Richtung, die die Erkenntnis nimmt«, schrieb Cassirer in seinem Buch über Einstein, »jede Deutung, der sie die Erscheinungen unterwirft, um sie zur Einheit eines theoretischen Zusammenhangs [...] zusammenzufassen, schließt eine besondere Fassung und Formung des Begriffs der Wirklichkeit in sich. Hier ergeben sich nicht nur die charakteristischen Bedeutungsunterschiede der wissenschaftlichen Gegenstände selbst – die Scheidung des ›mathematischen‹ vom ›physikalischen‹ [...], des ›chemischen‹ vom ›biologischen‹ Gegenstand, hier treten auch dem Ganzen der theoretisch-wissenschaftlichen Erkenntnis andere Form- und Sinngebungen [...] wie die ethische, die ästhetische ›Form‹ – gegenüber. Es erscheint als die Aufgabe einer wahrhaft *all-*

gemeinen Erkenntniskritik, daß sie diese Mannigfaltigkeit, diesen Reichtum und diese Vielgestaltigkeit der Formen der Welterkenntnis [...] nicht nivelliert.«[17]

Auch dieser Pluralismus Cassirers, der sich an der Rekonstruktion der Vielfalt der Formen verschiedener Erkenntnisprojekte abmühte und nicht mehr eine Form der Erkenntnis überhaupt, unabhängig von bestimmten Erkenntnisinhalten, glaubte verwalten zu können, mußte einer richterlichen Erkenntnistheorie, ähnlich wie der erkenntnistheoretische Eklektizismus Einsteins, als ein Relativismus erscheinen: Sie meinte, auf dem Standpunkt der Vernunft selbst als dem Fundament aller menschlichen Erkenntnis Wache halten zu müssen. Doch Cassirer hatte in seiner Einstellung mindestens dieselbe Berechtigung, sich auf Kant und die Tradition des Kantianismus zu berufen wie die ersten Feinde Einsteins. Schließlich hatte Kant *drei* Kritiken geschrieben, zwischen theoretischer und praktischer Vernunft und Urteilskraft unterschieden und die unterschiedlichen Formen der Erkenntnis in Mathematik und Physik, Praxis, ästhetischem Urteil und biologischer Reflexion differenziert. Trendelenburg hatte bereits 1840 festgestellt,[18] daß das Kantische Programm, diesen Pluralismus auf eine »gemeinsame Wurzel« zu beziehen, nicht durchführbar sei. War der Pluralismus der Cassirerschen symbolischen Formen nicht die folgerichtige Weiterentwicklung dieses Kantianismus? War dadurch nicht die Möglichkeit gegeben, daß die Erfahrung und das Nachdenken über sehr hohe Geschwindigkeiten und sehr große Räume und Massen in der Physik einer anderen Form bedurfte als sie in der Euklidischen Geometrie und im Newtonisch-Kantischen Zeitverständnis gegeben waren? Vom Standpunkt der heutigen Erkenntnistheorie aus wird man diese Fragen bejahen müssen. Nelson Goodman hat in Ernst Cassirer einen Vorgänger seines rationalen Relativismus gesehen, für den nicht ein einziges und unerschütterliches Fundament entscheidend ist, um einem intellektuellen Projekt Erkenntnisstatus zuzugestehen, sondern die Möglichkeit, seine Regeln zu explizieren und fortzuführen.[19]

Eine weitere Einsicht, die Cassirer bereits 1910 in seinem Buch »Substanzbegriff und Funktionsbegriff« entwickelt hatte,[20] ließ sich anhand der Einsteinschen Physik paradigmatisch verdeutlichen und hat bis in die gegenwärtige Einschätzung dieser Wissenschaft Bestand: Die modernen Wissenschaften tendieren zu Theorien der Relationsinvarianz, anschaulich dingliche Gegebenheiten werden immer bedeutungsloser, Funktionsbegriffe treten gegenüber Substanzbegriffen in den Vordergrund. Die Einsteinsche Theorie der Invarianzen war ein schlagender Beleg für diese These Cassirers zur Wissenschaftsentwicklung. Die Tendenz zur *Unanschaulichkeit* und zum *Formalismus* in den modernen Wissenschaften stellte für die Erkenntnistheorie Cassirerscher Prägung gar kein Problem dar. Für die »philosophischen Feinde« der Relativitätstheorie (auch ganz unabhängig vom Kantianismus) war dieses Charakteristikum dagegen von Beginn an und bis in die Gegenwart ein Skandal. Die Anschauungsformen von Raum und Zeit wurden von den Trivialkantianern verdinglicht. Cassirer dagegen sah, daß es hier um Relationssysteme geht, die in bestimmten Theorien konstant gehalten werden. Daß sie nicht notwendig die einzig möglichen fundamentalen relationalen Invarianzen darstellen, daran mag Kant selbst nicht gedacht haben. Trotzdem ist die Cassirersche Ausweitung dieses Gedankens als eine Weiterführung des Kantischen Denkens deutbar. Allerdings ist Cassirer mit dieser Deutung zunächst nicht überall durchgedrungen. Und in manchen Nischen der Kultur haben sich die Schemata, unter denen die Relativitätstheorie zuerst rezipiert wurde, bis heute erhalten.

Attentäter

In dem vielgelesenen Manifest einen ausufernden deutschen Kulturpessimismus von 1917, dem »Untergang des Abendlandes«, beklagt der Morphologe Oswald Spengler, der noch wie Goethe sehen wollte, den Niedergang der Anschaulichkeit: »*Der große Stil des Vorstellens [ist] zu Ende.*«[21] Schuld daran sei auch die Relativitätstheorie, »eine Arbeitshypothese von zynischer Rücksichtslosigkeit«, deren »eigentliche Tendenz die Zerstörung *des Begriffs der absoluten Zeit*« sei.[22] Beklagt Spengler unter der Überschrift »Schicksalsidee und Kausalitätsprinzip« noch in Bergsonscher Manier die Neigung der klassischen Physik, ja der »Philosophen der abendländischen Gegenwart« überhaupt, die Zeit zu verräumlichen, und damit dem gefühlten Schicksal, in dem das Lebendige der Zeit noch gegenwärtig sei, Unrecht zu tun,[23] so sieht er einige hundert Seiten später die klassische Physik, »das strenge Bild der Barockdynamik«, zerstört durch ein »Kunstgewerbe der Hypothesenbildung«, das Einstein in seiner Physik betreibe und dem auch Quantenmechaniker wie Bohr nachgehen.[24] Die Unanschaulichkeit der Relativitätstheorie war jedoch in den Augen des Untergangsmorphologen kein Einzelfall. *Alle* Wissenschaften vereinigen sich nach Spengler in einen Formalismus, einer »Zeichensprache [...], der nichts Anschauliches mehr anhaftet«.[25] In dieser Unanschaulichkeit kaschieren die exakten Wissenschaften Spengler zufolge entweder mehr oder weniger unbeholfen den Prozeß der Zerstörung des Abendlandes, oder sie formulieren, wie im Falle des zweiten Hauptsatzes der Thermodynamik, den Untergang selbst: »*Das Weltende als Vollendung einer innerlich notwendigen Entwicklung* – das ist die Götterdämmerung; das bedeutet [...] die Lehre von der Entropie.«[26]

Spengler betrachtet in seiner Morphologie der Kultur wissenschaftliche Theorien als *Symptome* und ihre Entwicklung als Anzeichen eines vermeintlich tieferliegenden allgemeinen Prozesses. Alle kulturellen Phänomene werden in diesem diagnostischen Projekt auf etwas Gemeinsames »zurückgeführt« und steuern auf etwas Gemeinsames hin. Deshalb sieht Spengler auch, ganz entgegen den historischen Tatsachen, die Wissenschaften sich in einem Universalformalismus vereinigen. Tatsächlich vervielfältigen sich die Kalküle ja seit der Mitte des 19. Jahrhunderts und nachfolgend die Erfahrungswissenschaften. Vereinigungsprojekte wie die »Principia Mathematica« sind zwar von großer philosophischer Relevanz und haben standardisierende Effekte für die Notation, doch bleiben sie – im Gegensatz zu Spenglers Vermutung – »inhaltlich« im Vergleich zur Tendenz der Ausdifferenzierung der Logiken, der mathematischen Kalküle und auch der Erfahrungswissenschaften ohne Bedeutung. Wie bei vielen kulturwissenschaftlichen Wesensschauern vor und nach Spengler erinnern diese Diagnosen an die Gebilde des Verfolgungswahns, in denen alles mit allem zusammenhängt und auf eines und nur eines hinausläuft.

Die Innovationen in der Mathematik seit 1850 und in der Physik durch Einstein, Planck, Heisenberg, Bohr und anderen passen – als Kreativitätsschübe interpretiert (wie dies beispielsweise Alfred North Whitehead tut) – nicht zu der allgemeinen Diagnose einer *verblühenden* Kultur. Die Exponenten der nach-newtonischen Wissenschaften werden nicht als geistige Revolutionäre, als Pioniere eines wissenschaftlichen Neuanfangs angesehen, sondern eingegliedert in die Schar der (mehr oder weniger bewußtlosen) *Attentäter* auf die abendländische Kultur. Die gesteigerte Unanschaulichkeit und immer größere Ferne zu sogenannten »Alltagsüberzeugungen«, die Autoren wie Cassirer und Bachelard als Verwirklichung einer allgemeinen Tendenz der Wissenschaft ansehen,[27] wird von Spengler entsprechend als Zersetzung ehemals konkret anschaubarer Evidenzen ausgelegt oder, in ganz ähnlichem Duktus, von Hugo Dingler als »Zusammenbruch« von systematisch geordneten Erkenntnissicherheiten und Sturz ins »Chaos der Meinungen« gedeutet.[28] Anschaulichkeit und Nachvollziehbarkeit sind hier nicht Ergebnisse langer Gewöhnungs- und Bildungsprozesse im Umgang mit bestimmten Symbolsystemen, sondern werden als Folgen einer unmittelbar erfaßbaren Einfachheit (Dingler) oder eines im Leben sich von selbst vollziehenden Sehens und Fühlens (Spengler) interpretiert. Die Unanschaulichkeit und Unverständlichkeit der Relativitätstheorie ist daher nicht ein Zeichen dafür, daß hier schwierige wissenschaftliche Innovationen nachgearbeitet und neue Symbolsysteme langsam eingeübt werden müssen, sondern daß ein Prozeß im Gange ist, der sich gegen die Verständlichkeit und Einsehbarkeit von Wissenschaft überhaupt richtet. Diese Diagnose, von Spengler einmal in die Geisteswelt gesetzt, ist bis heute nicht wieder aus der trivialphilosophischen Auseinandersetzung mit der Relativitätstheorie verschwunden.

Dabei hätten diese Vorwürfe mit viel größerer Berechtigung in der Zeit nach Spengler gegen die Quantenmechnik geäußert werden können, deren Infragestellen des Kausalitätsprinzips als eines grundlegenden, vermeintlich natürlichen Ordnungsprinzips und deren Welle-Teilchen-Dualismus viel stärker »einfachen« und »natürlichen« Überzeugungen zu widersprechen geeignet ist als die Behauptungen der Speziellen und der Allgemeinen Relativitätstheorie. (In gewisser Hinsicht war das sogar Einsteins eigene Einstellung gegenüber der Quantenmechanik.) Daß die Quantenphysik viel weniger Anfeindungen ausgesetzt war und ist als die Relativitätstheorie und Einstein, daß sie vielmehr zu einer der beliebtesten Projektionsflächen der Esoterikbewegung wurde, dürfte daran liegen, daß sie ein kollektives Produkt von Planck, Heisenberg, Bohr und anderen war, während Einstein als *individueller Autor* für die Relativitätstheorien zeichnete und entsprechend als individuelles Genie verehrt und als individueller Übeltäter angegriffen werden konnte, der die Klarheit, Sicherheit und Natürlichkeit der europäischen Wissenschaft in den Abgrund stürzt.

Dieser Kult dürfte dafür verantwortlich sein, daß die Relativitätstheorie bis heute das beliebteste Objekt sogenannter »Widerlegungen« darstellt, neben der biologischen Theorie der Entwicklung der Arten, jedoch aus anderen Gründen. Die Tatsache, daß Einstein als mathematische Geistesgröße allgemein gefeiert, sein Kopf vor der Tafel mit der Formel $e=mc^2$ unzählige Male abgebildet wurde, fordert einige Widerleger dazu heraus, ihm gerade *logische Fehler* nachweisen zu wollen.[29] Daß in Einstein *das* wissenschaftliche Genie des

20. Jahrhunderts schlechthin auf den Schild gehoben wurde, veranlaßte bei theoretischen Amokläufern wie Georg Todoroff wüste Beschimpfungen der Person, die gerade *die Genialität umkehrten* in Formulierungen wie »Einstein, der Gott der Gottlosen« und »größter Idiot aller Zeiten«.[30] Das kulturelle Phänomen einer szientistischen Ikone, einer aus den Abbildern und Äußerungen der Person Einsteins erzeugten Chiffre für die moderne Wissenschaftlichkeit, liefert ins Pathologische übergehenden anti-szientistischen Gedankenwelten offenbar einen Kristallisationspunkt für die Organisation eigener Ängste und Phantasien.

Doch auch wo es weniger pathologisch zugeht, stellt diese Fokussierung auf das Individuum Einstein oder auf das, was aus ihm gemacht wurde, eine Herausforderung dar. Im Boxen ist der Sieg in der offenen Gewichtsklasse die größte Leistung. Muhammad Ali ist die Ikone des Schwergewichtsboxens schlechthin; der größte Boxweltmeister aller Klassen, den es je gab. Eine Revolution in der theoretischen Physik mit einer avantgardistischen Mathematik gilt vielen als die denkbar größte intellektuelle Leistung. Einstein, der das Newtonische Weltbild revolutionierte, gilt als der physikalische Revolutionär par excellence. Die Anrufung der Fiktion »Einstein« lockt deshalb manche Geisteskämpfer auf den Plan, die gar nicht genuin an der Physik interessiert zu sein scheinen, doch den Meister aller Geistesklassen besiegen möchten.

Noch 1999 erschien in dem Verlag, der auch die Werke Karl Poppers in Deutschland herausbringt, das Buch »Popper versus Einstein«, mit dem Christoph von Mettenheim gegen das Jahrhundertgenie antrat.[31] Der kritische Rationalismus hat sich die richterliche Mentalität in der Erkenntnis- und Wissenschaftstheorie bis heute bewahrt und geht entsprechend rabiat gegen Projekte vor, die nicht seinen Geltungskriterien entsprechen. Ausgehend von Poppers nominalistischer Philosophie der Mathematik will der Rechtsanwalt für Zivilsachen von Mettenheim Einsteins Theorie als haltlose mathematische Spekulation entlarven und ihr – wieder einmal – logische und methodologische Fehlerhaftigkeit nachweisen. Auch die seit Spengler kursierende Kritik an der Unanschaulichkeit taucht erneut auf. Ob Poppers nominalistische Mathematikphilosophie überhaupt zu einer plausiblen Deutung der Physik, beispielsweise der Naturkonstanten *c* und *h* kommen kann, wird nicht diskutiert. Die Poppersche Mathematikphilosophie ist vielmehr der Maßstab, an dem die physikalische Theorie unbefragt gemessen wird. An die Stelle der Einsteinschen Gravitationstheorie und der in von Mettenheims Augen unplausiblen mathematischen Spekulationen will der Autor die vermeintlichen Anschaulichkeiten einer neo-cartesianischen substantialistischen Äther- und Wirbeltheorie der Materie setzen.

Auch bei der Lektüre dieses Werkes hat man das Gefühl, einem theoretischen Amoklauf beizuwohnen. Man meint, eine irrationale Anstrengung zu beobachten, die durch etwas anderes in Gang gebracht und am Leben erhalten wird, als den Wunsch, die Unbequemlichkeiten des Zweifels, das Gefühl der Unplausibilität einer Theorie oder die Gegenwart eines Schluß- oder Faktenfehlers auszuräumen. Hier soll nicht einfach durch Widerlegungen oder philosophischen Streit die Luft gereinigt und zeitweise wieder Gewißheit und Eindeutigkeit geschaffen werden. Es handelt sich auch nicht, wie bei der Kritik an der Evolutionstheorie, um ein Anrennen gegen wissenschaftliche Entwicklungen, die geeignet scheinen, ein vermeintlicherweise durch die christliche Religion legitimiertes Menschenbild in Frage zu stellen. (Obwohl, wie im Falle des oben genannten Todoroff, diese Art der Auseinandersetzung mit der Theorie der Phylogenese mit der »Kritik« an der Relativitätstheorie zusammengehen können.) Auch die Opposition gegen die Freudsche Psychoanalyse war anders motiviert. Zwar werden Darwin, Freud und Einstein immer wieder in einem Atemzug genannt, wenn es um die Charakterisierung der großen Wandlungen im Welt- und Menschenbild der letzten einhundertfünfzig Jahre geht. Doch hat Einstein, anders als Freud, nie an den idealisierenden Selbststilisierungen gerührt, die europäische Menschen als Sozial- und Moralwesen von sich produzieren. Im Gegenteil, er hat diesen Idealisierungen mit seinem pazifistischen Humanismus eher weitere Stichworte geliefert.

Es geht den hier betrachteten Feinden Einsteins vielmehr darum, so etwas wie einen vermeintlichen Mythos zu bekämpfen. Allerdings handelt es sich nicht um einen Mythos im Sinne einer fiktiven Erzählung, in der menschliche Konstellationen und existentielle Wahrheiten von großer Relevanz tradiert werden, die in ihrer »Wahrheit« und Bedeutung »haltbarer« sind als wissenschaftliche Theorien, wie etwa der Mythos vom Sturz des Ikarus oder die Geschichte von Sysiphos. Es geht um Mythen, wie sie sich um die Gesichter, Gesten und Aussprüche weltbekannter Schauspieler, Sportler und Politiker wie Marilyn Monroe, Muhammad Ali und John F. Kennedy ranken. So wie die Bilder und Aussagen von Politikern zu Mythen werden können, um die sich fiktive Erzählungen ranken und die Verehrungskult und Mordlust hervorrufen, ebenso scheint unter den Namen »Einstein« und »Relativitätstheorie« ein intellektueller Mythos entstanden zu sein. Die psychische Gemengelage, die zum Anschlag auf John F. Kennedy führte, unterscheidet sich vielleicht gar nicht so sehr von der mancher Widerleger der Relativitätstheorien. Doch auf Theorien, die zu Geistesmythen geworden sind, kann, anders als auf Politiker, kein Mordanschlag verübt werden. Nach dem Tod der Person, die benutzt wurde, diese Art Mythos hervorzubringen (oder aus deren Wirken er vielleicht quasi naturwüchsig entstand), blüht er vielmehr immer farbenprächtiger auf. Es gibt unendliche Möglichkeiten, gegen etwas Fiktives dieser Art zu polemisieren. Um was für ein kulturelles Gebilde es sich hier handelt und welche Funktion es eventuell im Leben von einzelnen und Gemeinschaften hat, kann hier nicht geklärt werden. Doch es scheint klar, daß die Produktion von Polemiken selbst für die Reproduktion solcher Gebilde sorgt. Der von Spengler als Amokläufer gegen das rationale und anschaulich verstehende Abendland stilisierte Einstein bringt die gegen ihn bzw. gegen das, was aus ihm gemacht wurde, sich wendenden Amokläufer hervor, die wiederum den Mythos »Einstein« perpetuieren. Die Feinde produzieren ihren Gegner gleich mit. Deshalb werden die Anstrengungen, »Einstein« zu »widerlegen«, wohl kaum an ein Ende kommen.

Carsten Könneker

»Katastrophal für bürgerliche Hirne«

Relativitätstheorie und völkische Propaganda in der Weimarer Republik

»Mein Mann erhält wieder und wieder Schmähbriefe«, empört sich Elsa Einstein am 11. April 1933 gegenüber ihrer Freundin Antonina Vallentin-Luchaire. »Die deutschen Juden betrachten ihn als ihren Unheilbringer.«[1] Zu diesem Zeitpunkt halten sich der Physik-Nobelpreisträger des Jahres 1921 und seine Frau bereits seit fast einem Monat in Belgien auf. Es ist eine Zeit politischer Unruhen. Am 30. Januar hatte Paul von Hindenburg Adolf Hitler in Berlin zum Reichskanzler ernannt; vier Wochen später, am 27. Februar, brannte das Reichstagsgebäude; die Neuwahlen des 5. März bescherten der NSDAP – zusammen mit der Deutschnationalen Volkspartei – erstmals die Mehrheit der Parlamentssitze; am 23. März wurde das »Ermächtigungsgesetz« verabschiedet; unterdessen nimmt die Diskriminierung von Juden fast täglich bedrohlichere Ausmaße an.

In dieser Situation bestand für den Schöpfer der Relativitätstheorie in seinem Geburtsland unmittelbare Todesgefahr. Schon Jahre zuvor hatten völkische Gruppierungen Morddrohungen gegen ihn ausgegeben.[2] Vorsorglich unterbrach Einstein daher Ende März die Rückreise von seinem mehrmonatigen USA-Besuch. In Belgien angekommen, legte er umgehend seine deutsche Staatsbürgerschaft nieder und erklärte seinen Austritt aus der Preußischen Akademie der Wissenschaften in Berlin. Tatsächlich sollte Einstein nie wieder deutschen Boden betreten: Im Oktober 1933 verließen er und Elsa Europa für immer in Richtung amerikanisches Exil.

Daß Einstein in dieser für ihn so bedrückenden und gefährlichen Zeit zahlreiche Haßbekundungen ausgerechnet von jüdischer Seite erhielt, erscheint auf den ersten Blick paradox. Die Juden in Deutschland machten ihren Mann »dafür verantwortlich«, schrieb Elsa an Vallentin-Luchaire, »daß ihnen dort so schreckliches widerfahren«. Doch die scheinbar rätselhaften Schuldbezichtigungen in den ersten Wochen und Monaten der Naziherrschaft kamen keineswegs von ungefähr. Sie waren Symptom einer bereits seit über 13 Jahren schwelenden Auseinandersetzung um die Person Einsteins und seine Relativitätstheorie – oder genauer: das, was breite Teile der Öffentlichkeit dafür hielten. Diesem Zusammenhang möchte ich im Folgenden genauer nachgehen.

Bereits 1921 hatte ein jüdischer Autor gemahnt, man solle den »Reklamekult« um die Relativitätstheorie und die »Heldenverehrung« ihres Schöpfers umgehend unterbinden, wolle man der »Stellung der deutschen Juden in ihrer Gesamtheit« nicht massiv schaden: Die »christlichen Mitbürger« könnten kaum anders, als sich »mit Widerwillen von diesem Schauspiel abwenden«.[3] Das Spektakel nahm seinen Anfang zwei Jahre zuvor, am 6. November 1919, als britische Astronomen unter der Leitung des international hochgeachteten Physikers Arthur Eddington erstmals handfeste experimentelle Belege für die Richtigkeit der Allgemeinen Relativitätstheorie präsentiert hatten. Sternbeobachtungen während einer totalen Sonnenfinsternis bestätigten Einsteins Vorhersage, daß Lichtstrahlen in Gravitationsfeldern doppelt so stark abgelenkt werden wie nach der klassischen Physik veranschlagt. Nur einen Tag später, am 7. November, überschlug sich die Londoner *Times* regelrecht, um diese Sternstunde der theoretischen Physik zu feiern: »Wissenschaftliche Revolution. Neue Theorie des Universums. Newtons Vorstellung umgestürzt«, war dort zu lesen; binnen weniger Tage verbreitete sich die Kunde rund um den Erdball.

In Deutschland schlug sie ein wie der Blitz. Es herrschte ohnehin noch Revolutionsstimmung. Fast auf den Tag genau ein Jahr zuvor, am 9. November 1918, hatten Arbeiter- und Soldatenräte die Republik ausgerufen und das Ende des Kaiserreichs eingeläutet: Wilhelm II. dankte ab und floh ins Exil. Am 11. Februar wählte die Weimarer Nationalversammlung den Sozialdemokraten Friedrich Ebert zum ersten Reichspräsidenten. Am 28. Juni erfolgte die Unterzeichnung des Versailler Vertrags, und die »Dolchstoßlegende« erfreute sich einer wachsenden Zahl von Anhängern. Die Nachricht von der Ablösung des klassisch-physikalischen Weltbilds, das seit über 200 Jahren als unumstößlich galt, paßte also perfekt in die geistige Landschaft jener Monate. Das sahen auch reaktionäre Kräfte so. Sie witterten hinter der politischen »Novemberrevolution« und dem wissenschaftlichen Umsturz, weil beide binnen Jahresfrist aufeinanderfolgten, den Versuch einer von langer Hand geplanten »jüdisch-bolschewistischen Weltverschwörung«.

Vor 1919 hatte die Relativitätstheorie in der öffentlichen Wahrnehmung in Deutschland, wo Einstein seit 1914 wieder lebte und wirkte, keine besondere Rolle gespielt. Was nicht heißt, daß sie nur in Fachkreisen für Diskussionsstoff sorgte. Etwa ab 1910 berichtete auch die Tagespresse sporadisch über die seltsamen Konsequenzen, die sich schon aus der Speziellen Relativitätstheorie für relativ gegeneinander bewegte Längen- und Zeitmaßstäbe ergeben[4] – und die entsprechenden Artikel sparten nicht mit Kritik. Allerdings kreiste die Auseinandersetzung fast ausschließlich um die Frage, inwieweit sich Naturwissenschaftler in »kühnsten mathematischen Kombinationen« und »mathematisch-physikalischer Spekulation« ergehen dürften.[5] Denn niemals zuvor in der Physikgeschichte war eine Theorie der menschlichen Erfahrungswelt so weit enteilt, daß es schwierig erschien, sie überhaupt je experimentell überprüfen zu können.[6] Schließlich konnte man schlecht Eisenbahnzüge mit Lichtgeschwindigkeit über die Schienen des Reichsgebiets jagen, um zu messen, ob ihre Längen für unbewegte Beobachter am Bahndamm tatsächlich gegen Null schrumpften – wie es die Berichterstatter, Einstein folgend, behaupteten.

Vor allem aber richtete sich die vorgebrachte Kritik in der frühen Phase der Rezeptionsgeschichte fast ausnahmslos gegen die Physik Einsteins, nicht gegen seine Person. So erhob das *Berliner Tageblatt* 1914, im Jahr von Einsteins Berufung an die Preußische Akademie der Wissenschaften, den Vorwurf, er sei »in phantastische Theorien und uferlose Spekulationen verfallen«, »deren in mathematisches Gewand gekleidete Ergebnisse die Wirklichkeit oft auf den Kopf zu stellen geeignet sind«.[7] Die Relativitätstheorie sei nichts als eine »abenteuerliche Hypothese über die Zeit«, »mit Hilfe ziemlich willkürlicher mathematischer Festsetzungen« gewonnen aus einer falschen Deutung früherer Experimente.

Im Herbst 1919 änderte sich die Berichterstattung dann schlagartig – allein schon, was die Menge an produzierter Literatur betraf. Tausende und Abertausende Artikel zur Relativitätstheorie und über ihren Urheber wurden in den folgenden Monaten und Jahren gedruckt – fast alle mehr als fragwürdig, was ihre physikalische Expertise anbelangte, und meist von vornherein auf Provokation, Agitation und Polemik hin angelegt statt auf seriöse wissenschaftsjournalistische Berichterstattung. Doch nicht nur das Angebot an »Information« explodierte förmlich. Auch qualitativ änderten sich die Beiträge im Schmelztiegel des Epochenbruchs zwischen Kaiserreich und Weimarer Republik nachhaltig. Indem sie zwischen die Mühlen einer linksorientierten, fortschrittlichen »Koalition der neuen Welt« einerseits und eines national-konservativen Protofaschismus andererseits geriet, wurde die Physik plötzlich politisch. Wobei es innerhalb der zwei feindlichen Lager jeweils etliche Nuancen gab. So erschien manchen Kommentatoren der symbolische Sieg über England – das »Feindesland« – in einer Zeit extremer gesellschaftlicher Unsicherheit als willkommener Balsam für die angeschlagene Nationalseele: Ein deutscher Physiker habe die Newtonsche Physik über Bord geworfen und ein vollkommen neues Weltbild geschaffen. Nicht wenige Analysten verkauften die Theorie des gebürtigen Ulmers entsprechend als nationale Kulturleistung und damit mehr oder weniger explizit als eine Art geistige Kompensation der militärischen Schmach.

Im Fahrwasser entsprechender Meldungen über die »neue Größe der Weltgeschichte: Albert Einstein«[8] bemühten sich jüdische Interessengruppen, die Zugehörigkeit des umjubelten Genies zum Judentum möglichst klar herauszustellen. So pries das *Jüdische Echo* Einstein noch 1919 als »neuen Genius«[9], »den das jüdische Volk der Menschheit schenkte«. Seine »umwälzenden Theorien [...] über das Universum« seien just »in glänzender Weise« bestätigt worden.[10] – Kein Wunder also, daß das neue Aushängeschild deutscher Wissenschaft über Nacht zur Galionsfigur assimilierter deutscher Juden aufstieg. Der »bedeutendste Fortschritt der Physik seit Newton«[11] wurde ausgiebig gefeiert – und nicht nur dieser: Die *Allgemeine Zeitung des Judentums* verkündete 1922 euphorisch, die »Einsteinsche Lehre« zwinge »unser ganzes Denken in eine ganz andere Richtung, als in der es bisher gewohnt war, sich zu bewegen« – ein geistesgeschichtlicher Befreiungsschlag »von unberechenbarer, weitreichender Bedeutung« für die gesamte Menschheit.

Einstein selbst zeigte sich von der enormen Breitenwirkung seiner Arbeiten vollkommen überrascht – und fraglos war er mit der Situation oft schlicht überfordert. »Gegenwärtig debattiert jeder Kutscher und jeder Kellner, ob die Relativitätstheorie richtig sei«, wunderte er sich zu jener Zeit.[12] Wo immer er öffentlich auftrat, strömten ihm die Massen zu. Am 20. Februar 1920 berichtete das *Berliner Tageblatt* von einem solchen Ereignis. Nachdem das Publikum Einstein »mit stürmischem Jubel«[13] zum öffentlichen Vortrag empfangen habe, hätte es das »herrliche Schauspiel« erleben dürfen, »wie ein Mensch mit einem Zauberstabe die Welt gestaltet«. Diese Art von »Massensuggestion« blieb distanzierteren Zeitgenossen nicht verborgen. Ein Kommentator bemerkte dazu:

> Kein Name wurde in dieser Zeit so viel genannt, wie der dieses Mannes. Alles verschwand vor dem Universalthema, das sich der Menschheit bemächtigt hatte [...]. Die Zeitungen machten Jagd auf Federn, die ihnen Längeres oder Kürzeres, Fachliches oder nur sonst irgend etwas über Einstein zu liefern vermochten. An allen Ecken und Enden tauchten gesellschaftliche Unterrichtskurse auf, fliegende Universitäten mit Wanderdozenten, welche die Leute aus der dreidimensionalen Misere des täglichen Lebens in die freundlicheren Gefilde der Vierdimensionalität führten. Die Damen vergaßen ihre häuslichen Sorgen und unterhielten sich über Koordinatensysteme, über das Prinzip der Gleichzeitigkeit und negativ geladene Elektronen. Alle zeitgenössischen Fragen hatten einen festen Kern gewonnen, von dem sich zu all und jedem Fäden spinnen ließen: die Relativität war das beherrschende und erlösende Wort geworden.[14]

Auch wenn Alexander Moszkowski seinen Bericht mit einem Schuß Ironie würzte – seine literarische Momentaufnahme gibt die Situation der Jahre 1919 und 1920 treffend wieder. Ebenfalls deutete der bekannte Satiriker bereits richtig an, warum die Menschen derart von einer komplizierten wissenschaftlichen Theorie bewegt wurden: Sie reduzierten die Physik auf das rein Sprachliche. Es gebe nichts Absolutes (mehr) in der Welt, lautete das vermeintliche neue Paradigma; Einstein habe bewiesen, daß alles nur (noch) relativ sei. – Ein Wortkurzschluß mit Folgen, wie sich noch herausstellen sollte.

In jedem noch so unbedeutenden Lokalblatt klärten selbsternannte Wissenschaftsjournalisten ihre Zeitgenossen über die weitreichenden Konsequenzen des physikalischen Durchbruchs auf: »daß Einstein an den Grundlagen unserer altgewohnten Anschauungen rüttelt«[15] und daß man laut Relativitätstheorie »auf die Richtigkeit von nichts mehr in der Welt bauen«[16] dürfe. Aufmerksam beobachtete der Philosoph Moritz Geiger das Geschehen. 1921 konstatierte er, gegenwärtig scheine jeder »Laie – im Salon und am Biertisch, in der Zeitung wie in der Volksversammlung – weit mehr über die umstrittene

Theorie zu wissen als der Fachmann, und weittragende Konsequenzen zu ziehen, von denen der Fachmann nichts ahnt. Die Relativitätstheorie, so wird uns von solchen Wissenden verkündet, habe unser ganzes Weltbild umgestürzt, von jetzt ab seien die alten Kategorien des Denkens nicht mehr brauchbar, neue müßten an deren Stelle treten.«[17] Geigers Diagnose war eindeutig und zutreffend: Viele Zeitgenossen sahen durch Einstein ihr Weltbild bedroht.

Auch die seltsame Wechselbeziehung zwischen flächendeckendem Krisenbewußtsein einerseits und negativer Aufnahme der Theorie anderseits blieb hellsichtigen Zeitzeugen nicht verborgen. Der Soziologe Paul Szende hielt 1921 fest, die Relativitätstheorie »konnte mit solcher Wucht nur in einer Zeit aufkommen, wo infolge weltumstürzender Ereignisse das Absolutitätsprinzip auf allen Gebieten des Gemeinwesens erschüttert oder stark zurückgedrängt wurde«.[18] Und der Berliner Publizist Rudolf Lämmel analysierte rückschauend: »Die Relativitätstheorie wurde infolge einer merkwürdigen Psychose nach dem Weltkrieg gleichzeitig gerühmt und angefochten. Viele vermuteten in ihr eine Herabsetzung der Moral oder der staatlichen Autorität, sogar der Religion.«[19] 1926 zog ein weiterer Kommentator, der sich sorgenvoll mit der »Beunruhigung« der »fachunkundigen Öffentlichkeit« durch die Relativitätstheorie auseinandersetzte, eine ernüchternde Bilanz: Das »Unheil« sei nicht mehr aufzuhalten. Die Menschen hätten aus Einsteins Theorie das »bloße Schlagwort ›relativ‹ als einzige Heilslehre« geschöpft und hielten mittlerweile »für ›mathematisch‹ erwiesen […], daß – – ›alles relativ sei‹«.[20]

Man mag sich mit einiger Verwunderung fragen, ob die Bürger der Weimarer Republik im Ernst ihre persönliche Lebenssicherheit und individuelle weltanschauliche Geborgenheit durch eine neue physikalische Theorie bedroht sahen. Für konservative Gemüter stellte die vermeintliche Quintessenz der wissenschaftlichen Revolution, es gebe keine absoluten Werte mehr, aber in der Tat eine bedeutende Herausforderung dar. Wer den hierarchischen Strukturen und dem geordneten Leben des wilhelminischen Kaiserreichs nachtrauerte, konnte in Einstein, so wie ihn die Presse zeichnete, kaum etwas anderes erblicken als einen Propheten des allgemeinen Wertezerfalls. Die Menschen meinten am eigenen Leib zu spüren, daß Einstein sie »im Innersten aufwühlt und aufrührt, daß wir uns unsicher fühlen auf dem Fleckchen Erde, das uns stets so festgegründet erschien«[21].

Besonders große Verunsicherung herrschte in kirchennahen Kreisen, wie einem zeittypischen Artikel aus einer evangelischen Zeitschrift von 1921 zu entnehmen ist. Persönlich gehe es ihm darum – so der Autor über die Motive seines Beitrags –, dem »konsternierenden Eindruck«[22] entgegenzuwirken, den die Einsteinsche Theorie »auf viele Zeitgenossen« ausübe. Ganz offensichtlich zog sein Umfeld weitreichende Schlüsse aus der modernen Physik. Zahlreiche bis dato tabuisierte religiöse Vorstellungswerte schienen auf einmal durch Einstein konterkariert: Himmel, Kosmos, Ewigkeit, Unendlichkeit, Wahrheit, Wirklichkeit, Absolutheit usw. Das Fatale daran: All diese Begriffe dienten seit jeher unmittelbar der Konstitution von Weltbildern und Glauben – nun drohte ihnen die wissenschaftliche Sinnentleerung. Einstein habe jetzt gar die »letzte der festen Landmarken an unserm geistigen Horizont ins Schwanken« gebracht, so der protestantische Pfarrer. Und weiter heißt es: »Hat er recht, dann ist für unsere Weltbetrachtung nirgends ein ruhender Pol in der Erscheinungen Fluß. Alles um uns flieht, wo wir es greifen und festhalten wollen. Wir müssen neben dem räumlich gedachten Himmel auch den zeitlich gedachten aufgeben. Und was bleibt für uns als Christen dann z. B. auf dem Gebiet der Unsterblichkeitshoffnung?«

Nicht selten begriffen die Zeitgenossen den Vorstoß der Relativitätstheorie auf kosmologischem Gebiet als direkten Angriff auch auf zentrale Glaubensinhalte, zum Beispiel auf die überlieferte Vorstellung des Himmels als ewigen Aufenthaltsortes aller Gläubigen. Dazu der beunruhigte Seelsorger: »Es ist unbestreitbare Tatsache, daß das vulgär-christliche Bewußtsein sich das Jenseits nur denken kann als eine irgendwie zeitlich geordnete Fortsetzung unserer Weltzustände. Unser Himmel wird für gewöhnlich mit dem Inventar ausgestattet, das uns hier auf Erden lieb geworden ist. Und nun kommt Einstein und untersagt uns solche Vorstellungen im Namen der Wissenschaft. Wir sollen gezwungen sein, all die lieben Vorstellungen dahinten zu lassen, mit denen wir den Himmel schön machen. Können und müssen wir uns da fügen?«[23] Aufschlußreich ist am Ende das Einschwenken auf den antisemitischen Diskurs: »Einstein ist Jude und überzeugter Jude, wie man aus Zeitungen vernimmt. Da will es einem guten Deutschen nicht ein, von ihm etwas anzunehmen.«[24]

In der politisch-weltanschaulichen Diskussion stießen die Relativitätstheorie und ihr Erfinder jedoch keineswegs nur auf Abwehr. Was die einen als handfeste Gefahr für den Fortbestand der Gesellschaft ansahen, galt den anderen als geradezu großartige Perspektive. Denn nicht für alle war mit der klassischen Physik ein Weltbild zusammengebrochen, in das sie sich zurücksehnten. Progressive, Liberale und Linke faßten die physikalische Revolution meist positiv auf. Für sie bedeutete die Nachricht, daß es nach Einstein kein absolutes Zentrum des Universums gebe, nicht den Untergang des Abendlandes. Die Entgötterung der Welt hatte bereits stattgefunden und wurde als geistesgeschichtliche Errungenschaft allerersten Ranges hochgehalten. Folglich genoß Einstein in entsprechenden Kreisen höchstes Ansehen – etwa unter Kommunisten: »Das revolutionäre Proletariat, das durch seine Weltanschauung zur vorurteilslosen, kritischen Haltung gegenüber allen überlieferten Theorien geführt, für neue umwälzende Gedanken aufnahmefähig gemacht wird, begrüßt in dem Revolutionär auf dem Gebiete der Naturwissenschaften einen Mitstreiter gegen die finsteren Mächte der Unwissenheit, der Barbarei und des Rückschritts« – so das Grußwort der *Arbeiterstimme* anläßlich Einsteins 50. Geburtstag am 14. März 1929.[25]

Im Umfeld der Linksparteien nahm man die Relativitätstheorie vielfach als eine Art wissenschaftliche Bestätigung dessen auf, was man selbst schon immer verfochten hatte: etwa, daß alle Menschen gleich seien und niemand – auch kein Volk – absolute Vorherrschaft für sich beanspruchen könne. Die linke Presse präsentierte Einstein entsprechend als den genialen »Geist, der die neue Botschaft brachte«, das lang ersehnte »Gefühl der Befreiung«. Doch Einsteins Verdienste manifestierten sich auch ganz konkret, war zu vernehmen: Der Physiker verfolge »mit großer Teilnahme das Werk des sozialistischen Aufbaues in der Sowjetunion« und trete zudem »in den Reihen der antiimperialistischen Liga an der Seite der Vertreter des revolutionären Proletariats für die Befreiung der Kolonialvölker ein«. Überhaupt wisse die Arbeiterklasse, »daß immer, wenn es galt, gegen den weißen Terror, gegen die imperialistische Unterdrückung, gegen die kulturelle Reaktion Front zu machen, Einstein zu jenen wenigen Intellektuellen gehörte, die ihren Namen für die Sache der Unterdrückten einsetzten«.

Das freilich stimmte. Bereits kurz nach Ausbruch des Ersten Weltkriegs hatte sich Einstein als überzeugter Pazifist zu erkennen gegeben: Im Sommer 1914 verfaßte Deutschlands wissenschaftliche Elite einen viel beachteten Aufruf »An die Kulturwelt«, der die Politik Wilhelms II. ausdrücklich billigte und zur Unterstützung der Regierung aufrief. Zu den 93 Unterzeichnern der Solidaritätsbekundung gehörten auch die Spitzen der deutschen Wissenschaft: unter anderem Max Planck, Walther Nernst, Fritz Haber, Philipp Lenard, Wilhelm Ostwald und Wilhelm Conrad Röntgen. Ein wichtiger Namenszug fehlte jedoch. Einstein war partout nicht zu bewegen gewesen, sich einem solchen Appell anzuschließen. Er verabscheute das kulturimperialistische Gehabe und sympathisierte statt dessen mit der Gegenposition des Berliner Physiologen Georg Nicolai, dessen »Aufruf an die Europäer« er mitinitiierte und im Oktober 1914 als einer von ganz wenigen auch tatsächlich unterschrieb. Darin wurde der militärische Konflikt als »Bruderkrieg« zwischen gleichberechtigten europäischen Partnern verwünscht. Zwar kam es am Ende nicht zur geplanten Publikation – doch die Öffentlichkeit wußte, daß Einsteins fehlender Namenszug unter der patriotischen Streitschrift seiner Akademiekollegen nicht Versäumnis, sondern Bekenntnis war. Zudem trat Einstein noch im gleichen Jahr offiziell dem *Bund Neues Vaterland* bei, der für einen frühen Friedensschluß warb – und 1916 verboten wurde.

Ab 1919 war Einstein über Jahre wie keine zweite Person des öffentlichen Interesses Spielball der Medien. Er wurde instrumentalisiert, seine Person vielschichtig inszeniert – und naturgemäß entzogen sich die Bilder, die von ihm gezeichnet wurden, seiner direkten Einflußnahme. Dabei ist allerdings zu bedenken, daß Einstein sich nicht auf die Existenz des im Stillen arbeitenden, unpolitischen Gelehrten beschränkte, sondern durchaus immer wieder aktiv in die Tagespolitik eingriff.[26] Dementsprechend stellten seine politischen und weltanschaulichen Äußerungen ein gefundenes Fressen dar für rechte Agitatoren. Sie brauchten sich der entsprechenden Versatzstücke aus der Biographie des prominenten Physikers nur beliebig zu bedienen, um so in den Köpfen ihrer Mitmenschen das Schreckgespenst des »linken Juden« zum Spuken zu bringen. Insbesondere für die frühen Nationalsozialisten gaben Einstein und seine Relativitätstheorie geradezu ideale Sparringspartner ab, an denen sie ihre Propagandainstrumente ausgiebig schärfen konnten.

Seit seiner Berufung zum Direktor des Kaiser-Wilhelm-Instituts für Physik hatte sich Einstein für pazifistische, internationalistische und jüdische Interessen engagiert. Er setzte sich für die Belange der Ostjuden ein,[27] begab sich 1921 mit dem späteren ersten Präsidenten des Staates Israel, Chaim Weizmann, in die USA auf Fundraising-Tour für den jüdischen Nationalfonds sowie die hebräische Universität in Jerusalem[28] und bekundete obendrein noch öffentlich Sympathien für Lenin.[29] Auch die Liste der offiziellen Ämter und Mitgliedschaften, die der Physiker im Laufe der Jahre annahm, ließ keinen Zweifel an seiner politischen Orientierung aufkommen.[30] Unter anderem gehörte er dem Zentralkomitee der *Gesellschaft der Freunde des Neuen Rußland* an sowie der *Liga für Menschenrechte*, die aus dem *Bund Neues Vaterland* hervorgegangen war. Seit 1924 war er Kurator der *Walther-Rathenau-Stiftung* und unterstützte die *Rote Hungerhilfe*. 1923 wurde er Ehrenvorsitzender der sowjetisch-deutschen Gesellschaft *Kultur und Technik* und 1929 Vorstandsmitglied der *Jüdischen Friedensliga*. Ebenfalls 1929 trat er dem Ehrenkomitee der *Internationalen Konferenz der Internationalen Frauenliga für Frieden und Freiheit* bei. Und 1932 dem *Deutschen Kampfkomitee gegen den imperialistischen Krieg*. Ein Jahr zuvor war er von der Presse als Vizepräsident der *Bewegung für den Frieden durch Religion* gehandelt worden;[31] und zu guter Letzt befürwortete er die Gründung einer internationalen Stiftung zur Unterstützung von Kriegsdienstverweigerern, der er sogar seinen Namen leihen wollte: Einstein-Fonds.

Der Schriftsteller Franz Blei faßte Einsteins effektvolle Ausflüge aus dem Elfenbeinturm der theoretischen Physik in die Niederungen der Tagespolitik 1922 in diese literarische Form:

> Der Einstein. Das ist eine kometarische Angelegenheit, insofern der Einstein ein Schwanz- oder Irrstern des metaphysischen Himmels ist, aus dem er zuweilen, auf nicht erklärbare Weise, da seine Bahn nicht berechenbar, in die Erdatmosphäre abirrt, hier zum Glühen kommt und zum Sprühen und Spukken. Sein also irdisches Auftauchen ist katastrophal für bürgerliche Hirne, deren breiige Substanz bei Einsteins größter Erdnähe vor Wut zum Kochen kommt. Worauf Einstein wieder seine metaphysische Laufbahn fortsetzt.[32]

1932 produzierte die *Deutsche Liga für Menschenrechte* eine Schallplatte, auf der Einstein sein persönliches »Glaubensbekenntnis« artikulierte.[33] Darin bekundete er tiefste »Leidenschaft für die soziale Gerechtigkeit«[34] und seine »unüberwindliche Abneigung gegen Gewalt und Vereinsmeierei«. Als »leidenschaftlicher Pazifist und Anti-Militarist« lehne er insbesondere »jeden Nationalsozialismus ab«.

Daß Einstein ein streitbarer Charakter war, davon konnten Physikerkollegen wie Max Abraham, Niels Bohr und Erwin Schrödinger lange Lieder singen. Auch sein privates Umfeld bekam ständig zu spüren, daß er sich weder um gesellschaftliche Konventionen scherte noch auf die Gefühle und Erwartungen anderer viel Rücksicht nahm. »Er fragt nie, was für einen Eindruck er macht«[35], beschrieb ihn die Übersetzerin Antonina Vallentin-Luchaire, die bei den Einsteins über Jahrzehnte ein und aus ging und später eine Biographie Einsteins verfaßte. Er lege »unter allen Umständen seine eigene Meinung an«[36] und halte sich »nicht damit auf, die zwei Seiten eines Problems, mit dem er fertig werden muß, zu betrachten. Der Weg vom Gedanken zur Tat wird durch seine Spontaneität aufs äußerste abgekürzt.«[37] In dieser Hinsicht unterschied sich Einsteins Verhalten im Privaten nicht von seinem öffentlichen Auftreten: Wenn er gefragt wurde, sagte er seine Meinung – und die Wirkung, die er womöglich damit hervorrief, war ihm dabei einerlei. Den hartgesottenen Nonkonformisten interessierten weder die erdrückende Mehrheitsmeinung seines konservativ geprägten akademischen Umfelds noch das Ansehen der eigenen Person.

Wie bereits angedeutet, schärften die Ultrarechten und die Nationalsozialisten bereits frühzeitig ihre propagandistischen Waffen an Einsteins Person und Werk. Der »akademische Obersozi«, wie Einstein sich selbst scherzhaft nannte, entsprach in idealtypischer Weise dem Klischee des ruchlosen Staatsfeindes, der sich in den Schleier höchster wissenschaftlicher Kapazität hüllt – in Wirklichkeit aber nichts anderes intendiert als die »Volksmoral« durch seine internationalistischen und normzersetzenden Meinungsäußerungen zu untergraben. In einer Zeit, in der die Menschen im Tagesrhythmus über die weltanschaulichen Konsequenzen der Relativitätstheorie »aufgeklärt« wurden – die Auflösung alles Absoluten und die Umwertung aller Werte –, brauchten die radikalen Rechten nur die Texte unter den kursierenden Einstein-Fotos umzuschreiben – und schon war der Physiker vor den Karren der völkisch-nationalistischen

Propaganda gespannt. Die Argumentation folgte dabei meist ein und derselben perfiden Logik: Seht her, die liberale Presse stempelt diesen Juden zum größten Wissenschaftler aller Zeiten – verfolgt damit aber nur das Ziel, das ahnungslose deutsche Volk durch sein »Evangelium aus Relativität, Nihilismus, Kriegsdienstverweigerung, Zionismus und Messianismus«[38] in ein weltanschauliches Chaos ohnegleichen zu stürzen sowie jeglicher Moral zu berauben.

Um die eigentliche Physik scherte sich derweil niemand mehr. Die komplizierte mathematische Struktur insbesondere der Allgemeinen Relativitätstheorie machte eine breit angelegte seriöse Debatte auch nahezu unmöglich. Selbst Physiker wie der Nobelpreisträger Philipp Lenard scheiterten hier und ließen sich lieber über den vermeintlichen ideologischen Unterbau der neuen »Lehre« aus. Auf diese Weise ergab sich bei allem Hinundher inmitten des »Relativitätstrubels«[39] ein einheitliches Bild: Während die links orientierte, fortschrittlich gesinnte Presse versuchte, den berühmten Physiker als Vorkämpfer für die eigene Sache in Szene zu setzen, schrieb umgekehrt ihr rechtes Pendant wie rasend gegen ihn an.[40]

Die Bandbreite der Anti-Einstein-Literatur war enorm: Da gab es zunächst die noch vergleichsweise moderaten Empörungen über die »unmäßige Reklame«[41] für die Relativitätstheorie. Das Volk würde »ganz einseitig bearbeitet [...], meistens mit Beiträgen aus ganz ungeeigneten Federn, deren Lektüre den Leser nur noch verwirrter«[42] mache. Unfähig auch nur der leisesten Kritik, saugten die Massen das »Reklamebräu«[43] als wissenschaftliche Wahrheit auf; dieser gefährlichen Tendenz gelte es schleunigst Einhalt zu gebieten. Daneben kursierten vor dem impliziten Hintergrund einschlägiger antisemitischer Hetzschriften wie der *Protokolle der Weisen von Zion* extreme publizistische Verunglimpfungen. Schon 1920 urteilte der *Völkische Beobachter*, Einsteins Lehre habe keinerlei wissenschaftlichen Wert. Sie sei »rabbulistischer Bluff«[44] und diene allein der Herbeiführung der jüdischen Weltrevolution. Und noch 1935 wetterte ein führender Wissenschaftler des

NS-Staates, ihr Zweck bestehe ausschließlich darin, »das großartige arische Weltbild zu zerstören«.[45]

Die nach dem Zweiten Weltkrieg weitgehend in Vergessenheit geratene[46] mentalitätsgeschichtlich hochbrisante Seite der modernen Physik erscheint vor allem für die weitere Erforschung der Anfänge des Nationalsozialismus beachtenswert. Denn auch aus Hitlers Umfeld griffen nicht wenige Autoren aktiv in den »Kampf um Einstein«[47] ein und – was noch wichtiger ist – konturierten die eigene Ideologie in der Auseinandersetzung mit den Stereotypen der Relativitätstheorie, wie sie seinerzeit in den Medien kursierten. Ein Beispiel hierfür ist der notorische Antisemit Theodor Fritsch, einer der frühen Ideengeber Hitlers. Unter dem Pseudonym Ferdinand Roderich-Stoltheim veröffentlichte er 1921 ein Pamphlet mit dem Titel *Einsteins Truglehre*. Darin geißelte er die Relativitätstheorie als »anmaßliches Wahngebilde«, »das nicht nur die Verschrobenheit eines einzelnen Kopfes, sondern eine furchtbare Bloßstellung der ganzen Judenschaft darstellt«.[48] Fritsch verstand sein Büchlein als Aufklärungsschrift. Er wollte den Massen die *Wahrheit* über Einstein bringen, den er als Juden »wie aus dem Lehrbuch« verkaufte:

> Es soll nichts Festes, nichts Zuverlässiges, nichts Beständiges in der Welt mehr geben; so erfordert es der semitische Genius der »Dekomposition«. All unser Vertrauen in den Wert und die Beständigkeit der Dinge soll untergraben werden. [...] Wir sollen den Glauben verlieren, daß es überhaupt etwas Festes und Untrügliches in der Welt gibt, wir sollen an dem Wert der Wahrheit zweifeln lernen; darum lehrt Einstein: Alles ist relativ, alles nur eingebildet, alles trügerisch. Die moralische Wirkung solcher begriffs-zerstörerischen Lehren sollte man nicht unterschätzen. Sie sind geeignet, den Wert des Lebens überhaupt herab zu setzen und auch das Vertrauen zu den sittlichen Lebenswerten zu unterbinden. Diese Vexierkünste sind für die Kinder Juda zugleich ein Prüfstein, wieweit das Urteils-Vermögen der arischen Gesellschaft eingeschläfert ist.[49]

Einsteins Theorie sei das beste Beispiel dafür, wie Juden mit »Abstraktions-Wut und Formel-Anbetung alle Begriffe« zerstörten und »überall gegen Vernunft, Sitte und Recht«[50] aufbegehrten. Einsteins »Machenschaften« seien integraler Bestandteil im »großen System der planmäßigen geistig-sittlichen Zerrüttung«[51] des deutschen Volkes.

Fritsch und andere wurden nicht müde, Einstein zu denunzieren, und gestalteten das eigene Weltbild in Opposition zum projizierten Feindbild. 1931 sah sich der von Fritsch herausgegebene *Hammer*, ein übles antisemitisches Propagandablatt, einmal mehr dazu veranlaßt, seine Leser über Einsteins wirkliche Mission aufzuklären. Das »unerträgliche Treiben der Judenpresse«[52] erhebe den Physiker nicht allein zum »Triumphator [...] über Zeit und Raum«[53]; die »Judenheit aller Länder«[54] bezwecke mit Einstein noch viel mehr: Gezielt verbreite sie das Gerücht, »Einsteins weltbewegende Entdeckung werde auch die religiösen Anschauungen der Menschen umwandeln, aufs tiefste erschüttern und dementsprechend auch eine allgemeine Umwälzung in der Welt der Religion herbeiführen. [...] Juda hat im richtigen Augenblick den Messias den Menschen geschenkt – alles durch die Relativitätslehre.«

Die Wahnidee von Einsteins tragender Rolle bei der »jüdischen Weltrevolution« konnte sich in reaktionären und deutschnationalen Kreisen nahezu ungehindert verbreiten. Die Relativitätstheorie wurde als Versuch gewertet, »den Deutschen seinem eigenen Wesen zu entfremden, es zu verderben«[55]:

> Europa ist gegenwärtig ein bolschewistisch verseuchtes, chaotisch zerrüttetes und blutig zerstampftes Brachfeld, über das die apokalyptischen Reiter dahinrasen und der Hauch der Verwesung weht. [...] Aber es dämmert in den Hirnen! [...] An allen Ecken und Enden regt es sich. Die schamlose und überlaute Reklame für die Einsteinsche Relativitätstheorie hilft nicht mehr.[56]

Auch Hitler blies in dieses Horn. Zwar ließ er sich seinen persönlichen Neigungen entsprechend lieber über die »Verjudung« der bildenden Künste aus, doch stimmte er ebenfalls in den Anti-Einstein-Bocksgesang seiner Gesinnungsgenossen ein. So klagte er 1921 auf der Titelseite des *Völkischen Beobachters*: »Wissenschaft, einst unseres Volkes größter Stolz, wird heute gelehrt durch Hebräer, denen im günstigsten Fall diese Wissenschaft nur Mittel ist zu ihrem eigenen Zweck, zum häufigsten aber Mittel zur bewußten planmäßigen Vergiftung unserer Volksseele und dadurch zur Herbeiführung des inneren Zusammenbruches unseres Volkes.«[57]

Im Zuge der »Machtergreifung« setzte Hitler dann alle Hebel in Bewegung, die »Volksseele« wieder zu »entgiften« – um noch einmal seinen Sprachgebrauch zu bemühen. Als die deutschen Juden Hitlers Realpolitik am eigenen Leibe zu spüren bekamen, machten nicht wenige ihrer maßlosen Enttäuschung und Wut gegenüber Einstein Luft, indem sie ihm zum Beispiel haßerfüllte Briefe ins belgische Exil sandten. Antonina Vallentin-Luchaire erinnerte sich später: »Eine der düstersten Erscheinungen in jener wirren Zeit war die Reaktion vieler deutscher Juden. […] Sie maßen ihm [Einstein] die Schuld an dem Wüten bei, das gegen sie losging. Die Programmpunkte, welche die Nazis wortgetreu ausführten, nannten sie Vergeltungen.«[58] An diesen Reaktionen deutscher Juden läßt sich nicht zuletzt ablesen, wie erfolgreich die nationalsozialistischen Diffamierungen Einsteins waren.

John Forrester

Die Geschichte zweier Ikonen

»The Jews all over the world boast of my name, pairing me with Einstein«
(Freud, 1926)

In einem Interview, das sie kurz vor ihrem Tod gab, sagte Marilyn Monroe: »Ich stolpere ständig über das Unbewußte anderer Leute.«[1] Als erfahrene Analysandin war Marilyn Monroe – ganz ihrem persönlichen Stil entsprechend – zugleich wissend und unschuldig. Albert Einstein, die andere große Ikone des zwanzigsten Jahrhunderts, nahm in einer Äußerung, die wir getrost als rhetorische Frage betrachten können, geschickt die gleiche Haltung ein: »Wie kann es sein, daß mich niemand versteht und doch jeder mag?« fragte er 1944 einen Reporter der *New York Times* – ein Witz, den Abraham Pais seinem letzten Buch über Einstein, *Einstein Lived Here*[2], als Motto voranstellt. (Der Titel des Buches ist selbst ein ganz ähnlicher Witz. Der Satz stammt nämlich aus einem Cartoon, den die *Washington Post* wenige Tage nach Einsteins Tod abdruckte. Darauf sah man einen Planeten im Weltraum, dem ein Schildchen mit der titelgebenden Aufschrift angeheftet war.) Die Äußerungen von Marilyn und Albert lassen vermuten, daß sie an ihrer Mythisierung bzw. Ikonisierung wahrscheinlich selbst beteiligt waren. Mit aller Vorsicht könnte man behaupten, beide seien mit dem großen Sturm der öffentlichen Bewunderung ihrer Person »unterschwellig einverstanden« gewesen. In diesem Sinne bemerkte Erik Erikson im Hinblick auf Einstein: »Dieser Mann hat es gelernt, mit Kameras so umzugehen, als würde er den zukünftigen Betrachtern seines Bildes direkt in die Augen schauen.«[3]

Jeder Mensch stolpert pausenlos über das Unbewußte aller

anderen Menschen. Marilyn ging wohl nicht davon aus, in dieser Hinsicht etwas Besonderes zu sein. Möglicherweise meinte sie aber, daß andere ihr unablässig ihr Unbewußtes *zeigten*, weil sie sich eine bestimmte Vorstellung davon gemacht hatten, wer sie (Marilyn) sei. Genau das hat man davon, eine Ikone zu sein! Oder vielleicht glaubte sie an ihr besonderes *Talent*, andere zu verwirren, und vermutete aus diesem Grund, zu einer Ikone geworden zu sein. Albert Einstein, die andere Ikone, wunderte sich immer wieder über diese durchgängige Qualität seines Alltags. Für Sigmund Freud war es reine Routine. In dieser für ihn so typischen Geste (von mir einmal als »Geste des Postboten« bezeichnet), die die Objektivität seiner Wissenschaft garantieren sollte, deutete er diese Vorgänge als Übertragung und verkündete, das habe – *nichts mit ihm zu tun*.[4]

Ich möchte in diesem Aufsatz die Wechselwirkung der öffentlichen Wahrnehmung Freuds und Einsteins untersuchen sowie die persönliche Beziehung beider innerhalb dieses öffentlichen Rahmens. Was sie miteinander verband, war der Umstand, daß beide weltberühmte jüdische Wissenschaftler waren. Manchmal schien dies »nichts mit ihnen zu tun« zu haben. Doch ob es ihnen gefiel oder nicht, man betrachtete sie als die großen Juden ihrer Epoche. Von den aufblühenden Medien gemeinsam ins Rampenlicht gezogen, verhandelten sie die »jüdische Frage« auf ihre eigene Weise. Obwohl von Grund auf rationalistisch und den Geltungsansprüchen der Religion gegenüber – sicherlich auf sehr unterschiedliche Weise – radikal skeptisch eingestellt, kamen beide nicht umhin, ihr Judentum als wesentliches Element in ihrem persönlichen Leben und historischen Schicksal anzuerkennen. Als Fleisch gewordenes Klischee des weisen Juden saßen der große Physiker und der große Seelenarzt gemeinsam in einem Boot und versuchten, mit dieser mythischen Hypothek konstruktiv und subversiv umzugehen. Möglicherweise lag es einfach an ihren allzu unterschiedlichen Persönlichkeiten, daß es ihnen dennoch kaum gelang, die öffentlichen Erwartungen zu korrigieren. Nichtsdestoweniger war Einsteins und Freuds Bemühen, sich unter dem Druck der öffentlichen Vorgaben ihren Handlungsspielraum zu bewahren, bewundernswert und ergreifend, nicht zuletzt, weil die *Person*, die sie verkörperten – die des internationalistischen, pazifistischen jüdischen Denkers, der alle Schlacken des Konventionellen abgestreift hatte –, in der Folterkammer der Geschichte ein für allemal zum Schweigen gebracht wurde.

Freud und Einstein sahen sich wie Kletterer bei der Ersteigung des Wahrheitsberges aufgrund äußerer Umstände aneinandergekettet. Eine der wichtigsten Ursachen für ihre unfreiwillige Seilschaft waren die seismographischen Veränderungen der kulturellen Atmosphäre nach dem Ersten Weltkrieg. Obwohl beide Männer unterschiedlichen Generationen angehörten – Freud war Jahrgang 1856, Einstein Jahrgang 1879 –, nahm die Entwicklung ihrer wissenschaftlichen Arbeiten erstaunlicherweise einen ganz parallelen Verlauf: Freuds *Opus magnum*, die *Traumdeutung*, erschien zwar schon 1900, genau wie für Einstein aber war für ihn das Jahr 1905 ein *annus mirabilis*: Die drei Hauptwerke, die Freud 1905 veröffentlichte, nämlich *Drei Abhandlungen zur Sexualtheorie*, *Der Witz und seine Beziehung zum Unbewußten* und *Bruchstück einer Hysterie-Analyse* (der wichtige und umstrittene »Fall Dora«) offenbarten ebenso wie Einsteins bedeutende Arbeiten desselben Jahres erstmals die ungewöhnliche Bandbreite und das außerordentliche Potential seiner Theorien. Zwischen 1905 und 1910 verbreitete sich die wissenschaftliche Reputation Freuds und Einsteins allmählich. Freuds Ruf stand dabei in enger Verbindung zu dem der angesehensten psychiatrischen Einrichtung Europas, des Zürcher Burghölzli. Seit 1911 (dieses Datum ist nicht unbedingt zwingend, kann aber mit gutem Grund gewählt werden), als Sommerfeld ablehnte, einen Vortrag über die Relativitätstheorie zu halten, weil sie sich »gewissermaßen bereits im Besitz eines Physikers« befinde, war Einstein als einer der erfolgreichsten Forscher auf diesem Gebiet anerkannt.[5] Nach Freuds triumphalem Besuch an der Clark University in

Massachussetts im Sommer 1909 und mit Gründung der Internationalen Psychoanalytischen Vereinigung 1910, die sich ihren Statuten gemäß der »Pflege und Förderung der von Freud begründeten psychoanalytischen Wissenschaft«[6] verschrieb, war zur gleichen Zeit auch die Psychoanalyse als bedeutende internationale Bewegung wissenschaftlich etabliert.

Sowohl Einstein als auch Freud legten während des Ersten Weltkriegs die Fundamente ihres theoretischen Werks – Einstein veröffentlichte die allgemeine Relativitätstheorie, Freud seine metapsychologischen Arbeiten. Freuds zweite Schaffensperiode dauerte länger als die Einsteins: Sie fand mit der grundsätzlichen Revision der Triebtheorie 1920 und mit Einführung der Strukturtheorie des Ichs (Ich, Es, Überich) im Jahre 1923 ihren Abschluß. Wenn wir uns einerseits dem Urteil von Abraham Pais anschließen, daß Einsteins Hauptbeitrag zur Physik 1925 geleistet war,[7] und auch der etwas altmodischen, aber durchaus vertretbaren Überzeugung zustimmen, daß die revidierte Angsttheorie von *Hemmung, Symptom und Angst*[8] Freuds letzte große Entdeckung darstellte, dann läßt sich im Ergebnis festhalten, daß die theoretisch fruchtbaren Jahre beider Wissenschaftler etwa zur gleichen Zeit zu Ende gingen. Mitte der zwanziger Jahre erfreuten sich beide internationaler Berühmtheit, das heißt, ihr Ruf hing nur noch marginal mit der Fortentwicklung ihrer Wissenschaften zusammen. Sie waren die geworden, die sie bis zu ihrem Tod bleiben sollten: weltberühmte jüdische Wissenschaftler.

Die Synchronizität der Ereignisse ist für ihre Beziehung allerdings nur insofern von Bedeutung, als beide ganz plötzlich und fast gleichzeitig berühmt wurden.[9] Die Anfänge der Einstein-Manie lassen sich ziemlich genau auf den November 1919 und die Berichte über Eddingtons Expedition in der *London Times* datieren. Die Freud-Manie verlief in etwas gemäßigteren Bahnen: Sie brach früher, dafür nicht mit der gleichen Intensität aus, und sie trug nicht im selben Maß die Züge einer weltweiten psychischen Epidemie. Nach eigener Auskunft ahnte Freud 1909 zum erstenmal, daß er berühmt werden würde, als er an Bord des Schiffs, mit dem er nach New York unterwegs war, seinen Kajütenstewart in der *Psychopathologie des Alltagslebens* lesen sah.[10] Am 6. Juli 1921 war es soweit, daß die Zeitschrift *The Nation* die Relativitätstheorie zu den modernen Weltwundern zählte: »die jährlich auftauchende Seeschlange, die Erneuerung unseres Körpers alle sieben Jahre, der Freudsche Jargon, die Botschaften vom Mars«.[11] Psychoanalyse und Relativitätstheorie, Freud und Einstein, sollten als der neueste Schrei bzw. *die* wissenschaftlichen Neuheiten der Nachkriegsepoche unzertrennlich bleiben.

Sosehr man die beiden als Botschafter des schockierend Neuen miteinander identifizierte, sowenig erschöpften sich darin ihre Gemeinsamkeiten. Im Hinblick auf die relativ überschaubare Welt jüdischer Intellektuellenzirkel der Jahrhundertwende mag es wenig überraschen, daß sich ihre Wege oftmals auf amüsante Weise näherten, sich fast kreuzten, auf jeden Fall aber viele Parallelen aufwiesen. Nehmen wir Einsteins engen Freund Friedrich Adler, den revolutionären Neuerer der Physik, der 1916 den österreichischen Ministerpräsidenten ermordete. Hätte Adler Ende der 1890er Jahre, als sie am engsten miteinander befreundet waren, mit Einstein über seine frühen Wiener Jahre gesprochen, so hätte er ihm möglicherweise von seinem Elternhaus in der Berggasse 19 erzählt, wo sein Vater Viktor, bevor er einer der führenden sozialistischen Politiker Österreich-Ungarns wurde, ohne Erfolg versucht hatte, eine Arztpraxis zu etablieren, die nun Sigmund Freud als Wohnung und Praxis diente.[12]

Es ist schlecht dokumentiert, wann Einstein mit Freuds Gedanken in Berührung kam, doch man kann darüber ein paar plausible Spekulationen anstellen. Mehr als wahrscheinlich ist, daß Einstein 1911, als er in Prag lebte, bei einem Treffen des philosophisch-literarischen Debattierzirkels in der Apotheke »Zum Einhorn« vor dem Altstädter Ring an einer Diskussion über Freuds Ideen teilnahm. Zum engeren Kreis dieser Gruppe gehörten Hugo Bergmann, Max Brod, Felix Weltsch und Viktor Ehrenfeld, aber auch Einstein und Franz Kafka nahmen gelegentlich an Sitzungen teil.[13] Man darf davon ausgehen, daß Einstein vor dem Krieg mit der Psychoanalyse in Berührung kam, aber nichts deutet darauf hin, daß sie ihn besonders interessierte. Schließlich war er ja auch von den drängenden Problemen der theoretischen Physik absorbiert.

Freud wie Einstein waren Mitglieder der »Gesellschaft für positivistische Philosophie«, die Joseph Petzoldt bereits 1912 gegründet hatte. Zu deren Mitgliedern zählten unter anderem Ernst Mach, Josef Popper, August Forel, David Hilbert und Felix Klein.[14] Im Zeitalter der Intellektuellen, das mit dem Ersten Weltkrieg anbrach – bzw. nach einer Datierung Virginia Woolfs im September 1910 – und in der Zwischenkriegszeit erblühte, war Einstein als Unterzeichner von Manifesten und politischen Petitionen allgegenwärtig. Angesichts der grausamen Reaktion auf die kurzlebige ungarische Räterepublik unterzeichneten Einstein und Freud den Aufruf »Keine Todesurteile für politische Verbrechen«.[15]

Zu Beginn des Jahres 1921 hielt Einstein in einer Wiener Konzerthalle einen Vortrag vor Tausenden von Zuhörern. Er nutzte die Gelegenheit, um an zwei wissenschaftliche Kollegen Ernst Machs zu erinnern: nämlich an Josef Popper-Lynkeus (von diesem wird später mehr zu berichten sein) und an Josef Breuer, der in den 1880er Jahren, eng mit Freud zusammenarbeitend, die kathartische Therapie »erfunden« und in den 1870er Jahren ebenso wie Mach die Funktion des für die Orientierung im Raum maßgeblichen Gleichgewichtsorgans erforscht hatte.[16] 1921 wußte Einstein zweifellos recht gut über Freuds Werk Bescheid. Die plötzliche Berühmtheit des Physikers veranlaßte Freud vermutlich seinerseits, die Relativitätstheorie das erste und einzige Mal in seinen Schriften zu erwähnen. Im Sommer 1921 machte sich Freud Gedanken über das rapide anwachsende Interesse am Okkulten und nannte dabei die »Entwertung, die seit der Weltkatastrophe des großen Krieges alles Bestehende getroffen hat« und die Folgen, die mit der Transformation der exakten Wissenschaften verbunden waren, als mögliche Gründe:

> Die Entdeckung des Radiums hat die Erklärungsmöglichkeiten der physischen Welt um ebensoviel verwirrt als erweitert, und die jüngst gewonnene Einsicht der sogenannten Relativitätstheorie hat bei vielen ihrer verständnislosen Bewunderer die Wirkung gehabt, deren Zutrauen zur objektiven Glaubwürdigkeit der Wissenschaft zu verringern. Sie erinnern sich, dass Einstein selbst unlängst Anlass nahm, gegen ein solches Missverständnis zu protestieren.[17]

»Einstein selbst« – Freuds Wortwahl darf man entnehmen, daß auch er der allgemeinen Versuchung nicht widerstehen konnte, die Revolutionierung der modernen Physik mit der Ikone Einstein gleichzusetzen. Auf die gleiche Weise repräsentierte ja auch »Freud selbst« wider seinen bewußten Willen die ganze Psychoanalyse – und zwar schon seit Jahren: Als er im September 1918 die Akademie von Budapest besuchte, wurde in einer Studentenzeitschrift eine Geschichte unter dem Titel »Freuds Zigarre« abgedruckt.[18] Das Zeitalter der intellektuellen Ikonen war angebrochen! So schaffte es Freud als erster der beiden auf die Titelseite des *Time*-Magazins.[19] 1921 konnte Valéry Larbaud zu dem Schluß kommen, daß Joyce in der literarischen Welt ebenso bekannt war wie Freud und Einstein in der Welt der Wissenschaften.[20]

Seit den 1920er Jahren war es nicht mehr nur die gemeinsame öffentliche Rolle, die sie verband. Briefpartner machten Freud darauf aufmerksam, daß er als großer Wissenschaftler auf einer Stufe mit Albert Einstein stehe. Als René Laforgue, einer der ersten französischen Psychoanalytiker, Freud 1923 nach Paris einladen wollte, versuchte er, ihn mit dem Namen Einsteins zu locken. Er hoffte, Freud auf diese Weise den überwältigenden Erfolg von Einsteins Besuch im März 1922 – und dessen relative Sicherheit in Anbetracht der anhaltenden französischen Deutschenfeindlichkeit – in Erinnerung zu rufen: »Wir stehen mit dem Direktor des Collège de France, Professor Langevin, einem Freund Einsteins, in Verbindung. Dort könnte man auch Abendvorträge organisieren.«[21] In seiner Antwort ließ sich Freud auf das Spiel des unausgesprochenen Vergleichs mit Einstein ein – »Natürlich hätten meine Vorträge nicht denselben Widerhall finden können wie die Einsteins« – woraufhin Laforgue wiederum nicht umhinkonnte, im nämlichen Sinne zu antworten: »Ich bin überzeugt, man würde Ihnen genau soviel Interesse entgegenbringen wie Einstein.«[22] Was Laforgue nicht wußte, war, daß seine Einladung Freud just in dem Moment erreichte, als er sich der ersten Krebsoperation unterzog, die solche öffentlichen Auftritte auf Dauer unmöglich machen sollte.

Freud und Einstein in einem Atemzug zu nennen, war also zu jener Zeit üblich, meistens bezog man sich auf beide als die »großen jüdischen Denker«. Die Anfang 1922 gemeinsam von der Universität London und der Jüdischen Historischen Gesellschaft organisierte Vortragsreihe über fünf jüdische Denker – Philo, Maimonides, Spinoza, Freud und Einstein – war in dieser Hinsicht typisch.[23] 1924 schrieb der junge Philosoph Frank Ramsey aus Wien, wo er sich aufhielt, um sich analysieren zu lassen und um mit Wittgenstein zu sprechen, an seine Mutter: »Wir leben wirklich in einer für das Denken großartigen Epoche: Einstein, Freud und Wittgenstein sind am Leben (und alle in Deutschland oder Österreich, diesen Totengräbern der Zivilisation!).«[24] 1925 war Ernest Jones zu einem Bankett der Anglo-Austrian Society geladen, bei dem Lord Haldane über das sprach, »was Wien im Laufe der Jahrhunderte der Kultur gegeben habe. Die vier Namen, die er zur Illustration besonders hervorhob, waren Mozart, Beethoven, Mach und Freud.« Jones berichtet auch, daß der britische Außenminister, Lord Balfour, bei der Einweihung der Hebrew University in Jerusalem, bei der auch Einstein zugegen war, »auf diejenigen drei Männer anspielte, die seiner Ansicht nach das moderne Denken am meisten beeinflußt haben – alle drei Juden: Bergson, Einstein und Freud.«[25]

Der ekstatische Empfang, den man Einstein bekanntermaßen in den USA bereitete, war möglicherweise sogar eine Reaktion auf die merkwürdige Gespaltenheit der amerikanischen Presse: Jiddische und englischsprachige Zeitungen kommentierten den Besuch der aus Chaim Weizmann, Einstein und Menachem Ussishkin bestehenden zionistischen Delegation im April 1921 höchst unterschiedlich. Wem jubelte die weitgehend jüdische Menge eigentlich zu? In der New York City Hall wurde sowohl Weizmann als auch Einstein die Ehrenbürgerrechte verliehen. Während die englischsprachige Presse die Ankunft des größten Wissenschaftlers der Epoche feierte, feierten die jiddischen Zeitungen die Ankunft des angesehenen Zionistenführers Dr. Weizmann. Die zionistische Presse reagierte dann mit zusätzlichen Artikeln, die eine angeblich gescheiterte antisemitische Kampagne gegen Einstein in Europa in den Mittelpunkt stellten, auf die wohlwollende Berichterstattung der englischsprachigen Zeitungen über Einstein. Der Kompromiß war offensichtlich: Man hieß den großen, aber gleichzeitig angefeindeten jüdischen Wissenschaftler willkommen, der in den USA um Spenden für die Hebrew University von Jerusalem warb. Bei seiner Abreise pries ihn das *Yiddishe Tageblatt* als »die erste, auch in der nicht-jüdischen Welt anerkannte, jüdische Berühmtheit, die in einer speziell jüdischen Mission hierher kam«.[26] William Carlos Williams' experimentelles Gedicht erinnert an das Ereignis:

April Einstein has come
To liberate us
Here among
The Venusremembering daffodils
Yiddishe springtime of the mind
And a great pool of rainwater
Under
the blossomy peachtrees.[27]

An dieser Stelle berührten sich Freuds und Einsteins Interessen auf mehr als oberflächliche Weise. Auch Freud war ein langjähriger Unterstützer der Hebrew University und deutete anläßlich der offiziellen Eröffnung der Universität 1925 sogar an, daß er gerne mit Einstein nach Jerusalem gekommen wäre: »I find it painful that my ill-health prevents me from being present at the opening festivities of the Jewish University in Jerusalem.«[28] Im vorangegangenen Jahr hatte sich Freud schon einmal mit dem Namen Einsteins ködern lassen, als Albert Cohen[29] in Genf die kurzlebige *Revue Juive* gründete: »Dieser Tage traf mich eine dringende Aufforderung von Alb[ert] Cohen in Genf, der eine Revue Juive herausgeben wird, ihm doch auch einen Beitrag zu leisten. Ich hatte schon früher meinen Namen für das Redaktionskomitee hergegeben, und nun bestach er mich geschickt durch die Äußerung, daß Einstein und ich die beiden hervorragendsten lebenden Juden sind. Was blieb mir übrig, als zuzugestehen, daß ich sehr geschmeichelt bin, und ihm etwas Harmloses zu sagen?«[30]

Einstein schrieb einen Beitrag für das erste Heft, Freud für ein späteres im gleichen Jahr. Die Zielrichtung der *Revue Juive* bildete sehr gut die Zwiespältigkeit jener immer zahlreicher werdenden jüdischen Intellektuellen ab, die wie Freud und Einstein von Grund auf kosmopolitisch und internationalistisch eingestellt waren, allen Nationalismen mißtrauten und sich doch zunehmend zu einer (mitunter sogar aufrichtigen) Parteinahme für den Zionismus gedrängt sahen – für einen eher »kulturellen« als »politischen« Zionismus, wie man allerdings hinzufügen muß: »Von Männern gegründet, die sich einer lebenden Spezies zugehörig fühlen, deren geistiges Werk noch nicht vollendet ist ... [um] allen anderen ihre nämliche *conditio* vor Augen zu führen.«[31] Cohens editorisches Geschick machte aus der Förderung des kulturellen Zionismus ein Menschheitsanliegen, indem er die jüdische Solidarität der Kosmopoliten mit den Idealen des Internationalismus und des allgemeinen Fortschritts verband.

Was für Juden waren Einstein und Freud? In einem nichtreligiösen Elternhaus aufgewachsen, begeisterte sich Einstein in früher Jugend kurzfristig für jüdische Riten und Rituale, doch kam schon dem jungen Erwachsenen das jüdische Selbstverständnis wieder abhanden. Einstein, der sich in Kreisen bewegte, für die der Zionismus mehr und mehr zu einem drängenden politischen Anliegen wurde, hatte, bevor er 1914 nach Berlin zog, wenig Geduld und wenig Interesse dafür übrig. Dort mußte er erkennen, wie verbreitet der Antisemitismus war und wie gefährlich die politische Naivität vieler gebildeter und assimilierter deutscher Juden. Mit Sicherheit war sich Einstein der diplomatischen Manöver rund um sein Judentum bewußt, welche die Diskussion um mögliche Berufungen nach Zürich, Prag und Berlin begleiteten. Er wäre wohl kaum überrascht gewesen über Sommerfelds Beschreibung (in einem Brief an Lorentz vom 26. Dezember 1907): Einstein besitze die »begrifflich-abstrakte Art des Semiten«.[32]

Anfang 1919, kurz vor seinem vierzigsten Geburtstag, überzeugte ihn Kurt Blumenfeld, sich zum Zionismus zu bekennen.[33] Bis zum Ende seines Lebens sollte Einstein fortan ein treuer Anhänger und Vorkämpfer der zionistischen Sache sein, genau wie er seit Ausbruch des Ersten Weltkriegs öffentlich für Internationalismus und Pazifismus eintrat. Seine enge Verbindung zur Hebrew University in Jerusalem und die gemeinsam mit Weizmann zum Zwecke des Spendensammelns unternommenen Reisen standen beispielhaft für Einsteins kompromißloses Engagement. Dennoch war er nie im herkömmlichen Sinne religiös. Sein Gott glich eher dem Spinozas, das heißt, er war nicht als jüdischer Gott zu erkennen.

Freud scheint den Antisemitismus von Anfang an sehr bewußt wahrgenommen zu haben, ohne daß dieser vor seinem vierzigsten Geburtstag, im Jahr 1896, zu einem beherrschenden Thema seines Lebens und Denkens geworden wäre. Ebensowenig wie Einstein war er jemals Mitglied einer zionistischen Organisation, und sein eigener Sohn fürchtete den väterlichen Unbill – zu Unrecht, wie sich später herausstellte –, als er zu Beginn des zwanzigsten Jahrhunderts einer solchen Organisation beitrat. Obwohl die rasanten Entwicklungen in der theoretischen Physik überproportional viele Juden anzogen, war Einsteins Milieu niemals so überwältigend jüdisch wie die medizinischen und später psychoanalytischen Kreise Freuds in

Wien. Auch Einstein begann seine Karriere zwar als Außenseiter, nämlich als Angestellter des Schweizer Patentamts, doch fühlte er sich nie so isoliert oder von den wissenschaftlichen Kollegen »geächtet, von allen gemieden«, daß er, wie Freud, dem Verein B'nai B'rith beigetreten wäre, um »einen Kreis von auserlesenen, hochgestimmten Männern« zu finden, »die mich ungeachtet meiner Verwegenheit freundschaftlich aufnehmen sollten«. Einstein hatte genug mit den gleichgesinnten Freunden der Akademie Olympia in Bern, einer Gruppe freigeistiger, junger ehemaliger Studenten, von denen die meisten, aber keinesfalls alle und niemand auf traditionelle Weise jüdisch waren. Dagegen rang Freud bei der Überlegung, welchen Gemeinschaften er sich anschließen könnte, mit seinen Prinzipien und Neigungen:

> Ein nationales Hochgefühl habe ich, wenn ich dazu neigte, zu unterdrücken mich bemüht, als unheilvoll und ungerecht, erschreckt durch die warnenden Beispiele der Völker, unter denen wir Juden leben. Aber es blieb genug anderes übrig, was die Anziehung des Judentums und der Juden unwiderstehlich machte, viele dunkle Gefühlsmächte, umso gewaltiger, je weniger sie sich in Worte erfassen ließen, ebenso wie die klare Bewußtheit der inneren Identität, die Heimlichkeit der gleichen seelischen Konstitution. Und dazu kam bald die Einsicht, daß ich nur meiner jüdischen Natur die zwei Eigenschaften verdankte, die mir auf meinem schwierigen Lebensweg unerläßlich geworden waren. Weil ich Jude war, fand ich mich frei von vielen Vorurteilen, die andere im Gebrauch ihres Intellekts beschränkten, als Jude war ich dafür vorbereitet, in die Opposition zu gehen und auf das Einvernehmen mit der »kompakten Majorität« zu verzichten.[34]

Obwohl Freud unter den Juden eine gleichgesinnte und förderliche Gemeinschaft gefunden hatte, fand er es später für das Überleben und Gedeihen der Psychoanalyse notwendig, nicht »eine jüdisch nationale Angelegenheit zu werden«.[35] Einstein wiederum scheint sich trotz der überproportional großen Anzahl von Juden in allen Wissenschaften – was auch im Verlauf des zwanzigsten Jahrhunderts so blieb – nie darüber Gedanken gemacht zu haben, ob die Physik zu einer jüdisch nationalen Angelegenheit werden könnte. Vielleicht ließ die feste institutionelle Einbindung einer älteren Wissenschaft wie der Physik eine solche Furcht weniger plausibel erscheinen. Dennoch gingen Einsteins Bücher genau wie die Freuds am 10. Mai 1933 in Flammen auf. Sowohl Einstein als auch Freud hatten sich im Bewußtsein des zunehmenden Antisemitismus damals längst daran gewöhnt, ihr Judentum zu bejahen. Einstein machte in einem Artikel, der im November 1919 in der Londoner *Times* erschien, eine viel zitierte bittere Bemerkung:

> In Anwendung der Relativitätstheorie auf den Geschmack der Leser werde ich heute in Deutschland als deutscher Wissenschaftler und in England als Schweizer Jude bezeichnet. Sollte ich einmal in Ungnade fallen, werden sich die Beschreibungen umkehren, und ich werde für die Deutschen zu einem Schweizer Juden und für die Engländer zu einem deutschen Wissenschaftler werden!

Ein ähnliches Spiel treibt Freud 1926 mit dem Schubladen-Denken des Vorurteils; einem Journalisten gegenüber sagt er: »Meine Sprache ist deutsch. Meine Kultur, meine Bildung sind deutsch. Ich betrachtete mich geistig als Deutschen, bis ich die Zunahme des antisemitischen Vorurteils in Deutschland und Deutschösterreich bemerkte. Seit dieser Zeit ziehe ich es vor, mich einen Juden zu nennen.«[36] Aufgrund der zunehmenden Konflikte in Palästina suchten die Zionisten Einsteins und Freuds Unterstützung, um ihre Position gegen die englische Politik und gegen die Proteste der arabischen Einwohner zu stärken. Beide ließen keinen Zweifel daran, daß sie die Errichtung eines jüdischen Staates ohne Berücksichtigung der »lokalen Bevölkerung« mißbilligten. Doch für beide gab es, wie wir noch sehen werden, vor ihrem jüdischen Schicksal kein Entrinnen.

Welche Affinitäten die Öffentlichkeit auch zwischen Freud

und Einstein bemerken wollte, es wäre doch keineswegs notwendig gewesen, daß beide am Ende direkt miteinander Kontakt aufnehmen würden. Wie kam es also dazu? Der erste direkte Kontakt bestand darin, daß Einstein Freud zu dessen siebzigstem Geburtstag im Mai 1926 seine Glückwünsche sandte.[37] Freud freute sich darüber außerordentlich und schrieb am 10. Mai 1926 an Prinzessin Marie Bonaparte: »Unter den schriftlichen Äußerungen machten mir die von Einstein, Brandes, Romain Rolland und von Yvette Guilbert besondere Freude, die besten Zeitungsartikel waren von Bleuler (Zürich) und von Stefan Zweig in der Wiener *Neuen Freien Presse*.«[38] Doch obwohl Einstein auf seiner Liste der besonders erfreulichen Glückwünsche an oberster Stelle stand, antwortete Freud ihm nicht unmittelbar. Statt dessen beauftragte er den (wie man damals zu sagen pflegte) anglo-jüdischen Psychoanalytiker und Zionisten Dr. David Eder als Mittler, um seinen Dank zu überbringen:

> […] es mir leichter zu machen, indem ich den ehrenwerten Mitgliedern des Kuratoriums der Hebrew University und der Exekutive der zionistischen Organisation meinen tiefen und ehrlichen Dank gegenüber zum Ausdruck bringe. Ich denke im Speziellen an Dr. Weizmann und an Professor Einstein, die mir soviel Sympathie bewiesen haben, mit denen ich durch so viele gemeinsame Interessen verbunden bin und von denen ich zu meinem Bedauern keinen persönlich kenne.[39]

Diese erste indirekte Kommunikation zwischen Freud und Einstein war typisch für Freud: Er wollte sich nicht vordrängen und nahm statt dessen eine Haltung ein, die man als »analytisch« bezeichnen könnte. Auch wußte Freud genau, was ihn mit Einstein verband: ihr gemeinsames Interesse am Schicksal der Hebrew University, aber auch ihr gemeinsames Schicksal als Juden; abgesehen davon waren sie die wissenschaftlichen Revolutionäre ihrer Zeit. In einem Brief an seinen englischen Neffen in Manchester genoß Freud noch einmal das Hochgefühl, das ihm Einsteins Glückwünsche bereitet hatten: »Ich gelte als Berühmtheit; Schriftsteller und Philosophen, die durch Wien kommen, suchen mich auf, um mit mir zu sprechen, die Juden in aller Welt sind stolz auf meinen Namnen und vergleichen mich mit Einstein. Alles in allem habe ich keine Ursache, mich zu beklagen und voll Furcht dem nahen Ende meines Lebens entgegenzusehen.«[40]

An Weihnachten 1926, das Freud mit seinem Sohn Ernst und dessen Familie in Berlin verbrachte (zu der auch der vier Jahre alte, spätere Maler Lucian und der zwei Jahre alte, spätere Politiker, Koch und Humorist Clement gehörten), kamen Einstein und dessen Frau Elsa zu Besuch. Von Einsteins Reaktionen ist nichts überliefert. Diejenigen Freuds aber sind in zwei Briefen festgehalten. An Ferenczi schrieb er: »Ja, mit Einstein habe ich auch zwei Stunden verplaudert, er kam mit seiner Frau zu Ernst, um mich zu sehen. Er ist heiter, sicher und liebenswürdig, versteht von Psychologie soviel wie ich von Physik, und so haben wir uns sehr gut gesprochen.«[41] Marie Bonaparte hatte er einige Tage später etwas weniger Schmeichelhaftes zu erzählen: »Der Glückliche hatte es soviel leichter als ich, er konnte sich auf eine lange Reihe großer Vorgänger von Newton an stützen, während ich mir jeden Pfad durch die verworrene Wildernis allein bahnen mußte. Kein Wunder, daß diese Wege nicht sehr breit sind und ich nicht weit gekommen bin.«[42]

Diese mißgünstige Reaktion auf die leichten Erfolge und das relative Glück Einsteins sollte andauern: Sie bildete den Ausgangspunkt eines recht überraschenden Briefes, den Freud 1929 an Einstein schrieb. Sein Zusammentreffen mit Einstein und ihre ständige Paarung als »große Juden« scheint Freuds Phantasie angeregt zu haben. 1925 hatte er den dänischen Schriftsteller Georg Brandes besucht, den er schon seit vielen Jahren bewunderte.[43] Zwei Jahre später schrieb er an seine Nichte Margit Freud in Berlin über den kürzlichen Tod Brandes' und gab zu: »Ich suche gern Ähnlichkeiten auf. Damals fiel mir die mit Wallenstein auf, hinter der aber nichts Wichtigeres steckt. Nachdem ich in Berlin Einstein gesprochen und die Büste von Popper-Lynkeus in unserem Rathauspark gesehen, konstatiere ich eine bedeutsamere Ähnlichkeit zwischen diesen drei großen jüdischen Persönlichkeiten.«[44]

1929 schickte Freud Einstein einen Brief, um ihn zu seinem fünfzigsten Geburtstag zu gratulieren: »Es ist so überflüssig, Ihnen Glück zu wünschen. Ich will mich lieber mit ungezält viel Anderen darüber freuen, daß sie soviel Glück genoßen haben und noch genießen.«[45] Einstein antwortete: »Warum betonen Sie bei mir das Glück? Sie, der Sie in die Haut so vieler Menschen, ja der Mensch*heit* geschlupft sind, hatten doch keine Gelegenheit, in die meine zu schlupfen!« Als Antwort auf seine – neckende, spielerisch rhythmische, fast kokette, aber vielleicht auch bedauernde? – Erinnerung, daß Freud ihn nicht analysiert und deshalb auch kein Recht habe, Vermutungen über sein Glück anzustellen, erhielt Einstein ein Bekenntnis:

> Doch hatte, was ich Ihnen schrieb, für mich einen guten Sinn. Es war der Ausdruck meines Neides, zu dem ich mich ohne Scheu bekenne. Neid muß nichts Häßliches sein. Neid kann Bewunderung einschließen und ist mit den freundlichsten Gefühlen für den Beneideten vereinbar.
> In der Entscheidung, wegen welcher Dinge ich Sie beneiden müßte, war ich aber durch meine Unwissenheit nicht gestört.
> Da war vor allem die Erwägung, wie viel glücklicher es doch ist, ein Vollender zu sein als ein Pionier. Ich meine, es gehört nicht grade eine besondere intellektuelle Begabung dazu, um ein neues Gebiet in der Wissenschaft oder Technik zu eröffnen. Eher gewiße Charaktereigenschaften, ein Wagemut wie der eines Abenteurers, eine Fähigkeit, sich selbst viel zu glauben, eine Art von Geringschätzung des Einvernehmens mit den Anderen. Man wird dafür leicht berühmt – oder auch berüchtigt, aber wenn man etwas Kritik bewahrt hat, kann man doch nicht übersehen, wie roh, unvollkommen, fragmentarisch eigentlich eine solche erste Leistung auf dem Neuland ist, wie geeignet, einem den Eindruck der Schwäche des einzelnen Intellekts gegen die Größe der Aufgabe zu vermitteln.

Wenn es psychologisches Neuland ist, kommt etwas anderes hinzu. Alle unsere Aufmerksamkeit ist nach außen gerichtet, von wo die Gefahren drohen und die Befriedigungen locken. Von innen her wollen wir nur Ruhe haben. Wenn nun jemand den Sinn nach innen wenden, ihm gleichsam den Hals umdrehen will, so sträubt sich unsere Organisation dagegen, – etwa wie sich Speiseröhre und Harnröhre sträuben, wenn sie entgegen ihrer Funktionsrichtung passirt werden sollen. Alle Welt widerspricht dann, und dieser Widerspruch durch Dezennien von ungezählt vielen Menschen macht einen nicht irre, aber macht einen müde. Und grade auf psychologischem Gebiet wird allen der Widerspruch so leicht. In der Astronomie, Physik, Chemie bedarf man fachlicher Vorbereitung, um sich ein Urteil zu gestatten. Wer nicht etwa glatt verrückt ist, wie Strindberg, hütet sich der Wissenschaft zu widersprechen, wenn er diese Bedingung nicht erfüllt hat. Für die Psychologie gilt das nicht. Ein jeder ist Seelenkenner, ein jeder weiß es, ohne sich darum bemüht zu haben, ebenso gut oder besser. Und da sie selbst so billig zu ihren Meinungen gekommen sind, glauben sie nicht, daß ein anderer es sich hat mehr kosten lassen.

Dieses recht überraschende Bekenntnis – das Freud in der Folge bedauerte und vernichtet wissen wollte[46] – weist mindestens auf eines hin: Wenn Freud auch nicht wirklich in Einsteins Haut geschlupft war, so war es Einstein sicherlich gelungen, in die Freuds zu schlüpfen![47]

Freud bat Einstein ausdrücklich, nicht auf seinen Brief zu antworten. Infolgedessen blieb es einige Zeit still zwischen ihnen. Im Februar 1930 bat Einstein Freud dann um eine öffentliche Parteinahme für den Zionismus. Freud lehnte ab. Einstein ließ sich davon aber nicht beirren, Freud zu dessen fünfundsiebzigstem Geburtstag im Mai 1931 seine Grüße zu schicken und hinzuzufügen, »(j)eden Dienstag lese er zusammen mit einer befreundeten Dame [vermutlich seiner Stieftochter] Freud und könne ›die Schönheit und Klarheit‹ seiner Darstellung nicht genug bewundern. ›Außer Schopenhauer‹, fügte er hinzu, ›gibt es für mich keinen, der so schreiben kann und konnte. Doch der Sieg der Ideen Freuds über Einsteins Skepsis war unvollständig. Da er ein ›Dickhäuter‹ sei, schrieb Einstein, schwankte er zwischen ›Glauben und Unglauben‹.«[48] Die Wortwahl »Dickhäuter« erscheint in diesem Zusammenhang so lange merkwürdig, bis man sich vergegenwärtigt, daß Einstein Freud daran erinnerte, nie »in seine Haut geschlüpft« zu sein.

Das einzige öffentliche Zeugnis der Beziehung zwischen Einstein und Freud war die unter der Schirmherrschaft des Völkerbundes entstandene Publikation ihres Dialogs *Warum Krieg?* Einstein hatte nach einer Diskussion mit Leon Steinig, einem Vertreter des Völkerbunds, dazu den Anstoß gegeben. Der Dialog war teilweise Ergebnis eines Gesprächs mit Dr. Ernst Jackh, der Einstein bei einem Abendessen in Genf fragte: »Würden Sie zustimmen, daß es kein reiner Zufall ist, daß sich Ihre Relativitätstheorie und Professor Freuds Psychoanalyse, die Vereinten Nationen und ihr Internationaler Gerichtshof sowie andere Erscheiungen unserer Zeit gemeinsam entwikkelt haben? Daß sie alle Ausdruck der gleichen revolutionären Phase sind, in der wir uns gegenwärtig befinden?«[49] Die Antwort, die ihm Einstein nach reiflicher Überlegung gab – »Sie haben Recht. Ich stimme Ihrem Holismus zu.« – war vielleicht die Saat, die in den Gesprächen mit Steinig aufging. Wie er es Steinig gegenüber im Februar 1932 mit einem seiner typischen Verse formulierte:

Wenn Sie Freud zu bringen glauben
Will auch ich es gern erlauben.
Etwas blöd! Doch meinetwegen
Ich fürwahr hab nichts dagegen.[50]

Nach einigen Diskussionen Ende Juli 1932 schrieb Einstein einen Brief an Freud, der den besagten Band einleiten sollte. Der öffentliche Teil dieser Korrespondenz wurde von einem privaten Brief begleitet. Nachdem Einstein in diesem Brief zunächst noch einmal betont hatte, welchen Genuß ihm die Lektüre von Freuds Werken bereitete, fügte er auf etwas paradoxe Weise hinzu: »Es ist für mich immer so amüsant zu beobachten, dass auch die Menschen, welche sich Ihren Lehren gegenüber als ›Ungläubige‹ betrachten, Ihren Ideen so wenig Widerstand entgegenzusetzen vermögen, dass Sie in ihren Begriffen zu denken und zu reden pflegen, wenn sie sich – gehen lassen.«[51]

Die Offenheit, mit der Einstein im Jahr zuvor seine Ambivalenz gegenüber den Freudschen Theorien bekannt hatte, und seine »Beobachtung«, andere Menschen würden unwissentlich zu Freudianern werden, konnte Freud vielleicht auf die Überraschung vorbereiten, die sich Einstein für ihn ausgedacht hatte. In dem Brief, der den öffentlichen Dialog einleitete, umriß Einstein das Problem folgendermaßen: »Gibt es einen Weg, die Menschen von dem Verhängnis des Kriegs zu befreien?« Sein Lösungsvorschlag war denkbar einfach: Die Nationalstaaten sollten ihre Souveränität bedingungslos an eine übergeordnete Instanz abgeben. Daß eine solche vernünftige Lösung nicht zustande kam, kreidete Einstein dem Machtstreben einflußreicher Interessenvertreter an und hob in diesem Zusammenhang besonders die Rüstungslobby hervor. Vor allem aber befand sich die Mehrheit der Bevölkerung seines Erachtens »in der Hand« der herrschenden Schicht und der Kirche, welche »die Gefühle der großen Masse [beherrschen und leiten] und [...] diese zu ihrem willenlosen Werkzeuge [machen]«. Doch wie kann es zu einer solchen Manipulierbarkeit der Gefühle kommen? »Im Menschen lebt das Bedürfnis zu hassen und zu vernichten. Diese Anlage ist in gewöhnlichen Zeiten latent vorhanden und tritt dann nur beim Abnormalen zutage; sie kann aber verhältnismäßig leicht geweckt und zur Massenpsychose gesteigert werden.«[52]

Einsteins geübter Umgang mit Freuds eigenem Vokabular veranlaßte den Psychoanalytiker zu dem Kommentar, der Physiker habe seine Frage ebenso staatsmännisch wie psychologisch formuliert: »Aber auch hierüber haben Sie in Ihrem Schreiben das meiste gesagt. Sie haben mir gleichsam den Wind aus den Segeln genommen, aber ich fahre gern in Ihrem Kielwasser und bescheide mich damit, alles zu bestätigen, was Sie vorbringen, indem ich es nach meinem besten Wissen – oder Vermuten – breiter ausführe.«[53] Freuds Theorie, wie die ursprüngliche Macht – Gewalt – gebrochen und in Recht verkehrt werden könnte, setzte ein Bündnis der Schwächeren gegen das starke Individuum voraus: »[D]as Recht ist die Macht einer Gemeinschaft.« Was die Gemeinschaft am Ende zusammenhält, war nach Freuds Ansicht allerdings nicht in erster Linie das gemeinsame Interesse, sondern im wesentlichen die sich notwendigerweise entwickelnden Gefühlsbindungen: »Damit, denke ich, ist alles Wesentliche bereits gegeben: die Überwindung der Gewalt durch Übertragung der Macht an eine größere Einheit, die durch Gefühlsbindungen ihrer Mitglieder zusammengehalten wird.«[54]

Er führt diese These weiter aus und geht dabei auf die psychoanalytische Triebtheorie ein, um die von Einstein angenommene Tendenz zu Haß und Zerstörung theoretisch zu untermauern. Freuds Ausführungen enden mit der natürlich rhetorisch gemeinten Frage an Einstein, ob der »mythologische« Status seiner Theorie mit dem Status physikalischer Begriffe vergleichbar sei. Hier macht sich erstmals ein persönlicher Ton in Freuds Argumentation bemerkbar. In den letzten Abschnitten, die eine neue Frage aufwerfen, wird Freud dann tatsächlich (wenn auch auf indirekte Weise) persönlich: »Warum empören wir uns so sehr gegen den Krieg, Sie und ich und so viele andere, warum nehmen wir ihn nicht hin wie eine andere der vielen peinlichen Notlagen des Lebens?«[55] Seine Antwort darauf ist, »daß wir nicht anders können. Wir sind Pazifisten, weil wir es aus organischen Gründen sein müssen. Wir haben es dann leicht, unsere Einstellung durch Argumente zu rechtfertigen.«[56]

Hier endlich können wir beobachten, wie sich Freud bemüht, Einstein, dem bekannten Pazifisten, »in die Haut zu schlupfen«. Argumente seien leicht zu finden, wenn nicht gar überflüssig, behauptet er; Einstein und Menschen seines Schlages – Freud zählt sich aus rhetorischen Gründen dazu – seien konstitutionelle Pazifisten, unfähig, die Austreibung der verinnerlichten Kultur zu tolerieren, die der Krieg erfordere. Ob solche konstitutionellen Pazifisten überleben könnten und die restliche Menschheit sich ihnen anschließen werde, sei keinesfalls gewiß. Freud kommt schließlich zu dem Ergebnis, daß die erfolgreiche Verinnerlichung eines Widerwillens gegen den Krieg weder aufgrund rein intellektueller noch rein gefühlsmäßiger Ablehnung gelingen könne. Vielmehr bedürfe es dafür einer dauerhaften inneren Transformation der Triebökonomie.

Diese letzte Botschaft richtet sich speziell an Einstein. In keinem anderen Werk gebraucht Freud das Wort »Pazifist«.[57] Zwar brachte er während des Ersten Weltkriegs ähnliche Themen zur Sprache. Während Einstein allerdings von Anbeginn couragiert gegen die Kriegslust der deutschen Professorenschaft Stellung bezog, begann Freud erst nach anfänglicher Kriegsbegeisterung über die tiefgehende Enttäuschung nachzudenken, die der Krieg bei so vielen hinterlassen hatte. Seine These von der konstitutionellen Grundlage des Pazifismus war deshalb so etwas wie eine als öffentliche Rede an den Völkerbund getarnte Geheimbotschaft, eine Interpretation nur für Einstein.

Allmählich gewinnt das Ballett, das die beiden aufführten, für uns an Kontur. Es wurde dadurch initiiert, daß Freud Einstein »glücklich« nannte, gewann an Substanz, als Einstein Freud fragte, wie er das wissen könne, da er schließlich nicht in seine Haut geschlüpft sei; durch Freuds lange Erläuterung seines Neids und seiner speziellen Leiden als Pionier der Psychologie wurde es dann explizit gemacht. Dieser öffentliche Meinungsaustausch über den Krieg kam zustande, weil Einstein seine Intuition ernst nahm, daß Freuds Wissenschaft, seine eigene Wissenschaft und die Ideale des Internationalismus, denen die beiden großen jüdischen Wissenschaftsikonen so sehr verpflichtet waren, mehr als nur der Zufall verband. Seine wiederholten Freud-Lektüren erlaubten ihm dann, genau das zu tun, was ihn bei vielen anderen so amüsierte: Er »ließ sich gehen« und fing – am unverblümtesten im Eröffnungsbrief über den Krieg – an, »in freudschen Begriffen zu denken und zu reden«, womit er Freud den Wind aus den Segeln nahm. Freud antwortete seinerseits mit einer für Einstein maßgeschneiderten Theorie des Pazifismus. Alles in allem war Freud nämlich sehr viel kriegerischer als Einstein; sein Kampf ums wissenschaftliche Überleben, die unaufhörlichen Gefechte mit Abtrünnigen, der Neid, den er Einstein gegenüber zugegeben hatte, ließen vermuten, daß er Einstein als echten Mann des Friedens wahrnahm, wie er selbst nie einer glaubte werden zu können.

Das Ende der *Warum Krieg?*-Episode illustriert das sehr gut. Freud hatte keine besonders gute Meinung von der »langweilige(n) und sterile(n) sogenannte(n) Diskussion mit Einstein«, als er im September 1932 seinen Teil des Briefwechsels fertigstellte.[58] (Man muß aber erwähnen, daß Freud oft abfällige Bemerkung über seine Arbeiten machte, wenn er gerade dabei war, sie zu beenden.) Die interessantesten Gedanken über diese Produktion äußerte er im Februar 1933 in einem Brief an Jeanne Lampl-de Groot: »Meine Diskussion mit Einstein (›Warum Krieg‹) ist zu Ende korrigirt und kann noch im Febr. erscheinen. Auch sie wird die Menschheit nicht retten. Ja, warum macht Einstein solche Dummheiten wie mit dem Glaubensbekenntnis und andere Überflüssigkeiten? Vielleicht weil er so gutmütig und weltfremd ist.«[59]

Diese Einschätzung Freuds ist überaus charakteristisch für die Dynamik, die sich zwischen ihm und Einstein entwickelt hatte: ein Aufflammen der Aggression von Freuds Seite, dem die Überlegung folgte, Einstein, der nichts von Psychologie verstehe, sei »von Natur aus« – vielleicht sogar aus organischen Gründen – gut und infolgedessen als vergeistigte Spätblüte der Zivilisation zu bewundern.

Wenn wir Freuds Beziehung zu Einstein als von Neid geprägt ansehen, dann müssen wir Einsteins Beziehung zu Freud als durch und durch ambivalent charakterisieren. Den zentralen Konflikt brachte Einstein bei verschiedenen Gelegenheiten überaus deutlich zum Ausdruck: Er fand Freuds Schriften bewundernswert und in sich schlüssig, konnte sich aber trotz seiner Bewunderung niemals von der Richtigkeit der Freudschen Gedanken überzeugen. Als er 1928 gebeten wurde, Freuds Nominierung für den Medizin-Nobelpreis zu unterstützen, antwortete er: »Mit aller Bewunderung für das Genie von Freuds Leistungen, kann ich mich nicht entschließen, im gegenwärtigen Fall Partei zu ergreifen. Über den Wahrheitsgehalt der Freudschen Lehre kann ich für mich selbst zu keinem Schluß kommen, umso weniger kann ich ein Urteil abgeben, das für andere maßgebend ist.«[60]

Immer wenn sich Einstein über Freuds Lehre nicht schlüssig werden konnte, suchte er denselben Ausweg: Von irgendeinem äußeren Anlaß ließ er sich in die Gedankenwelt Freuds hineinziehen und begann von neuem, ihn zu lesen. Seine Bewunderung des Freudschen Stils und Mutes kannte keine Grenzen. Doch immer wieder ergriffen Skepsis und Unglauben von ihm Besitz. Als er Freud gegenüber ein einziges Mal mehr als skeptische Bewunderung zum Ausdruck brachte, reagierte Freud mit listiger Ironie. Dieser Austausch fand 1936, anläßlich der Feierlichkeiten zu Freuds achtzigstem Geburtstag statt, als Einstein Freud erstmals aus Princeton schrieb:

> Bis vor kurzem war mir nur die spekulative Kraft Ihrer Gedankengänge sowie der gewaltige Einfluß auf die Weltanschauung der Gegenwart klargeworden, ohne mir über den Wahrheitswert Ihrer Theorien klarwerden zu können. In letzter Zeit aber hatte ich Gelegenheit, von einigen an sich geringfügigen Fällen zu hören, die jegliche abweichende Auslegung (von der Verdrängungslehre abweichend) nach meiner Überzeugung ausschließen. Dies empfand ich als beglückend; denn es ist stets beglückend, wenn eine große und schöne Idee sich als in der Wirklichkeit zutreffend erweist.[61]

Freud antwortete:

> Ich muß Ihnen doch sagen, wie sehr die Wendung in Ihrem Urteil oder ein Beginn dazu mich erfreut hat. Ich wußte natürlich immer, daß Sie mich nur »aus Höflichkeit« bewundern, aber von all meinen Behauptungen sehr wenig glauben. Obwohl ich mich oft fragte, was daran eigentlich zu bewundern ist, wenn es nicht wahr ist, das heißt nicht einen hohen Wahrheitsgehalt hat. Nebenbei, meinen Sie nicht, daß man mich viel besser behandelt hätte, wenn meine Lehren einen größeren Prozentsatz von Irrtum und Tollheit in ihre Zusammensetzung aufgenommen hätten?[62]

Wir wissen nicht, welche diese »einigen Fälle« waren, bei denen Einstein unzweifelhaft die Folgen der Verdrängung zu erkennen glaubte. Ebensowenig antwortete er auf Freuds herausfordernde Worte über den Widerstand gegen die Psychoanalyse. Doch 1939, als Einstein sich bei Freud für die Zusendung von *Der Mann Moses und die monotheistische Religion* bedankte, kam es noch einmal zu einem Briefwechsel: »Ihre Auffassung, daß Moses ein der Priesterkaste angehöriger Ägypter gewesen sei, hat viel Überzeugendes, auch was Sie über den Ritus der Beschneidung anführen.«[63] Doch Einsteins Mischung aus Bewunderung und Unbehagen war im letzten Absatz wieder deutlich zu spüren:

> Ganz besonders bewundere ich Ihre Leistung, wie alle Ihre Schriften, vom schriftstellerischen Standpunkt aus. Ich kenne keinen Zeitgenossen, der in deutscher Sprache seine Gegenstände so meisterhaft dargestellt hat. Ich habe es stets bedauert, daß es einem Nichtfachmann, der nicht über ein Erfahrungsmaterial am Kranken verfügt, so gut wie unmöglich ist, sich über den Wahrheitsgehalt der meisten Schriften ein Urteil zu bilden. Aber schließlich ist dies bei allen wissenschaftlichen Leistungen so. Man muß froh sein, wenn man die gedanklichen Konstruktionen zu erfassen vermag.[64]

Als Anna Bacharach, eine junge Freundin, Einstein 1949 nach seiner Meinung über Freud fragte, wiederholte er mehr oder weniger die gleiche Einschätzung: »Der Alte hat aber scharf gesehen, er hat sich durch keine Illusion einlullen lassen, außer manchmal durch ein übertriebenes Vertrauen in die eigenen Einfälle.«[65] Ungeachtet seiner persönlichen Zweifel war Einstein als Gestalt des öffentlichen Lebens stets bereit, denjenigen zu helfen, die darum baten: 1952 wurde er zusammen mit Anna Freud, Ludwig Jekels und Thomas Mann Ehrenmitglied des neu gegründeten Sigmund-Freud-Archivs.[66] Kurz vor Einsteins Tod aber kam es zu einer fast grotesken Re-Inszenierung seiner Ambivalenz. Er hatte sich mit Johanna Fantova angefreundet, die in der Universitätsbibliothek von Princeton arbeitete. In einem Tagebuch, das man vor kurzem fand, hatte sie Gespräche mit Einstein notiert. Im November 1953 erzählte er ihr, er habe von einem Kleid seiner Schwester geträumt, das über einem Stuhl ausgebreitet gewesen sei. Erfolglos habe er versucht, es zusammenzufalten; dabei sei das Kleid verschwunden. Anstelle des nicht mehr auffindbaren Kleides habe plötzlich ein Freund auf dem Stuhl gesessen.

Der Traum veranlaßte ihn, erst über Träume und dann Freuds *Totem und Tabu* zu lesen. Einmal mehr führte seine Lektüre zu jener vertrauten, zwischen Glauben und Unglauben schwankenden Reaktion auf Freud: Der Ödipuskomplex sei ein bemerkenswertes, aber haarsträubendes Konzept – geradezu idiotisch, wie Einstein fand. Er erinnere sich nicht, jemals vom Kastrationskomplex geträumt zu haben. Die Vorstellung, daß verdrängte Konflikte in Träumen Ausdruck fänden, kam ihm zwar nicht ganz absurd vor, doch bezweifelte er, daß sich unsere Handlungen bis zu den unbewußten Ursprüngen zurückverfolgen ließen. Einstein hielt es nicht für unmöglich, daß Träume verdrängte Wünsche seien, richtig überzeugt war er von dieser Theorie allerdings auch nicht. Deshalb kam er wieder einmal zu dem Schluß, Freud sei sehr intelligent gewesen, seine Theorie aber hielt er zum großen Teil für Unfug. Er riet Fantova von einer Analyse ab.[67]

Bezeichnenderweise war die letzte gemeinsame Tat Einsteins und Freuds vor Freuds Tod, eine »Einleitung« zu demselben, auf hebräisch erscheinenden Buch zu schreiben – wohlgemerkt jeder seine eigene. Es handelte sich um Y'israel Doryons Buch über die internationalistischen Ideen des großen Wiener Ingenieurs, positivistischen Philosophen und jüdischen Philanthropen, den beide bewunderten: Josef Popper-Lynkeus. Dabei konzentrierte sich Einstein auf die Bedeutung von Poppers ökonomischen Lehren für sein eigenes Denken, Freuds kurze Einleitung hingegen spiegelte den historischen Moment wider: »Während der kurzen Periode ihrer Herrschaft in Wien hatte die sozialistische Stadtverwaltung seinem Andenken eine Büste im Wiener Rathauspark geweiht. Als die Deutschen in Wien einfielen, wurde dies Denkmal entfernt, wahrscheinlich zerstört. Das Buch des Herrn Doryon ist ein erster Versuch, es wieder aufzurichten.«[68]

Wahrscheinlich ist dies die letzte vor seinem Tod im September 1939 veröffentlichte Schrift Freuds. Einstein unterstützte Doryon in seinem Bemühen, Popper-Lynkeus' Ideen in Erinnerung zu halten, auch später noch; 1944 und 1954 steuerte er weitere Vorworte zu Neuauflagen des Buches bei. Die Tatsache, daß Einstein und Freud so nachhaltig für diese in Vergessenheit geratene Wiener Persönlichkeit der Jahrhundertwende eintraten, spricht dafür, daß sie sich beide dem Ideal verpflichtet fühlten, das Popper-Lynkeus repräsentierte: Er verkörperte das wissenschaftliche und philanthropische jüdische Abenteuer, das »von einer prophetischen und heiligen Person, die zugleich ein durch und durch moderner Mann war«, angeführt wurde.[69]

Eine der Paradoxien in Freuds und Einsteins Schicksal war, daß beide, obwohl sie als Juden nicht religiös waren, das nationalstaatliche Ideal verabscheuten und auch dem Ziel eines nur dem auserwählten Volk vorbehaltenen Staates kritisch gegenüberstanden, am Ende ihres Lebens mit der Gestalt des Moses rangen. Freuds letztes Werk, *Der Mann Moses und die monotheistische Religion*, ist dem Wesen des Judaismus gewidmet. Es lokalisiert den ägyptischen Moses als Religionsstifter Israels an einer bestimmten historischen Stelle, an der die imperiale pazifistische Religion des Ikhnaton der lokalen Verehrung des Vulkangottes Jahve aufgepfropft wird. Jahves Charakter wiederum beschreibt Freud folgendermaßen: »Er ist ein unheimlicher, blutgieriger Dämon, der bei Nacht umgeht und das Tageslicht scheut.«[70] Durch diese Schrift gelang es Freud, seine eigene Identifikation mit dem zornigen, von seinen Anhängern enttäuschten und ewig mit seinem Gott hadernden Propheten aufzulösen bzw. dafür eine abschließende Interpretation zu finden. Denn Freud war natürlich schon lange von der Gestalt des Moses fasziniert gewesen – am erkennbarsten wohl in seinem 1914 pseudonym veröffentlichten Essay »Der Moses des Michelangelo«.

Einsteins Beziehung zu Moses war weniger offensichtlich und sicherlich weniger reflektiert. Dennoch hatte er, der große jüdische Wissenschaftler, bei dem Projekt, ein neues Zion zu gründen – dem erklärten Ziel jenes denkwürdigen Amerika-Besuchs 1921 –, für Moses alias Chaim Weizmann den Josua gespielt. Und so war der israelische Premierminister David Ben-Gurion, als Weizmann, der erste Präsident Israels, am 9. November 1952 starb, davon überzeugt, »daß es nur einen Mann gibt, den wir bitten sollten, Präsident des Staates Israel zu werden. Er ist der größte lebende Jude. Vielleicht der größte lebende Mensch überhaupt. Einstein.«[71] – Welche Kapriole des Schicksals! Damit war der Augenblick gekommen, in dem Einsteins komplizierte Beziehung zu Weizmann – er hatte Abraham Pais gestanden: »Meine Beziehung zu dem Weizmann war, wie der Freud sagt, ambivalent.«[72] –, zum Zionismus, zu Israel und zum Judaismus zutage treten würden. Einstein erfuhr von dem Angebot durch die *New York Times*; völlig konsterniert versuchte er abzulehnen, ohne dabei irgend jemandes Gefühle zu verletzen.

Der eindrucksvollste der vielen Gründe, die Einstein für seine Ablehnung anführte, war, daß »er überhaupt kein Talent für menschliche Beziehungen« habe. Doch kann man Einsteins Entsetzen angesichts seiner charakterlichen Disposition durchaus nachvollziehen. In diesem Sinne vermutete er nämlich: »Zur Strafe für meine Autoritätsverachtung hat mich das Schicksal selbst zu einer Autorität gemacht.«[73] Zur Strafe dafür, ein für sein kindlich weltfremdes Gebaren und seinen Pazifismus berühmter, kosmopolitischer Intellektueller zu sein, lud ihn das Schicksal ein, Anführer einer kriegerischen Nation zu werden und Weizmann noch einmal auf dem Weg ins neue Zion zu begleiten. Um die Stelle antreten zu können, hätte er nur ins Gelobte Land einziehen müssen. Einstein aber lehnte ab.

Weder Einstein noch Freud war die Figur des Moses ganz geheuer. Doch beide mußten sich am Ende mit dem Rätsel dieses großen Bilderstürmers auseinandersetzen. Wie es ihrem Charakter und ihren Wissenschaften entsprach, knüpfte sich Freud den Moses vor, um seinem Geheimnis auf den Grund zu gehen, während sich Einstein unversehens eine weltgeschichtliche Rolle in dessen Schatten spielen sah. Die ironische Pointe ist natürlich, daß beide ihrer eigenen Ikonenhaftigkeit nicht weniger ambivalent gegenüberstanden als dem Gelobten Land, das Moses nie hatte betreten können. Die Ikonologie des zwanzigsten Jahrhunderts aber kennt mit der Ironie keine Gnade: Es waren die beiden bilderstürmenden Juden, Freud und Einstein, die zusammen das Bild des Wissenschaftlers als Revolutionär verkörperten.[74]

Aus dem Englischen von Bettina Engels

Wolfgang Kemp

Verehrte An- und Abwesende, liebe Nachwelt

Einstein spricht

»Whatever space and time mean,
place and occasion mean more,
for space in the image of man is place
and time in the image of man
is occasion.«[1]

Aldo van Eyck

Einstein spricht. »Verehrte An- und Abwesende!« Das Pult, von dem aus er seine Ansprache hält, steht in einem kleinen Farnwäldchen und ist mit dunklem Stoff drapiert. Das Grün und die üppigen Falten sagen Festtagsschmuck. Einstein spricht *über* den Rundfunk in einem doppelten Sinn zur Eröffnung der 7. Großen Deutschen Funkausstellung und Phonoschau. Der Tag ist der 22. August 1930.

»Wenn Ihr den Rundfunk höret, so denkt auch daran, wie die Menschen in den Besitz dieses wunderbaren Werkzeuges der Mitteilung gekommen sind. Der Urquell aller technischer Errungenschaften ist die göttliche Neugier und der Spieltrieb des bastelnden und grübelnden Forschers und nicht minder die konstruktive Phantasie des technischen Erfinders. [Im Hintergrund Klappern einer Straßenbahn] Denkt an Oerstedt, der zuerst die magnetische Wirkung elektrischer Ströme bemerkte, an Reis [Straßenbahngeräusche], der diese Wirkung zuerst benutzte, um auf elektromagnetischem Wege Schall zu erzeugen.« Einstein spricht übrigens in ein sogenanntes Reis-Mikrophon, das mit seinen Spanndrähten und Kreisformen zwischen dem Tuchgebirge ein wenig wie eine Reuse zum Auffangen der Töne ausgespannt ist. Es empfängt nicht nur die Laute des Redners, der ein manierliches Humanisten-Schwäbisch spricht und ganz ohne das Pathos auskommt, das für die Festredner der Zeit Pflicht ist. Man könnte seine Diktion sachlich nennen, wenn nicht die verniedlichenden Effekte des Dialekts wären. Was die Abwesenden aber mindestens so stark hören wie die menschlichen Laute, ist das Schlagen der Fahnen, die irgendwo hinter, über und neben dem Festredner flattern. Das ist das Merkwürdige an dieser berühmten Aufnahme: Das feine Haarnetz des Rauschens, durch das wir in historischen Aufnahmen hindurchhören müssen, ist hier fast ganz ersetzt durch die »natürlichen« Vordergrundlaute der Fahnen im Wind und die Hintergrundgeräusche der vorbeifahrenden Straßenbahnen. Diese Konstellation aus Textil und Technik, Festdekoration und modernem Alltag begleitet mit ihren ganz verschiedenen Takten den gleichförmigen Fluß der Rede, sie rahmt und erweitert diese mittlere Spur, die zur selben Zeit sich vorwärts bewegt und rückwärts argumentiert. Manchmal ist das Schlagen der Fahnen so heftig, daß man meinen könnte, es arbeite während der Rede jemand am Pult. »Denkt auch an Maxwell, der die Existenz elektrischer Wellen auf mathematischem Wege aufzeigte, an Hertz, der sie zuerst mit Hilfe des

Einstein auf der Eröffnung der 7. Großen Deutschen Funkausstellung und Phonoschau in Berlin, 22. August 1930

Funkens erzeugte und nachwies. Gedenket besonders auch Liebens [Straßenbahn], der in der elektrischen Ventilröhre ein unvergleichliches Spürorgan für elektrische Schwingungen erdachte, das sich zugleich als ideal einfaches Instrument zur Erzeugung [Straßenbahnrollen] elektrischer Schwingungen herausstellte.«

Warum man die für eine Radioübertragung bestimmte Eröffnung draußen und nicht in einer der Ausstellungshallen hatte stattfinden lassen, ist schwer zu begreifen. So als ob es die eiserne Regel für Feste und Feiern nicht gäbe, die da befiehlt: Niemals draußen! Und niemals unter Einsatz von Tieren! (Das Tier kommt noch!) Wir nehmen einmal an, daß die Veranstalter bei Eröffnung automatisch an »unter freiem Himmel« dachten – immerhin, es wurde ein schöner, wenn auch etwas windiger Augusttag. Vielleicht dachten sie aber auch an die Verwirklichung eines soweit wie möglich sichtbar gemachten Schemas von Radio.

Man stelle sich das als Modellzeichnung vor: hier unten, ganz klein die Quelle der Geräusche vor ihrem Mikrofon, welches seine Signale per Draht an den Sender weitergibt, der sie umwandelt und verstärkt und durch die Sendeantenne als modulierte Schwingungen drahtlos an Empfangsstationen im weiten Umkreis ausstrahlt. Einstein spricht vor einer Zahl von »Anwesenden«, die so klein ist, daß sie in dieser aufs Typische geeichten Situation eigentlich nur als Kontrast zur ungleich größeren Reichweite des neuen Mediums dienen kann. Hinter ihm steht ein flacher, eleganter Pavillon, dessen Kreisform die Konfiguration eines idealen Auditoriums wiederholt, und dahinter erhebt sich der eigentliche Garant der ganzen Veranstaltung, der Berliner Funkturm, dessen Höhe sehr schön den »Radius« des Radios und die diffuse Gemeinschaft der »Abwesenden« veranschaulichen kann.

Es trifft sich, daß Einstein an dieser Stelle seiner Rede dieses vage, unsichtbare Kollektiv anspricht und es auffordert, sich mit einem anderen, ähnlich schwer vorstellbaren Kollektiv in Verbindung zu setzen und genau diese Anweisung mit einer

Drohung verstärkt – hier ist offenbar der kritische Punkt der Ansprache erreicht. (Und dann kommt auch schon das Tier.)

«Gedenket dankbar des Heeres namenloser Techniker, welche die Instrumente des Radio-Verkehres so vereinfachten und der Massenproduktion anpassten, daß sie jedermann zugänglich geworden sind. [Einstein macht eine lange Pause.] Sollen sich auch alle schämen, die gedankenlos sich der Wunder der Wissenschaft und Technik bedienen und nicht mehr davon geistig erfasst haben als die Kuh von der Botanik der Pflanzen, die sie mit Wohlbehagen frisst.« [Kurzes joviales Gelächter.]

Auf den historischen Teil, der selektiv die Erfindungsgeschichte des Rundfunks nachzeichnet, folgt die Reflexion über das Medium im höheren und gesellschaftlichen Sinne.

»Denket auch daran, daß die Techniker es sind, die erst wahre Demokratie möglich machen. Denn sie erleichtern nicht nur des Menschen Tagewerk, sondern machen auch die Werke der feinsten Denker und Künstler, deren Genuß noch vor kurzem ein Privileg bevorzugter Klassen war, der Gesamtheit zugänglich und erwecken so die Völker aus schläfriger Stumpfheit. Was speziell den Rundfunk anbelangt, so hat er eine einzigartige Funktion zu erfüllen in diesem Sinne der Völkerversöhnung. Bis auf unsere Tage lernten die [Glocke, einer Straßenbahn?, einer Kirche?] Völker einander fast ausschließlich durch den verzerrenden Spiegel der eigenen Tagespresse kennen. Der Rundfunk zeigt sie einander in lebendigster Form und in der Hauptsache von der liebenswürdigen Seite. Er wird so dazu beitragen, das Gefühl gegenseitiger Fremdheit auszutilgen, das so leicht in Misstrauen und Feindseligkeit umschlägt. Betrachtet in dieser Gesinnung die Ergebnisse des Schaffens, welche diese Ausstellung den staunenden Sinnen des Besuchers darbietet.« [Applaus][2]

Der Grüßaugust

Die Frage, warum Einstein diese Ausstellung eröffnet, scheint sich von selbst zu beantworten. Einstein galt nun einmal vielen als »the greatest of our contemporaries«, wie es George Bernard Shaw im gleichen Jahr ausdrückte. Jedes Festkomitee, jede Organisation, jedes spezielle Anliegen konnte sich glücklich schätzen, ihn als Redner, Grußbotschafter, Unterzeichner zu gewinnen. »Selbst den Ersten Internationalen Kongreß für Sexualforschung sollte er eröffnen und dabei noch den Violinpart in Brahms' Streichquartett op.18 übernehmen.«[3]

Es ist nicht so, als ob sich Einstein nicht instinktiv oder bewusst gegen diese Vereinnahmung gewehrt hätte. Seine berühmteste Abwehrreaktion ist natürlich die Zunge, die er den Fotografen entgegenstreckte, die ihm an seinem 72. Geburtstag auflauerten. Einstein zierte ja nicht nur jede Feier und jeden Jahrestag; er wurde auch selbst zu gegebenem oder geschaffenem Anlaß ausgiebig gefeiert. Weniger bekannt ist dagegen eine Episode, die am Anfang seiner Karriere als öffentliche Persona stand und noch in die Zeit am Berner Patentamt gehört. 1909 erhielt Einstein von der Genfer Universität eine Einladung zur Feier des 300. Jahrestags ihrer Gründung durch den Reformator Calvin. Das aufwendig gestaltete Anschreiben landete im Papierkorb und mit ihm – ungelesen – die Ankündigung, daß die Genfer Universität Einstein aus diesem Anlaß den Ehrendoktor verleihen wollte. Als keine Rückantwort aus Bern kam, bat man einen Freund um Vermittlung. Dieser schaffte es, Einstein zur Reise nach Genf zu bewegen, ohne ihm aber den speziellen, nur ihn betreffenden Grund zu nennen. Erst am Vorabend des großen Ereignisses erfuhr Einstein, im Hotel angekommen, von der Rolle, die man ihm zugedacht hatte, und konnte nicht anders, als im Straßenanzug und Strohhut am Festzug teilzunehmen. »Das Wetter war in jenen Tagen von solch sintflutartigen Regenschauern begleitet, daß ein Journalist über den offiziellen Festzug, der sich am 8. Juli zur Kathedrale St. Pierre bewegte, berichtete: ›Le défilé était un peu trop silencieux et même funèbre.‹ (›Der Vorbeimarsch war etwas zu still und trauerzugmäßig.‹) Weit mehr als die goldgestickten Fräcke der französischen Akademie-Berühmtheiten, die mittelalterliche Talare der Engländer und die violettseidenen Zuckerhüte der Japaner dürfte Einsteins Strohhut zu seiner Auflichtung beigetragen haben.«[4] Die Genfer Universität feierte an diesem Tag mit den Worten Carl Seeligs »eine wahre Dr.-h.-c.-Orgie«, denn nicht weniger als 150 Ehrendoktoren wurden damals gekürt – für Einstein hätte jedes dieser Ereignismomente eine Warnung sein können, eine Warnung davor, was alles schiefgehen kann, daß auch Ehrungen inflationäre Dimensionen annehmen und daß eine Mischung aus Weigern und Weltfremdheit nicht hilft, vielleicht sogar als zusätzliche Attraktion des Eingeladenen empfunden wird.

Einstein fungierte, um einen Terminus dieser oft schnoddrigen Zeit zu gebrauchen, als eine Art Grüßaugust. Er selbst bezeichnete sich als »Renommierbonze und Lockvogel«[5]. Aber so individuell und unangepaßt er oft auch diese Rollen ausfüllte, er verkörperte in ihnen einen markanten »Phänotypus« der Epoche. Er gehörte zu den Weltweisen, wie sie die Zwischenkriegszeit ganz dezidiert im Kreis der Wissenschaftler und Künstler suchte, nachdem Kirche, Adel und Militär, vor allem aber die Politik als Instanzen der Sinngebung ausgedient hatten. Einstein spielte mit Romain Rolland, George Bernard Shaw, Rabindranath Tagore, Thomas Mann in einer Liga, die je nach Wirkungskreis und Aufgabe auch durch Paul Valéry, André Gide, Henri Barbusse, H. G. Wells, Martin Buber, Bertrand Russell, Tomáš Masaryk, Mahatma Gandhi aufgefüllt werden konnte. Es gäbe weitere Kandidaten, andere Listen, aber der Typus dürfte damit umrissen sein. Plastisch hat ihn vor sich, wer Albert Schweitzer und die Zeit seiner größten Wirkung noch erlebt hat – er war der letzte dieser Treuhänder des Weltgewissens.

Frieden, Völkerverständigung und ein weit gefaßtes humanistisches Ethos bildeten das gemeinsame Programm, das je nach persönlicher Orientierung durch Sonderinteressen erweitert werden konnte. Bei Einstein war es bekanntlich der Zionismus. Der Nobelpreis, den viele, nicht alle der Genannten besaßen, half natürlich enorm, aufgrund des mit ihm kommenden Renommés, aber auch weil die informelle Gemeinschaft der Preisträger für viele die Mitgliedschaft in den diversen »Internationalen« und Kampfbünden ersetzte bzw. überflüssig machte, die ihrem Habitus als freie Geister eher Zwang anlegte.

Mit der ihm eigenen diagnostischen Schärfe spricht Robert Musil davon in seiner Feuilleton-Glosse »Der Dichter am Apparat«. Er behandelt die Frage, was geschieht, wenn ein berühmter Schriftsteller sich dem »Apparat« verschreibt: das kann der Apparat der Partei sein, den er als Verstärker seiner Ideen benutzt, das können aber auch die Übertragungsapparaturen der modernen Kommunikationsmedien sein. Es geht um Henri Barbusse, Verfasser eines vielgelesenen Antikriegsromans und »Weltordnungsagitator«. »Barbusse hat also recht, wenn er sich nach einem solideren Apparat für die Wirkung des Geistes umsieht, als es die sogenannte geistige Wirkung ist, und der einzige solche, den es heute gibt, ist die politische Partei. Im gleichen Augenblick ist der Dichter Barbusse von der Wirkung ausgeschaltet.«[6] Umgekehrt äußert Musil Bedenken, ob es dem Dichter gelingen könne, dem »hemmungsreichen Apparat der politischen Partei« seine Visionen zu vermitteln. Die Betroffenen hätten vermutlich eingewandt, daß das alles nicht als eine Frage der Apparate und des Umschaltens zwischen den Rollen abgetan werden dürfe. Ihr beträchtlicher Idealismus setzt nicht zuletzt ihre Identität und damit eng zusammenhängend die Überzeugung voraus, daß erste und zweite Kompetenz einander wesentliche Impulse mitzuteilen haben. Dieser Idealismus ist Schwäche und Stärke zugleich. Die Internationale der »hommes superieurs« hatte zu Recht erkannt, daß sie über dem Kampf gegen die alte Hydra aus Nationalismus, Patriotismus, Rassismus und Militarismus einen neuen Gegner nicht unterschätzen durften – und dieser hieß Okkultismus und Spiritualismus. Dem immens großen

Bedürfnis nach Sinn und Orientierung, das sie ja erst in ihre Rolle als Wegweiser befördert hatte, mit den puren Mitteln der Aufklärung entgegenzukommen, erschien ihnen als verfehlt. Denn die meisten von ihnen waren um die Jahrhundertwende durch die »Krise des Positivismus« gegangen und hatten belehrt und geläutert ihren eigenen Weg gefunden, und sie mußten die Katastrophe des Weltkriegs erst recht als Bestätigung ihrer Ablehnung von Materialismus und purem Szientifismus empfinden.

Einstein wählt in seiner Eröffnungsrede einen für ihn nicht untypischen Weg, den Weg über eine Brücke, deren Tragfähigkeit nicht ohne weiteres festzustehen scheint. Der Idealismus des zweiten Teils (Völkerverständigung dank technischem Fortschritt) wird über die für eine Festansprache relativ detaillierte technische Vorgeschichte der Radiophonie erreicht. Diese Erinnerung und der Appell an den informierten Gebrauch des Mediums entspricht einer in der Weimarer Republik gängigen Haltung, die sich zwischen Technikenthusiasmus und Technikverteufelung zu behaupten sucht. Der Soziologe Hans Freyer definierte in demselben Jahr 1930 als die große Frage seiner Zeit, »ob eine Arbeitsordnung, ein Gesellschaftsbau, ein politisches Gefüge denkbar ist, das die lebendige Mitte für das System der Technik bildet«.[7] Einsteins Bemerkungen haben nicht diese Reichweite, aber »daß die Kultur die Technik als ihr eigenes Werk anerkennt«, diese Forderung hätte auch er unterschrieben.[8] Und apropos »eigenes Werk«: Die Erinnerung an die Entwicklungsschritte der Rundfunktechnik ist sicher eine Adresse an die »Abwesenden«, vor allem an diejenigen unter ihnen, die in den vorausgehenden Jahren auf praktische Weise die Geschichte des Rundfunks Schritt für Schritt nachvollzogen und sich ihre Empfänger selbst gebastelt hatten. Das Radio ist ja das letzte Gerät der Massenkommunikation, das viele seiner Benutzer noch selbst hergestellt haben. Dieser Umstand erklärt die aus heutiger Sicht kryptisch klingende Bemerkung Walter Benjamins über den Rundfunk: »... endlich und vor allem sind die materiellen Elemente, auf welchen seine Apparatur und die geistigen, auf welchen seine Darbietungen beruhen, im Interesse der Hörer aufs engste verbunden«.[9] Aber vielleicht ist dieses Bündnis von aktiver und passiver Aneignung genau in diesem Moment Geschichte geworden, denn im Jahr zuvor, 1929, war im Reich der »Übergang von der handwerksmäßigen Herstellung der Rundfunkgeräte zur wirklichen Serienfertigung« vollzogen.[10]

Man sollte in diesem Zusammenhang auch nicht verkennen, daß die Mischung aus Wissen und Wünschen, aus Positivismus und Idealismus und sagen wir ruhig aus Professionalismus und Dilettantismus sich analog zur erweiterten Kompetenz der weltberühmten Charismatiker verhielt. Neben ihrem angestammten Metier hatten sie zu vielen, eigentlich allen Fragen der Politik, Kultur und Lebensführung Stellung zu beziehen. Diese Selbstermächtigung nimmt immer wieder stupende Züge an. Romain Rolland, der Prosaist und Dramatiker, mit dem Einstein in Kontakt war und der seinerseits in ständigem Austausch mit Rabindranath Tagore stand, schrieb, von diesem beeindruckt, in kurzer Folge vier Bücher über Indien und seine Mythen, ohne je in Indien gewesen zu sein, ohne eine seiner Sprachen zu können, ja ohne Englisch zu verstehen, was immerhin die Sprache war, in der die Wissenschaften über Indien schrieben. »Ich glaube, der Fall ist einzigartig in der Geschichte der modernen Kultur«, notierte Mircea Eliade.[11]

Einsteins Glocken

Soweit möchte es scheinen, als sei dem »theoretischen Physiker am Apparat« die schwierige Aufgabe gelungen, einen Ausgleich zwischen seinen beiden Berühmtheiten und zwischen naturwissenschaftlichem Realismus und gesellschaftlichem Medienoptimismus herzustellen. Genauer betrachtet tun sich aber die Brüche auf, die wir erwarten dürfen, wenn ein Redner seine Zuhörer über die Brücke zwischen diesen Bereichen mit Hilfe seiner Androhung treibt. Wir müssen jetzt unser Lob über einen Festredner etwas zurücknehmen, der entgegen der Übung auch von den Sachen spricht und nicht nur Salbung spendet. Wir nehmen einmal an, daß ein anderer die Geschichte der Entdeckungen, die zum Rundfunk führten, ebensogut aus dem Lexikon hätte abschreiben können. Vielleicht sogar mit mehr Verstand, denn man fragt sich natürlich, wo in Einsteins kurzer Darstellung eigentlich Faraday bleibt, der Entdecker der Induktionsgesetze. 1905, in der Durchbruchsarbeit zur später so genannten Speziellen Relativitätstheorie, kommen sie im allerersten Abschnitt vor. Aber um solche Komplettheit und Korrektheit geht es nicht vorrangig. Wenn wir sagen, der Physiker, der Hochleistungsphysiker Einstein komme auf eine eigentümliche Weise nicht vor, dann sprechen wir einen ganz kleinen Aspekt des unendlich größeren Zusammenhangs an, den Ernst Blochs Relativitätstheorie von der Gleichzeitigkeit des Ungleichzeitigen umschreibt. Bei Günter Anders heißt das die Antiquiertheit des Menschen (vis-à-vis der von ihm entfesselten technischen Möglichkeiten). Die Antiquiertheit beginnt schon auf dem Pult mit seiner doppelten Ausstattung aus quasisakraler Verhüllung und kaltem Apparat, sie zeigt sich weiter, wenn wir das richtig sehen, in der modellhaften Gesamtanordnung, die ein Medienereignis so anschaulich wie möglich inszeniert. Sie setzt sich hinter dem Rücken des Redners in dem schönen, neuen Rundfunkturm fort, auf den die Berliner so stolz waren, weil sie in ihm endlich hatten, was andere Kapitalen längst besaßen, ein modernes Wahrzeichen. Daß es als stählernes Gebilde eine ungünstig abschirmende Wirkung besaß, nahm man um des Wahrzeichens willen in Kauf.

Und dann ist da der Äther, von dem die Gazetten am nächsten Tag berichteten, daß in ihn Einsteins Rede ausgestrahlt wurde. Einstein gehört bekanntermaßen zu den Physikern, die diese wunderbar nützliche Fiktion, die *qualitas occulta*, das Phlogiston der klassischen Physik, »überflüssig« gemacht hatten, wie er selbst sagte. Alle physikalischen Erscheinungen, auch die im scheinbar leeren Raum (Fortpflanzung des Lichts, Wirkungen elektrischer Ladungen aufeinander), als mechanische Erscheinungen zu beschreiben, dieser Wunsch war der Vater des »Gedankendings« Äther gewesen. Einstein und andere Physiker hatten gezeigt, daß es auch ohne ihn ging, aber sie hatten den Sprachgebrauch und den grundsätzlichen Wunsch, an der Materialität des Mediums festzuhalten, nicht beeinflussen können. Einstein verwendet das Wort Äther wohlgemerkt nicht, aber von Rundfunk spricht er sehr wohl, und da geht es gleich weiter. Diese Redeweise ist durchaus bildhaft, aber sie entspricht im Jahr 1930 schon längst nicht mehr dem technologischen Standard, denn die gedämpften Signale waren durch die ungedämpften ersetzt worden, was das plastische Bild vom Funk(en) falsch macht.

Der Äther hatte schon in den Zeiten, da noch alle an ihn glaubten, ein »Gespenster-Dasein« geführt; daß er es auch nach seiner »Entzauberung« weiterlebte, macht die Sache eigentlich erst interessant und weist darauf hin, was mit den Wissenschaften und ihren Anwendungen geschieht, wenn sie bzw. ihre Prinzipien mit den Worten Einsteins »immer abstrakter, erlebnisferner« werden. Was Spengler »den großen Stil des Vorstellens« nannte, die Einheit von Theorie und Anschaulichkeit, ist unwiederbringlich dahin, wird aber weiterhin »beschworen« und gebiert in ihren »Schlupf- und Wetterwinkeln« (Bloch) das Imaginäre der Technik. Wir beziehen uns noch einmal auf Robert Musil, den diese Übersetzungsfragen permanent beschäftigt hielten. »Geschwindigkeit ist eine Hexerei« überschreibt er einen seiner Texte. Das »Verhexte«, das »Böseste« besteht für ihn darin, »daß das moderne Leben voll von Geschwindigkeiten ist, für die wir keine Ausdrücke haben«.[12] In seiner Doppelfunktion als Dichter und Naturwissenschaftler dem »mot juste« und der »idée juste« verpflichtet, will Musil nicht akzeptieren, daß die Sprache den Entwicklungen der Moderne mit »hinkenden Vergleichen« hinterherstolpert. Von daher kann man auch gut seine ablehnende Haltung Oswald Spengler gegenüber nachvollziehen, der die Naturwissenschaften generös als eine »Stilfrage« abhandelte und »Vergleiche« und »Bilder«, also Metaphern, als ihre zugleich höchste und normalste Ausdrucksform begriff. Für Spengler bedeutete es auch kein Problem, daß Konzepte, Metaphern, Leitkategorien, Denkstile konkurrierten und auch dann nebeneinander weiterexistierten, nachdem sie obsolet geworden waren, denn: »Es gibt keine absolute Physik.«[13] Die Überwindung der sogenannten Klassischen Physik durch die Relativitätstheorie schien zwar ein weiteres Mal das eherne Gesetz zu erfüllen, das Francis Bacon im *Novum Organon* den exakten Wissenschaften mit auf ihren langen Weg gegeben hatte: »alle Wissenschaften und Autoren zugleich und wie mit einem Schlag und einem Angriff beseitige[n], und dies ohne Hilfe und Unterstützung von einem Alten, sondern aus eigenen Kräften.« In Wirklichkeit war ab 1905 Koexistenz, double vérité angesagt: Newtons und Einsteins Physik existieren im Alltag der Ingenieure und Kosmologen ebenso störungsfrei nebeneinander, wie sie sich in den Lehrbüchern der Physik widersprechen. Ähnliches kann man von der Heterogeneität der Zeitkonzepte und Erfahrungsweisen behaupten, die vor und nach 1900 entwickelt werden und gesellschaftliche Wirksamkeit erlangen. Die schnelle Durchsetzung der abstrakten linearen Zeit als Modernisierungsgrundlage steht in einem direkten Gegensatz zur Entdeckung der Erlebniszeit, der subjektiven Zeit. Und in diesen Zusammenhang gehört auch, daß der Forscher, der mit der Verquickung von Zeit und Raum nicht nur einen wahren, sondern auch einen absolut zeitgenössischen Zeitbegriff geschaffen hat, von einer anderen, der vielleicht ältesten Form der Zeit in Beschlag genommen wurde: von der Zeit des Rituals, des Kalenders, der ewigen Wiederkehren, der Jubiläen und Jahrestage, der Memorialzeit und Zeit des Protokolls.

Die Uhren, die Einstein so stark beschäftigt hatten, daß er sie zusammen mit den Maßstäben in die eine Kategorie und alle anderen Dinge der Welt in die andere Kategorie gesteckt hatte, diese Uhren wurden in seinem »anderen« Leben, das immer mehr zu seinem Hauptleben wurde, wieder zu dem, was sie – der Wortbedeutung nach – im Englischen immer geblieben waren: clocks, Glocken. Ein Instrument also, welches beides verkündet: die allgemeine Zeit und die festliche, die Ausnahmezeit. Peter Galison hat in seiner bekannten Abhandlung »Einstein's Clocks: The Place of Time« diese Glocken nicht einmal erwähnt. Er zeigte, daß der Einstein der Speziellen Relativitätstheorie in einem Amt und in einer (Haupt)Stadt arbeitete, die mit dem Problem der Synchronisierung entfernter Uhren aufs intensivste befasst waren. »Indem er das Problem der Simultaneität aufwarf, setzte sich Einstein mit einer mächtigen und hochgradig sichtbaren neuen Technologie auseinander, welche Simultaneität konventionalisierte, zuerst, um Zuglinien zu synchronisieren und Längengrade bestimmen zu können, und dann, um Zeitzonen fixieren zu können.«[14] Dies alles ist von Belang, weil die Spezielle Relativitätstheorie die Möglichkeit der exakten Zeitmessung nur für die Ortszeit zulässt und die Unmöglichkeit der Simultaneität entfernter Ereignisse zum Gesetz erhebt. Der Schwarm öffentlicher Normaluhren, den Galison in die Ansicht von Bern einzeichnet und der an Einsteins Diktum erinnert, daß seine Theorie so viele Uhren wie möglich erforderlich mache, dieser Schwarm, mit dem Galison belegen will, daß Einstein von synchronisierten Uhren umzingelt worden war, läßt das dunkle Massiv des Münsters unberührt. Dessen Turm sagte auf seine anders koordinierte Weise die Zeit an, hörbar auch im nahen Gebäude der Alten Post, wo Einstein amtierte. Mag sein, daß der Turm doch eine Rolle gespielt hat. »Einsteins Analyse begann mit der Frage, was unter Gleichzeitigkeit an verschiedenen Orten überhaupt zu verstehen sei. Fortan konnte man ihn dabei beobachten, wie er für Freunde und Kollegen gestikulierend auf einen der Berner Glockentürme zeigte und dann auf den der benachbarten kleinen Ortschaft Muri. Michele Besso war der erste und Josef Sauter der zweite, denen er so verdeutlichte, daß schon die Synchronisation von räumlich getrennten Uhren ein Problem darstellt, das bei rechtem Verständnis zu tiefgreifenden Veränderungen des Zeitbegriffs führen muß.«[15] Wenn es aber stimmt, daß Einstein in seinem Büro keine Uhr hatte, weil er sich keine leisten konnte, dann folgte er eben den Glocken des Münsters. Ihrem Stundenschlag. Auf das »andere« Geläute gab er sicher wenig. Es sollte ihn einholen.

Das Fest als Zeitraum der Simultaneität

Nun war die ritualisierte Zeit genausowenig unverändert durch den großen Transformator des 19. Jahrhunderts gekommen wie Newtons absolute Zeit. Ihre immanenten Strukturen mochten sich nicht grundstürzend verändert haben. Eine Inaugurationszeremonie mit ausgesuchten Gästen und einem oder mehreren Festrednern, das hatte es schon in der Antike gegeben. Anders geworden war spätestens seit der Französischen Revolution der Anspruch der Massen auf Teilhabe auch an Akten der repräsentativen Öffentlichkeit, ein Anspruch, der in unserem Fall durch die Radioübertragung befriedigt wurde. Anders geworden war auch das Recht der Teilnehmer auf ihre eigene Sicht von Vorgängen, die durch starke Formalisierung ja eigentlich auf kollektiv konsistenten Nachvollzug angelegt waren. Hier geht im 19. Jahrhundert eine Schere auf. Zwischen dem Vorgang »an sich« und den einzelnen »Bezugssystemen«, um es wie Einstein zu sagen. Von diesem Hiat wissen wir aus der eigenen Wahrnehmung als Teilnehmer, diesen Hiat stellen wir aber auch in uns selbst mit Hilfe der Medien her. Nichts hat die Produktion von Simultaneität und devianter Wahrnehmung stärker angetrieben als der Realismus der Augenzeugenschaft, als dessen scheinbar neutrale Agenten sich die Massenmedien etablierten. Und bezeichnenderweise stellt sich das Thema der Simultaneität dem Realismus dieser Epoche zuerst im Kontext des scheinbar sicheren Zeitrahmens des Festes. Ich denke hier an Flauberts Erfindung der »Parallelmontage« anläßlich seiner Schilderung der »Jahresversammlung der Landwirte« von Yonville, die man im 8. Kapitel der »Madame Bovary« (1857) liest. Der Kontext ist das Fest, welches der kleinstädtischen und ländlichen Bevölkerung der Region durch das paternalistische Regime des Dritten Napoleon ausgerichtet wurde. In der Darstellung Flauberts zerfällt der Anlaß in zwei Phasen und zwei Schauplätze: erst das Bild der Menge, das sich aus einer Fülle verbalisierter Wahrnehmungen der Teilnehmer zusammensetzt, ein Mosaik der Eindrücke, Laute, Kakophonien, wie das Stimmen eines Orchesters. Die Hauptpersonen, Emma Bovary und Rudolf Boulanger, ziehen sich zurück hinter die Bühne, in den ersten Stock des Rathauses, vor dem der Festakt ab diesem Zeitpunkt seinen ebenso geregelten wie von »Umständen« abgelenkten Verlauf nimmt. Im Inneren geht es um das Innere, um die Annäherung von Mann und Frau, außen geht es um Äußerlichkeiten, vor allem um die Dekoration verdienter Landwirte und ihres Gesindes.

»Rudolf sprach nicht mehr. Sie sahen sich an. Ihre trockenen Lippen zitterten vor äußerstem Verlangen und ganz von selbst verschlangen sich ihre Finger.

›Catherine Nicaise Elisabeth Leroux aus Sassetot-la-Guerrière, für vierundfünfzigjährige Dienstzeit auf demselben Hofe, eine silberne Medaille – im Werte von fünfundzwanzig Franken!‹

›Wo ist sie, Catherine Leroux?‹, wiederholte der Rat. Sie kam nicht, und man hörte flüsternde Stimmen:

›Geh doch!‹

›Nein.‹

›Nach links!‹

›Du brauchst doch keine Angst zu haben!‹

›Ach, ist die dumm!‹«

Das Fest ist sicher der dankbarste und deswegen sooft ausgenutzte Vorwurf, weil das Programm das freie Extemporieren des Lebens nur als komischen Effekt zuläßt. Was in den Spalt hineingeht, ist zunächst die Wahrnehmung der Kontraste, der Fallhöhe zwischen feierlichem Akt und Landtrampel, der Gegensätze zwischen den schwer koordinierbaren Zugriffsweisen des Eros und der Politik auf den Menschen. Aber diese »Füllungen« bedeuten nichts anderes als Dilation der Zeit, sie erweitern und bereichern den Moment zum »spacious moment«, der den Einsteins der Psychophysik um 1900 so viele Überlegungen und experimentelle Anstrengungen wert war.

Winfried Kretschmer beschreibt die feierliche Eröffnung der New Yorker Weltausstellung von 1939 und Einsteins Mitwirkung folgendermaßen: »Die Hauptrolle bei dieser Feier hatten die Veranstalter Albert Einstein zugedacht. Zunächst sollte der berühmte Physiker in einem kurzen Vortrag die kosmische Strahlung erläutern und dann den Mechanismus zum Anschalten der Beleuchtung des Weltausstellungsgeländes in Gang setzen. Dieser war noch ein wenig komplizierter als in Chicago sechs Jahre zuvor; dieses Mal sollte nämlich die kosmische Strahlung in einem spektakulären Countdown den entscheidenden Impuls zum Start der Beleuchtungsanlage geben. So war es geplant, doch eine Kombination aus menschlichem und technischem Versagen ließ die Show zum Flop werden. ›Science must enter into the consciousness of the people‹, mit diesen Worten begann Einstein seine Ansprache, und das war unglücklicherweise auch das einzige, was die meisten Zuhörer von seinen Ausführungen mitbekamen. Einsteins breiter deutscher Akzent in Verbindung mit der hallenden Lautsprecheranlage machte die Rede für die meisten Zuhörer unverständlich. Schlimmer wog, daß auch die Technik versagte. Wegen eines Fehlers in der elektrischen Anlage verpuffte die kosmische Strahlung wirkungslos, jedenfalls blieben die wartende Menge wie der unverstandene Einstein im Dunkeln stehen. Die große Illumination fiel aus. Grundsätzliche Zweifel an der Zuverlässigkeit technischer Systeme ließ dieses Mißgeschick indes nicht aufkommen. Als ein riesiges Feuerwerk über der großen Lagune im Herzen des Vergnügungsviertels in den Himmel stieg, war der Zwischenfall fast schon vergessen.«[16] Die hohen Erwartungen, die jedes Ritual begleiten, können leicht in Hybris umschlagen. Und Hybris ist gewiß kein zu starkes Wort, um die Weltausstellung von 1939 zu beurteilen, die am Rande des Abgrunds ungerührt die Weise von der Lösung aller Probleme durch technischen Fortschritt intonierte. Im Falle der Eröffnung ging es wie in so vielen Ritualen seit grauer Vorzeit darum, die Sanktion für das irdische Anliegen aus höchster Höhe zu holen. Kosmische Strahlen sollten, gebündelt und verstärkt, das »Es werde Licht!« auf Erden bewirken – mit Albert Einstein am Schalter.

»Nebeneindrücke sind wieder einmal das Bestimmende.« (Musil)

Der Realismus der Umstände, den das 19. Jahrhundert begründete und den das 20. durch die neuen Medien prolongierte, erzeugt ein Verhältnis zwischen »Haupt« und »Neben«, zwischen den diversen Spuren und Bezugssystemen, zwischen Plan und Beiläufigkeit, für das der in Mode gekommene Begriff der Kontingenz im Sinne von: »unvorhersehbar, aber nicht beliebig« zu schwach erscheint. Einstein sagt: »Science must enter into the consciousness of the people«, und der Saft bleibt weg, um eines dieser antiquierten Bilder zu gebrauchen, Einstein hält eine Rede, die gleichzeitig von vielen Abwesenden im Radio mitgehört wird, die auch den böigen Wind hören und die kreisenden Straßenbahnen, und die Anwesenden sehen vielleicht im Funkturm hinter dem Redner den Aufzug hinauf- und hinunterfahren, und all das hat natürlich mit Gleichzeitigkeit, mit zueinander in Bewegung befindlichen Bezugssystemen und Einsteinschen Erklärungsversuchen des Kontraintuitiven zu tun – solche Umstände sind vielleicht nicht das »Bestimmende«, aber reimen tun sie sich schon, Zusammenklang will Zusammenhang werden. Schon Flaubert wußte von den Möglichkeiten der Parallelschaltung. Wer nicht sehr aufmerksam gelesen hat, der wird die Festszene der »Madame Bovary« als den unvermittelten Zusammenschnitt von Intensität und Oberflächlichkeit, von Authentizität und Verlogenheit empfinden. Richtiger wäre es jedoch, würde man Rudolfs Charakter in den Vorgängen außen gespiegelt sehen.

Vladimir Nabokov hat auf eine unnachahmliche Weise das sich kommentierende Verhältnis der beiden Zeitreihen in »Ada oder Das Verlangen« zum Thema einer Engführung gemacht. Professor Ivan (gen. Van) Veens großes Thema ist die »Textur der Zeit«. Die älteren Zeittheorien können seinen Ansprüchen nicht genügen, auch die Relativitätstheorie nicht. (»Meine Einstellung ... ist nicht wohlwollend.«) Seine Annäherung ist wesentlich sinnlicher Art und ganz auf die Gegenwart als die einzig wahre Form der Zeit gerichtet – bei »Textur« können wir nicht umhin, daran zu denken, wie Einsteins Mikrophon in eine textile Dekoration eingebaut ist. »Ich möchte das Wesen der Zeit untersuchen, nicht ihr Vergehen, denn ich glaube nicht, daß sich ihr Wesen auf ihr Vergehen reduzieren lässt. Ich möchte die ›Zeit‹ liebkosen. ... Ich erfreue mich sinnlich an Zeit, ihrem Stoff und ihrer Ausdehnung, ihrem Faltenwurf, an der Unfühlbarkeit ihrer graufarbenen Gaze, an der Kühle ihres Kontinuums.«[17]

Auch Nabokov kann nicht umhin, an einem feierlichen Anlaß Van Veens anspruchsvolle Zeittheorie auf die Probe zu stellen. In diesem Fall handelt es sich um die drei Abschiedsvorlesungen, die der Professor über Bergsons »La Durée« an einer großen Universität hält. Natürlich muß es »La Durée« sein, denn nur von Bergson kann sich der Apologet der totalen Gegenwärtigkeit theoretische Unterstützung erhoffen. Bergson ist der ideale Anti-Einstein, ganz gleich, was der Philosoph selbst dazu meinte und was ihn dazu bewog, in »Durée et simultanéité: A propos de la théorie d'Einstein« (1922) die Unterschiede zu glätten. Bergson hatte die reine Zeitlichkeit denken und sie von jeder Vermischung mit dem Raum, mit den Maßen und vor allem der Uhr befreien wollen. »La Durée«, das ist eine »qualitative Mannigfaltigkeit ohne Verwandtschaft mit der Zahl, eine organische Entwicklung, die dennoch keine wachsende Quantität ergibt, eine pure Heterogeneität, in der keine distinkten Qualitäten existieren«.[18] Bergson war so sehr an der Reinhaltung der Durée interessiert, daß er auch die Simultaneität ablehnen mußte, was ihn auf eine vertrackte Weise Einstein wieder nahebrachte und im Grunde seine ungezählten Nacheiferer in den Künsten in tiefste Verzweiflung hätte stürzen müssen. Noch mehr als diese muß aber Professor Van Veen an Bergson scheitern, wenn er das Thema »La Durée« ausgerechnet aus der Perspektive von »le temps« und den drei Zeitstufen »Vergangenheit, Gegenwart und Zukunft« entwikkeln will – so die Titel der drei Vorlesungen. Das Scheitern beginnt damit, daß Van Veen sich an die Intervalle zwischen den drei Terminen und an die Vorlesungen als Formen der Dauer nicht erinnert – es geht um den Abstand von Monaten. »Aber ich sehe mit vollkommener Klarheit die Umstände vor mir, die die Vorlesungen selber begleiteten.« Die Umstände, nicht die Vorlesungen selber. Ohne daß der Autor oder der Ich-Erzähler diese Begleiterscheinungen, also gewissermaßen das Knattern der im Wind wehenden Fahnen und der vorüberklingelnden Straßenbahnen, kommentieren muß, begreifen wir sofort, daß das Begleitende das Begleitete, sprich: die Theorie des Philosophen überflüssig macht. Sinnfälliger kann das im Kontrast von Thema und Ansatz angelegte Scheitern gar nicht gemacht werden.

»Zu der ersten [Vorlesung] (die von der Vergangenheit handelte) kam ich ein bißchen zu spät und merkte mit einem nicht unangenehmen Erschauern, als ob ich bei meiner eigenen Beerdigung ankäme, die hell erleuchteten Fenster des Counterstein-Auditoriums und die kleine Gestalt eines japanischen Studenten, der, da auch er zu spät kam, mich mit wilder Hast überholte und im Eingang verschwand, längst bevor ich dessen halbrunde Stufen erreicht hatte.« Selbst wenn wir nicht überlesen haben, daß die Vorlesungen im Counterstein-Auditorium stattfinden, erkennen wir hinter dieser Geschichte doch Einstein, und zwar Einstein den phantasievollen Arrangeur von fiktiven Versuchsanordnungen, mit deren Hilfe er immer wieder versucht hat, seine Theorien anschaulich werden zu lassen. Wie so oft bei Einstein sind es zwei Versuchspersonen, die dasselbe auf verschiedenem Weg und mit verschiedener Geschwindigkeit zu erreichen versuchen. Ich halte es für eine der glücklichsten Fügungen, daß Nabokov den Zweiten zum Antipoden macht, der es schafft, zu früh zu spät zu kommen, während die Hauptperson zu spät zum »Zu spät« kommt, also die »Vergangenheit« beinahe versäumt. »Bei der zweiten Vorlesung – über die Gegenwart – füllten während der fünf Sekunden Schweigen und ›innere Aufmerksamkeit‹, die ich vom Publikum forderte, die ich … in bezug auf die richtige Wahrnehmung der Zeit gerade aufstellen wollte, die herkulischen Schnarcher eines weißbärtigen Schläfers das Haus, das natürlich in Gelächter ausbrach …« Die dritte Vorlesung über die Zukunft muß dann aus technischen und persönlichen Gründen (mangelnde Vorbereitung) nach kurzem abgebrochen werden. »Ich führe diese albernen, jedoch hervorragenden Details auf, um zu zeigen, daß die Ereignisse, die man für den Test auswählt, nicht nur grell und gestaffelt (drei Vorlesungen in drei Wochen), sondern durch ihr Hauptmerkmal (die Mißgeschikke eines Dozenten) miteinander verwandt sein sollten.«[19] Diese Verwandtschaftsbeziehung ist entschieden zu kurz angesetzt.

Es darf im übrigen nicht unterschlagen werden, daß Van Veen seinen großen Monolog über die Zeit, seine Theorien über dieselbe und seine Erlebnisse in ihr während einer langen und rasenden Autofahrt hält – also in einem bewegten Bezugssystem. Zum Schluß heißt es: »Und nun fahre ich in Mont Roux ein, unter herzzerreißenden Willkommensgirlanden. Heute ist Montag, der 14. Juli 1922, nachmittags, dreizehn Minuten nach fünf auf meiner Armbanduhr, acht Minuten vor zwölf auf meiner Auto-Uhr, zehn nach vier auf allen Zeitmessern der Stadt.«[20]

Versenkung der ersten sogenannten Zeitkapsel unter dem Pavillon des Westinghouse-Konzerns, 23. September 1939

»Liebe Nachwelt!«

Einstein erhielt auf der Weltausstellung von 1939 noch eine zweite Chance, seine Botschaft loszuwerden. Eine Chance, über deren Gelingen nicht sofort, ja bis heute noch nicht entschieden wurde. Am 23. September 1939, um 12 Uhr, zum exakten Zeitpunkt des Herbstäquinoktiums wurde unter dem Pavillon des Westinghouse-Konzerns die erste sogenannte Zeitkapsel versenkt, die nach dem Willen der Organisatoren am 23. September 6939 wieder geöffnet werden sollte. A. W. Robertson, der Chairman der Firma, sagte aus diesem Anlaß: »Die Spanne von fünftausend Jahren wurde als der Zeitraum gewählt, in dem die Kapsel unbehelligt und ungeöffnet bleiben sollte, weil wir unser Denken genauso viele Jahre in die Zukunft richten wollen, wie wir historische Dokumente über den Menschen haben. Vor 5000 Jahren begann ungefähr die in Aufzeichnungen verbürgte Geschichte. So stehen wir hier am Tag des Herbstäquinoktiums, an dem Zeitpunkt, da die Sonne den Äquator im September des Jahres 1939 überschreitet, und schauen einen kurzen Moment fünftausend Jahre zurück, bevor wir unseren Blick in die Zukunft richten. Vor fünftausend Jahren überschritt die Sonne den Äquator ungefähr zur selben Zeit. In fünftausend Jahren wird sich dieser Vorgang aller Voraussicht zum selben Moment ereignen. Himmel und Erde werden sich in zehntausend Jahren wenig geändert haben. Unsere Vorväter erhoben ihren Blick zu demselben Himmel, den unsere weit entfernten Nachkommen sehen werden. Aber dies wird das einzige sein, das gleichbleiben wird. Alles andere wird sich geändert haben.« Der Chairman erinnerte seine Zuhörer daran, daß sich von den Kulturen der Vergangenheit nur »tiny fragments« erhalten hätten. Ein gleiches Schicksal prophezeit er den Hinterlassenschaften seiner Gegenwart. »Unsere Zivilisation könnte denselben Weg in fünftausend Jahren gehen.« »Die jetzige Zivilisation hat eine Verpflichtung sich selbst gegenüber, ihren Beitrag zur Zukunft zu verewigen. Wir sollten nicht mehr dem bloßen Zufall unsere Überlieferungen anvertrauen, sondern mit Voraussicht und nach bestem Wissen in der Erde die unvergänglichen Zeugnisse unserer Zeit begraben.«[21] 304 Objekte und ein Wochenschaufilm wurden in einem torpedoförmigen Geschoß aus Spezialmaterial verpackt und versenkt. Neben »unvergänglichen Zeugnissen« wie »22. Woman's hat, style of autumn 1938 (designed specially by Lilly Dache), 23. Cosmetic make-up kit (Elizabeth Arden Daytime-Cyclamen Color Harmony Box, including two miniature boxes of face-powder, lipstick, rouge, eye-shadow) 24. Rhinestone clip (purchased at Woolworth's)« lag auch eine Botschaft von Albert Einstein:

> »In unserer Zeit gibt es viele erfindungsreiche Köpfe, deren Erfindungen unser Leben in hohem Maße erleichtern könnten. Wir durchqueren die Meere mit Maschinenkraft und benutzen die letztere auch, um die Menschen von aller anstrengenden Muskelkraft zu befreien. Wir haben fliegen gelernt und senden uns bequem alle Nachrichten über die ganze Erde durch elektronische Wellen.
> Aber die Produktion und Verteilung der Güter ist völlig unorganisiert, sodaß jeder in der Angst leben muss, aus dem Kreislauf der Wirtschaft ausgeschaltet zu werden und an allem Mangel zu leiden. Außerdem töten einander die Menschen, die in verschiedenen Ländern wohnen, in unregelmäßigen Zeitabschnitten, sodaß auch aus diesem Grunde alle in Furcht und Schrecken leben, welche sich irgendwie über die Zukunft Gedanken machen. Alles hängt damit zusammen, daß die Intelligenz und Charakterbildung der Massen unvergleichlich tiefer steht als die entsprechenden Eigenschaften der wenigen, die für die Gesamtheit Wertvolles hervorbringen.
> Hoffentlich liest das spätere Geschlecht diese Konstatierungen mit dem Gefühl stolzer und berechtigter Überlegenheit.
> A. Einstein«[22]

Die Versuchung ist groß, diesen »schwersten Brief aller Zeiten« zumindest auf dem Papier aufzumachen und ein Wort nachzuschicken über diese neue Mitte der Zeiten, über das

Vertrauen der – nach eigener Sicht – avanciertesten Kultur in sehr alte Mitteilungsformen und Materialien und in die Leitwissenschaft der Archäologie: »Archeologist reverses job: buries relics of today« – lautete damals eine Schlagzeile. Sagen wir nur noch: In seinem »Packzettel« zur Kapsel bleibt Einstein beim Thema seiner Berliner Ansprache. Die Sorge um die richtige Aneignung der naturwissenschaftlich-technischen Revolutionen hat allerdings nicht mehr nur die Apperzeptionsverweigerung zum Gegenstand, welche kuhartigen Genuß ohne Kenntnis will, Einstein spricht hier auch Fragen der Distribution und des Zugangs an, eröffnet also die politische Dimension des Themas. Das an sich »Wertvolle« aller dieser Techniken steht aber (noch) unbezweifelt fest und ebenso die überragende Wirkung, die den Schöpfern dieser Werte zukommen müsste. Die frommen Wünsche, mit denen der Autor schließt, sind von einer zunehmenden Ungeduld und Enttäuschung unterlegt, die wohl schon die »Führer«-Frage anders beantwortet weiß. Für einen amerikanischen Verleger, der an sein Landhaus einen Bibliotheksflügel anbaute und im Grundstein eine Botschaft Einsteins an die Zukunft versenken wollte, schrieb Einstein – auf Lumpenpapier: »Liebe Nachwelt! Wenn Ihr nicht gerechter, friedlicher und überhaupt vernünftiger sein werdet, als wir sind, bzw. gewesen sind, so soll euch der Teufel holen. Diesen frommen Wunsch mit aller Hochachtung geäussert habend bin ich Euer (ehemaliger) gez. Albert Einstein.«[23]

Die Frage, wie Einsteins Botschaft die »liebe Nachwelt« erreichen mochte, wurde von Westinghouse übrigens so gelöst, daß 1000 Exemplare eines auf Spezialpapier gedruckten »Book of the Record of the Time Capsule« an Bibliotheken in aller Welt verteilt wurden. In Deutschland waren neben der Preussischen Staatsbibliothek die Universitätsbibliotheken von Heidelberg, Freiburg i. Br., Berlin und Leipzig und von »Vienna, Oostmark, Germany (sic!)« die Empfänger. Nachforschungen haben nur noch eins dieser sechs Bücher nachweisen können, in Freiburg i. Br., was mit den von Einstein beschriebenen

Verhältnissen und ihrer Verschärfung nach 1939 zu tun haben könnte. Zur Sicherheit sei deswegen abschließend mitgeteilt: Einsteins »verkapselte« Botschaft findet man in fünfzig Fuß Tiefe unter der Position 40° 44' 34".089 Nördliche Breite, 73° 50' 43".842 Westliche Länge.

Harry Walter

Einstein als Marionette

> Daher wird man aus den Reden eines Menschen zwar abnehmen können, *für was er will gehalten sein*, aber das, *was er wirklich ist*, muß man aus dem mimischen Vortrag seiner Worte und aus seinen Gebärden, also aus Bewegungen, *die er nicht will*, zu erraten suchen.
>
> *Friedrich Schiller*, Über Anmut und Würde

Ein vergleichsweise wenig bekanntes Foto zeigt den berühmten Physiker mit einer Marionette in der Hand. Es ist kurz nach seiner Übersiedlung in die USA aufgenommen worden, also etwa 1933. Mit dem rechten Arm hält Einstein die ihm vermutlich als Geschenk überreichte Kunstfigur in die Höhe und schaut dabei belustigt in die Kamera. Seine Haltung hat auf den ersten Blick etwas Linkisches. Die etwa 50 Zentimeter große Marionette trägt eine Art Kleidchen, aus dem zerbeulte Hosenbeine herausfallen. Ihr linker Arm ist so angewinkelt, daß die Hand über der Herzgrube liegt, als wolle sie damit ihre Existenz bekräftigen und sich auf eine wenn auch spiegelverkehrte Weise zu Amerika bekennen. Daß diese Marionette Einstein selbst darstellen soll, erkennt man unschwer an der charakteristischen Haartracht, der breiten Stirn und dem Schnauzbart.

Der 1955 gestorbene Physiker, dessen einst revolutionäre Theorien längst in die Lehrbücher eingegangen sind, hat sich im Lauf des vergangenen Jahrhunderts zum absoluten *Super-Icon* entwickelt. Seine Physiognomie ist so allgegenwärtig wie die von Mickey Mouse, Hitler oder Che Guevara. Im Internet finden sich unter seinem Namen T-Shirts, Poster, Miniaturfiguren aus Kunststoff, ja selbst eine Badekappe mit plastisch ausgeformten Hirnwindungen als Freibadschocker. Und auf der Windows-Oberfläche vertritt er – als eine der Optionen neben der mit Augen bestückten Büroklammer – die Rolle des »Office-Assistenten«. Seine programmgesteuerte Comicversion stolpert unter der Bezeichnung »Der Professor« schusselig auf den Bildschirm, verschüttet dabei die Kaffeetasse und kratzt sich nachdenklich am Kopf, über dem ab und an eine Glühbirne erscheint; oder er zaubert sich mit einigem Abrakadabra eine leuchtende Glühbirne aus der Jackentasche – und zeigt sich uns als das verschlampte Genie in der Rolle des Spaßvogels – fast man möchte sagen: *so wie wir ihn alle kennen*.

Einstein um 1933

Eigentümlich an dem Marionetten-Foto ist, wie sehr sich hier »Original« und »Modell«, über die physiognomische Ähnlichkeit hinaus, in ihrer Wirkung gegenseitig verstärken. Etwas an Einstein scheint mit der Marionette zu harmonieren; oder umgekehrt: etwas an der Marionette scheint tatsächlich Einsteins Wesen auszudrücken. Einstein als Marionette? Als Marionettenspieler seiner selbst? Wie kann etwas so Fremdgesteuertes wie eine Marionette mit dem personifizierten Inbegriff des Originären in Verbindung gebracht werden? Wie könnte gerade einem Originalgenie etwas Marionettenhaftes zukommen? – Doch Einstein wäre nicht Einstein, wenn er uns nicht immer wieder vor solche Rätsel stellte.

Schon zu seinen Lebzeiten war Einstein zum Star und damit zum Spielball der Medien geworden. Niemand hatte sich darüber mehr gewundert als Einstein selbst. Er nannte es eine »Ironie des Schicksals«, dass gerade er, der jedem Personenkult abhold war und Wissenschaft als etwas ganz und gar Überpersönliches verstanden wissen wollte, zum Objekt öffentlicher Verehrung wurde – zumal sich der eigentliche Gehalt seiner wissenschaftlichen Leistung trotz zahlreicher Popularisierungsversuche der breiten Mehrheit entziehen musste. Womit Einstein offenbar nicht rechnete, war die Anziehungskraft dessen, was die gewöhnliche Anschauung gerade sprengt. Gekrümmte Räume, die Abschaffung absoluter Gleichzeitigkeit, die Gleichsetzung von Masse und Energie, die Konstanz der Lichtgeschwindigkeit, das alles konnte vom damals noch fortschritts- und wissenschaftsgläubigen Laien wie eine Botschaft aus der Zukunft aufgesogen werden. Daß da am Berliner Kaiser-Wilhelm-Institut jemand sitzt, der das Rätsel des Universums gelöst hat, das mochte ungefähr die Nachricht gewesen sein, die man sich selbst noch in den Wirtshäusern weitererzählen konnte. Man mußte es nicht verstehen, um sich daran zu ergötzen. Berühmt wird man nach anderen Gesetzen als denen, die von den Naturwissenschaften untersucht werden.

Die Blitzlichtgewitter, denen Einstein bei seiner Ankunft in Amerika ausgesetzt war; die zahlreichen Verehrer und Verehrerinnen, die in ihrer Erregung beinahe ohnmächtig wurden, wenn sie das Jahrhundertgenie zu Gesicht bekamen; die Autogramm- und Anekdotenjäger, die ihn auf Empfängen umschwirrten, all dieses Kulthafte mußte Einstein aufgrund seines Naturells so unverständlich und fremd bleiben wie den meisten seiner Fans die mit seinem Namen verbundenen Theorien. Es ist anzunehmen, daß sich Einstein in solchen an Massenhysterie grenzenden Situationen am liebsten hätte doubeln lassen. Wäre Einstein Bauchredner gewesen, dann hätte er bei den zahllosen Interviews, die er zu geben hatte, mit großer Wahrscheinlichkeit irgendwann eine Marionette eingesetzt, schon um auszudrücken, daß man ihn längst zu einer solchen gemacht hatte. Da er jedoch weder Marionettenspieler noch Bauchredner war, mußte er, um von dem Ansturm der immer gleichen Fragen nicht an die Wand gedrückt zu werden, auf irgendeine Weise lernen, sich selber zu spielen. Dabei half ihm sein zwischen geistreich und derb pendelnder Humor. Doch auch der bestentwickelte Humor hat seine natürliche Grenze dort, wo die Unverschämtheiten in Form persönlicher Übergriffe überhand nehmen. Dann konnte der als gutmütig eingestufte Einstein ziemlich giftig werden und sich mit wenigen scharfen Worten vom guten Ton verabschieden.

Dem allseits anerkannten Genie wurde natürlich mehr Spielraum zugestanden als den Normalsterblichen, die ja nicht nur zu ihm aufschauen, sondern, wenn möglich, in seine Aura eintauchen wollten. Und hierfür braucht es keine speziellen Inhalte. Einstein durfte, so berichtet es eine Anekdote, anstelle eines Vortrags über die Relativitätstheorie, dessen Manuskript er zu Hause vergessen hatte, auch einfach mal ersatzweise zur (zufällig mitgebrachten?) Geige greifen und dabei die Behauptung aufstellen, das sei im Grunde dasselbe. Das Publikum war zufrieden. Dabei soll er in der Euphorie des Geigenspiels, wie mehrere mit ihm befreundete Musiker berichten, seinen Bogen zumeist wie eine Säge über die Saiten geführt haben, ohne es selbst als etwas Negatives zu empfinden.

In künstlerischen Dingen war Einstein offenbar ganz im Stadium kindlicher Unschuld befangen. Und nicht nur dort. Seine gesamte wissenschaftliche und außerwissenschaftliche Existenz verrät eine gewisse Lust am Steckenbleibenwollen im Kindlichen, oder, wenn man will, den Unwillen, erwachsen zu werden. Einstein selbst hat das Geheimnis seines »Genies« auch eher defizitär, nämlich als Produkt seiner »Langsamkeit« erklärt. Seinem Briefpartner, dem Nobelpreisträger James Franck, beschreibt er es so: »Wenn ich mich frage, woher es kommt, dass gerade ich die Relativitätstheorie gefunden habe, so scheint es an folgendem Umstand zu liegen: Der Erwachsene denkt nicht über Raum-Zeit-Probleme nach. Alles, was darüber nachzudenken ist, hat er nach seiner Meinung bereits in seiner frühen Kindheit getan. Ich dagegen habe mich so langsam entwickelt, dass ich erst anfing, mich über Raum und Zeit zu wundern, als ich bereits erwachsen war. Naturgemäß bin ich dann tiefer in die Problematik eingedrungen als ein gewöhnliches Kind.«[1] Diese Selbstdeutung enthält den Hinweis, daß wissenschaftliche Genialität, falls man diesen Begriff überhaupt verwenden will, sehr viel mit einer zeitlichen Verschiebung des kindlichen Fragehorizontes in die bereits entfaltete Antwortkompetenz des Erwachsenen zu tun hat; und viel weniger oder gar nichts mit einem besonders stark entwikkelten Hirnmuskel, worauf Einstein selbst auch immer wieder hingewiesen hat. So gesehen, wäre Einstein ein Spätentwickler gewesen, der es verstanden hat, seine langsamer gehende innere Uhr und die dadurch bedingte Dehnung der Eigenzeit zur Erweiterung und Vertiefung des kognitiven Raums zu nutzen. Oder anders gesagt: Einstein konnte ein authentisches Stück seiner Kindheit ins Erwachsenenalter hinüberretten, ohne dabei nachhaltig zu regredieren. Und genau das drückt sich noch heute in ihm aus und macht ihn uns, in welcher Verballhornung auch immer, so *sympathisch*.

Selbst noch das eingangs erwähnte interaktive Programm, von dem der virtuelle »Professor« mit dem kugelrunden Bauch, der wilden Mähne und dem ausladenden Schnauzer über den Bildschirm gesteuert wird, schreibt fort, was den »Mythos Einstein« ausmacht: das Geniale nicht als monumentales Übermenschentum, als autokratische Unerreichbarkeit, sondern als Option auf eine ungebrochene Fortsetzung von Kindheit. Als verkörpere sich in Einstein das, was wir alle sein könnten, wenn wir uns nur nicht hätten einreden lassen, schneller erwachsen werden zu wollen als die anderen; und als sei gerade das Linkische an seinen Bewegungen der Beweis, noch nicht dort angekommen zu sein, wo die Gesellschaft ihre motorischen Imperative bereithält. Unter den gegenwärtigen Vorzeichen einer sich auf Langzeitadoleszenz und anhaltende Lernfähigkeit umstellenden Gesellschaft wird man auf Einsteins Verzögerungsmodell vielleicht produktiver Bezug nehmen können als auf seine angeblich exorbitante Hirnleistung, wie es in den ersten, kybernetisch orientierten Nachkriegsjahrzehnten der Fall war.[2]

Daß Genialität nichts anderes sei als eine – in intellektueller Hinsicht – »das ganze Leben perennierende« Kindheit, hatte schon Schopenhauer behauptet. Wenn er im Geniekapitel von

»Die Welt als Wille und Vorstellung« schreibt: »Wirklich ist jedes Kind gewissermaßen ein Genie, und jedes Genie gewissermaßen ein Kind«[3], so bezieht er sich dabei auf die Erkenntnis, daß die Entwicklung des Gehirns der des übrigen Körpers vorauseilt und jedes Kind somit eine die unmittelbaren Bedürfnisse weit übersteigende Geistestätigkeit aufweise. In diesem »Überschuss der Erkenntniskräfte über die Bedürfnisse des Willens und im daraus entspringenden Vorwalten der bloß erkennenden Tätigkeit«[4] liege die Ähnlichkeit von Genialität und Kindlichkeit. Während sich beim »normalen« Menschen diese ursprüngliche Genialität mit dem Eintreten der Pubertät wieder verliere, weil der Wille in Form des Geschlechtstriebs die Erkenntniskräfte für seine Zwecke zu usurpieren beginne, sei das Genie eben dadurch ausgezeichnet, daß bei ihm weiterhin, wenn auch aus unerfindlichen Gründen, die luxurierenden Geisteskräfte die Oberhand behalten und nun zur vollen Entfaltung gelangen. Nur der vom »Dienst am Willen«, das heißt von allem bloß Subjektiven emanzipierte Intellekt des Genies könne zur »objektiven Anschauung« der Ideen gelangen. »Sein Kopf gehört daher nicht ihm, sondern der Welt an, zu deren Erleuchtung in irgendeinem Sinn er beitragen wird.«[5] Dem Genie allein obliegt es, zur Welt ein doppeltes Verhältnis einzunehmen: nämlich gleichzeitig drinnen und draußen zu sein.

»Der Intellekt des Normalmenschen, streng an den Dienst seines Willens gebunden, mithin eigentlich bloß mit der Aufnahme der Motive beschäftigt, lässt sich ansehn als der Komplex von Drahtfäden, womit jede dieser Puppen auf dem Welttheater in Bewegung gesetzt wird. Hieraus entspringt der trockene, gesetzte Ernst der meisten Leute, der nur noch von dem der Thiere übertroffen wird, als welche niemals lachen. Dagegen könnte man das Genie, mit seinem entfesselten Intellekt, einem unter den großen Drahtpuppen des berühmten Mailändischen Puppentheaters mitspielenden, lebendigen Menschen vergleichen, der unter ihnen der einzige wäre, welcher Alles wahrnähme und daher gern sich von der Bühne auf eine Weile losmachte, um aus den Logen das Schauspiel zu genießen; – das ist die geniale Besonnenheit.«[6]

Auch ohne Schopenhauers Apologie des Genies bis in ihre metaphysischen Prämissen zu folgen, leuchtet doch unmittelbar ein, daß das Geniale (in uns?) etwas damit zu tun haben muß, zu sich selbst in ein »verrücktes« Verhältnis treten zu können. Eine Drahtpuppe zu *sein* und sich als eine solche *wahrzunehmen*, ist zweierlei. Der Unterschied hat nicht nur mit Bewußtsein, sondern auch mit Komik zu tun. Denn was könnte komischer sein als ein Mensch, der auf offener Bühne eine Marionette spielt und damit zum Ausdruck bringt, daß gerade der mechanische Ernst etwas an sich hat, das zum Lachen reizt?

Inwieweit der Schopenhauer-Leser Albert Einstein mit der Rolle des genialen Außenseiters schon frühzeitig zu kokettieren begann, ist schwer zu sagen, da im Prinzip jede bewußte Bezugnahme auf die eigene Abweichung von der Mitwelt als Koketterie, als verführerisches Spiel mit sich selbst empfunden werden kann. Sicher ist nur, daß Einstein sich wenig Mühe gab, sein Anderssein zu verbergen. Wäre er der Typ des honorigen Professors, gar wilhelminischen Zuschnitts, gewesen, hätte er wohl kaum jene aus seiner wissenschaftlichen Leistung allein nicht erklärbare Aura entfalten können. Fotografien, die ihn im Kreis seiner Kollegen zeigen, lassen erahnen, inwieweit er seinen Zeitgenossen schon vom Habitus her als Unzeitgemäßer erscheinen mußte. Inmitten der sich zumeist noch im strengen Gelehrtenpathos gerierenden Zunft wirkt Einstein immer irgendwie deplaziert, als habe er sich in der Veranstaltung geirrt und müsse sein Befremden mit einem kindlich verschämten Lächeln überspielen. So etwa auch bei der Verleihung der Ehrendoktorwürde der Universität Oxford, wo Einstein im Talar dem ernst dreinblickenden Zeremonienmeister mit amüsiertem Gesicht folgt, als handle es sich um eine Art höheres Kasperltheater. In dieser augenscheinlichen Unfähigkeit oder Unwilligkeit, sich den jeweils herrschenden Pathosformeln, ja überhaupt irgendwelchen

Formeln, anzupassen, bekundet sich Einsteins genuiner Beitrag zur Geschichte des modernen Nonkonformismus, und zwar in Form eines renitenten Festhaltens am Privileg kindlicher Unvoreingenommenheit.

Einstein, von dem auch behauptet wurde, seine eigentliche revolutionäre Bedeutung habe darin gelegen, als erster Mann öffentlich Eis geleckt zu haben, repräsentiert einen Grenzfall des Wissenschaftsbetriebs *und* des bürgerlichen Lebens. Letzteres verbindet ihn mit den Künstlern seiner Zeit. Und zwar auf eine recht zweideutige Weise. Einerseits repräsentierte Einstein den künstlerischen Bohemien im Gewande der Wissenschaft, andererseits ist in Einsteins Bild vom Genie vieles von dem eingewandert, was in der Kunst gerade kritisch hinterfragt, wenn nicht gänzlich unterlaufen wurde: das Genieprinzip selbst. Die Entlarvung des genialen Schöpfertums als bürgerliche Ideologie gehört zu den Motiven, an denen sich der moderne Kunstavantgardismus abarbeitete. In genau derselben Zeit, in der die großen künstlerischen Revolutionen des 20. Jahrhunderts – wie Kubismus, Abstraktion oder Atonalität – die Gemüter erregten, begann Einsteins kometenhafter Aufstieg zum Superstar, wie es kaum einem Künstler oder Intellektuellen der damaligen Zeit je widerfahren ist. Nur Filmschauspieler, Politiker und Schwerverbrecher konnten einen ähnlich hohen Bekanntheitsgrad erreichen. Offenbar war es Einstein gelungen, obwohl ihm nichts ferner lag, ein *Genie für alle* zu sein.

In jedem Fall bedeutete es etwas ganz anderes, auf dem Boden der Wissenschaft zum Revolutionär zu werden als auf dem der Kunst. Die Revolutionen der Kunst spielten sich trotz ihrer zum Teil aufs gesellschaftlich Ganze zielenden Aktivitäten weitgehend im »Überbau« ab, fernab der großen Nachrichtenströme, während die Wissenschaften, vor allem durch ihre enge Verzahnung mit dem zunehmend technischer werdenden Alltag, so etwas wie einen automatischen Popularitätsvorteil genossen. Avancierte Kunst mußte sich radikal gebärden, schon um überhaupt noch wahrgenommen zu werden; Wissenschaft hingegen war einfach immer schon da. Und sei es auch nur in der Form einer elektrischen Glühbirne, deren Erfindung überdies zum Paradebeispiel der genialen Erleuchtung stilisiert wurde.

Obwohl Einsteins Theorien den meisten, hätten sie sie zu Gesicht bekommen, genau so unverständlich gewesen wären wie die Produkte des modernen Kunstavantgardismus, konnte die moderne, sprich: mathematisierte Naturwissenschaft doch zu Recht darauf verweisen, daß ihre Schwerverständlichkeit und Unanschaulichkeit in der Sache begründet sei, während die Kunst nach allgemeinem Verständnis a priori der unmittelbaren Anschauung, also *jedem*, zugänglich bleiben müsse. Eine Auffassung, der übrigens auch Einstein selbst anhing. In seinem Text »Gemeinschaft und Persönlichkeit«, in dem er die »Verfallserscheinungen« der Gegenwart zu diagnostizieren versuchte, heißt es: »Besonders empfindlich macht sich der Mangel an Individualitäten auf dem Gebiet der Kunst bemerkbar. Malerei und Musik sind deutlich degeneriert und haben ihre Resonanz im Volke weitgehend verloren.«[7] Wissenschaft, so hätte Einstein in eigener Sache argumentieren können, sei zwar ebenfalls keine volkstümliche Angelegenheit, aufgrund ihrer rationalen Konstruktion jedoch *im Prinzip* allen zugänglich und von keinen weltanschaulichen Prämissen oder nicht begründbaren Geschmacksurteilen abhängig. Die gänzliche Auflösung abendländischer Sinnkonstruktionen, wie sie etwa der Dadaismus versuchte, liegt außerhalb des möglichen Horizontes von Wissenschaft, Einstein eingeschlossen.

Wiewohl Einsteins Lehre unter Fachkollegen nicht unumstritten war und von übelwollenden Kollegen gar selbst als »dadaistischer Unsinn« und später – wegen der angeblichen Unvereinbarkeit seiner Theorie mit dem »gesunden Volksempfinden« – als »undeutsche Physik«, als »entartet« und debil denunziert wurde und der Jude Einstein schließlich dem Nazi-Deutschland den Rücken kehren mußte, konnte das weder die wissenschaftlich-mediale Erfolgsgeschichte aufhalten, noch Einstein der zeitgenössischen Kunst näherbringen.[8]

Das genuin Künstlerische an Einstein äußerte sich nicht außerhalb, sondern innerhalb seiner Wissenschaft. Schon den ersten Lesern der Speziellen Relativitätstheorie war die »Schönheit und Eleganz«, die »Einfachheit« in der mathematischen Beweisführung aufgefallen. Der Physiker Max Born berichtet, daß er zunächst allein aufgrund ihrer ästhetischen Eigenschaften davon überzeugt war, daß es sich bei der neuartigen Theorie um etwas ganz Großes handeln müsse, obwohl er sie, wie er eingesteht, im einzelnen noch überhaupt nicht verstanden hatte. Von »Schönheit und Eleganz« in physikalischen Theorien wird gesprochen, wenn aus möglichst wenigen Prämissen in möglichst wenigen logischen Schritten möglichst viele Phänomene erklärt werden können. Eine Theorie, die mit weniger Annahmen dieselbe Erklärungskraft besitzt, ist in jedem Fall die bessere, und wenn sie zudem Bereiche erschließt, die bislang noch gar nicht sinnvoll miteinander in Verbindung zu bringen waren, dann ist sie mit großer Wahrscheinlichkeit auch die schönere. Denn Schönheit manifestiert sich immer auch als ein Vorgenuß der jeweils freigesetzten Möglichkeiten.

In der berühmten Erzählung »Über das Marionettentheater« von Heinrich von Kleist begegnet der Ich-Erzähler einem Tänzer, der behauptet, daß der Tanz einer Marionette kunstvoller sein könne als der eines noch so begabten Menschen. Das Geheimnis des Marionettenspiels, so führt er aus, liege nicht darin, daß jedes Glied einzeln gezogen werden müsse, sondern allein darin, daß der »Maschinist«, also der Marionettenspieler, den Schwerpunkt regiere, der sich im Inneren der Figur befände. Indem sich der Spieler in dieses Schwerezentrum »versetze« und dieses eine Linie durch den Raum ausführen lasse, habe er das Seine getan. Alles andere folge daraus mit Notwendigkeit. Denn »die Glieder, welche nichts als Pendel wären, folgten, ohne irgendein Zutun, auf eine mechanische Weise von selbst«. Während also die Bewegung der einzelnen Gliedmaßen rein mechanischen Gesetzen gehorche, sei die Linie, die dieser Schwerpunkt nehme, nichts anderes als

»der Weg der Seele des Tänzers«. Was diese Puppe den lebendigen Tänzern voraushabe, sei, »daß sie sich niemals zierte«. »Denn Ziererei erscheint, wie Sie wissen, wenn sich die Seele (vis motrix) in irgendeinem andern Punkte befindet, als in dem Schwerpunkt der Bewegung.«

Als bekennender Determinist verneinte Einstein die absolute Willensfreiheit und berief sich dabei auf Schopenhauers Diktum: »Ein Mensch kann zwar tun, was er will, aber nicht wollen, was er will.« Auch in seinen zahlreichen Auseinandersetzungen mit der jüngeren Garde der Quantenphysiker duldete er keine Aufweichung des strengen Kausalprinzips zugunsten irgendwelcher »Wahrscheinlichkeitsverteilungen« oder »unmotivierter Quantensprünge«, in denen manche von ihnen eine objektive Basis für die Möglichkeit der Willensfreiheit gefunden zu haben glaubten. Hinsichtlich solcher Eskapaden ins Reich der Kontingenz blieb Einstein ein sturer Vertreter des mechanistischen Universums. »Gott würfelt nicht«, so lautet der berühmte Satz, mit dem er sich jeden Gedanken an Willkür im Weltgetriebe ein für allemal vom Leib halten wollte. In bezug auf die eigene Rolle in dieser Welt bemerkte er: »Jeder handelt nicht nur unter äußerem Zwang, sondern auch gemäß innerer Notwendigkeit.«[9] Dieser »inneren Notwendigkeit« gefolgt zu sein, ist das, was sich Einstein als sein wesentliches Verdienst anrechnet und das er im Grunde jedem Individuum zur Orientierung anempfiehlt. Sich nicht von den Einflüsterungen der Umgebung vom rechten, das heißt: vorbestimmten Weg, abbringen lassen, sich ganz auf den eingebauten Kompaß verlassen, stur bleiben, wenn die anderen an dem eingeschlagenen Weg zweifeln, offen sein aber für alles, was am Weg liegt.

Daran wäre eigentlich nichts Besonderes, wenn Einstein nicht selbst in vielfältiger Weise auf diesem Weg der »inneren Notwendigkeit« gestört worden wäre. Es ist nicht immer klar, wann er die Fäden noch in der Hand hielt und wann er zur Marionette anderer geworden ist. Als Person des öffentlichen Lebens ist es beinahe unmöglich, hiervon ein deutliches Bewußtsein zu bewahren. Seiner inneren Bestimmung folgend, hätte Einstein zeitlebens Pazifist bleiben müssen. Und dennoch war er es, der auf Veranlassung von Edward Teller und Leo Szilard den für den Bau der Atombombe zwar nicht entscheidenden, moralisch aber doch qualifizierbaren Brief an Präsident Roosevelt formulierte. Damit wurde Einstein letztlich mitschuldig an den Toten von Hiroshima und Nagasaki, wiewohl sein Motiv gerade dadurch bestimmt war, den Deutschen beim Bau dieser Massenvernichtungswaffe zuvorzukommen, um seinerseits durch Unterlassung nicht mitschuldig zu werden am militärischen Triumph des Nazi-Regimes.[10]

Diese Art der »Verstrickung«, bei der man, egal wie man sich entscheidet, in jedem Fall Schuld auf sich lädt, wird seit der Antike eine *tragische* genannt. Verstrickt werden in diesem Sinn kann aber nur, wer sich nicht von vornherein von jeder Schuld dispensiert hat, indem er sich zum Beispiel auf die grundsätzliche Wertfreiheit der Wissenschaft beruft. Tatsächlich hatte sich die moderne Naturwissenschaft unter Berufung auf ebendiesen Begriff der Wertfreiheit lange Zeit erfolgreich einer ethischen Debatte entziehen können. Erst mit dem geschichtlich so einschneidenden und bildmächtigen Ereignis wie dem strategisch umstrittenen Abwurf der beiden Atombomben waren Fakten geschaffen worden, die – im Gegensatz etwa noch zum wissenschaftlichen Engagement im Gaskrieg des Ersten Weltkriegs – nicht mehr unter den Teppich gekehrt werden konnten. Zum erstenmal sahen sich Wissenschaftler gezwungen, über ihre gesellschaftliche Verantwortung öffentlich nachzudenken. Der ansonsten so plausibel klingende, jedoch längst zur Ausrede umfunktionierte Vergleich, daß man mit einem Messer sowohl töten wie Butterbrote schmieren könne, war auf die Atombombe nicht mehr anwendbar. Denn diese gab es nur, weil sich Wissenschaftler bereit gefunden hatten, sie zu bauen. Und Einsteins berühmte Formel $E = mc^2$ lieferte hierzu den Schlüssel. Das Argument, daß mit dem Abwurf der Atombombe *letztendlich* der Krieg verkürzt und damit die Zahl der Toten minimiert werden könne, hat schon der Physiker Leo Szilard, obwohl selbst einer der Initiatoren des amerikanischen Atombombenprojekts, nicht gelten lassen wollen. Denn so hatte man schon den Einsatz von Gas im Ersten Weltkrieg gerechtfertigt, ohne sich auch nur im Geringsten die Frage gestellt zu haben, welche Eskalation der Gewalt durch diese neuartige Waffe selbst wieder freigesetzt werden könnte.

Als Robert Oppenheimer, der eigentliche Kopf des Manhattan-Projekts, vom Abwurf der beiden Atombomben erfuhr, soll er gesagt haben: »Jetzt haben die Physiker die Sünde kennen gelernt, und das Wissen wird sie niemals mehr verlassen.«[11] Und hat damit keineswegs allen seinen Kollegen aus der Seele gesprochen, wohl aber zu jener Revision des modernen Fortschrittskonzepts beigetragen, die bis heute anhält.

Die Atombombe war schon deshalb in einem ganz besonderen Sinn dafür geeignet, den Sündenfall der Naturwissenschaften zu markieren und für moralische Konfusionen zu sorgen, weil sich ihre Möglichkeit aus einer rein theoretischen und keineswegs waffentechnisch motivierten Entwicklung der neueren Physik ergab, mithin auch diejenigen Wissenschaftler noch als Problemmasse erreichen konnte, die nicht unmittelbar am Manhattan-Projekt beteiligt waren, jedoch wichtige theoretische und praktische Vorarbeit geleistet hatten. Sie alle mussten sich jetzt Gedanken machen über das Ausmaß ihrer »Verstrickung«.

In psychologischer Hinsicht läßt sich der Bau der ersten – übrigens »Little Boy« genannten – Atombombe durchaus als Regression beschreiben. Wenn in der Wüste von New Mexico hochbegabte, zumeist junge Physiker jeden größeren technischen Fortschritt an ihrem »Gadget«, ihrem *Riesenspielzeug*, ausgelassen mit Champagner feierten und wenn Enrico Fermi, ebenfalls eine zentrale Figur des Manhattan-Projekts, gelegentlich auftretende Bedenkenträger mit dem Satz abspeiste: »Geht mir weg mit euren Skrupeln, es ist so schöne Physik«[12], so muß das als ein starker Beleg für eine ins Infantile regredierte Reflexionslosigkeit der damals führenden Physikelite gewertet werden. Infantil verhält man sich, wenn man längst weiß, daß man seine Unschuld verloren hat und dennoch, auf Teufel komm raus, so tut, als sei nichts passiert. Die Diskrepanz zwischen der als Denksport betriebenen Wissenschaft und dem Ziel des Ganzen, der Massenvernichtung von Menschen, hat in Los Alamos ein historisches Maximum erreicht. Seither ist es schwierig, wenn nicht unmöglich geworden, die Entfesselung wissenschaftlicher Neugierde *a priori* als etwas Wünschenswertes aufzufassen.

Die Seele, die ihren Schwerpunkt verloren habe, so läßt sich Kleists weiterer Gedankengang zusammenfassen, sei gleichbedeutend mit der verlorenen Unschuld, mit dem Essen vom Baum der Erkenntnis. Mit dem Hervortreten des Bewußtseins werde, dies bestätigt nun der Ich-Erzähler und Gesprächspartner des Tänzers, die »natürliche Grazie« des Menschen empfindlich gestört. Er erläutert dies am Beispiel des Jünglings, der sich mit höchster Anmut einen Splitter aus dem Fuß zieht, sich dabei durch einen Blick in den Spiegel an die berühmte Statue des Dornausziehers erinnert sieht und allein schon durch diesen leisen Anflug von Eitelkeit ein für alle Mal unfähig wird, die vormals natürlich, das heißt unbewußt ausgeführte Bewegung mit der ursprünglichen Grazie zu wiederholen. Indem der Jüngling sich seiner natürlichen Grazie bewußt wird, ist es schon aus mit ihr. Darin liegt das Drama des Bewußtseins und der Ursprung der Scham. Herr C., der Tänzer, setzt diesen Diskurs mit einer anderen Geschichte fort. Auf einer Reise in Rußland habe er gegen seinen Gastgeber eine Fechtpartie gewonnen und sei daraufhin, um nun selbst »seinen Lehrmeister zu finden«, von dessen Brüdern zu einem im Holzstall befindlichen Bären geführt worden. Das an einen Pfahl gekettete, aufrecht stehende Tier war in der Lage, mit seiner Tatze sämtliche Stöße des soeben noch als Sieger dastehenden Fechters zu parieren.

»Wir sehen, daß in dem Maße, als, in der organischen Welt, die Reflexion dunkler und schwächer wird, die Grazie darin immer strahlender und herrschender hervortritt. – Doch so, wie sich der Durchschnitt zweier Linien, auf der einen Seite eines Punkts, nach dem Durchgang durch das Unendliche, plötzlich wieder auf der andern Seite einfindet, oder das Bild des Hohlspiegels, nachdem es sich in das Unendliche entfernt hat, plötzlich wieder dicht vor uns tritt: so findet sich auch, wenn die Erkenntnis gleichsam durch ein Unendliches gegangen ist, die Grazie wieder ein; so, daß sie, zu gleicher Zeit, in demjenigen menschlichen Körperbau am reinsten erscheint, der entweder gar keins, oder ein unendliches Bewußtsein hat, d.h. in dem Gliedermann, oder in dem Gott. – Mithin, sagte ich ein wenig zerstreut, müßten wir wieder von dem Baum der Erkenntnis essen, um in den Stand der Unschuld zurückzufallen? – Allerdings antwortete er; das ist das letzte Kapitel von der Geschichte der Welt.«[13]

Die moderne Naturwissenschaft hat in gewisser Weise noch einmal vom Baum der Erkenntnis gegessen. In einem Maß, das Kleist nicht voraussehen konnte, ist sie bis zu den kleinsten Bausteinen der Materie und des Lebens vorgedrungen und hat damit die Möglichkeit eröffnet, auf einer völlig neuen, nämlich empirischen Grundlage Gott zu spielen. Ein Zurückfallen auf den Stand der Unschuld hat sich dabei jedoch nicht eingestellt, sondern weit eher die Befürchtung verstärkt, das letzte Kapitel der Weltgeschichte nun selbst aufgeschlagen zu haben.

Die Erkenntnis, daß wir für das Schicksal unseres Planeten selbst verantwortlich sind, gehört schon seit geraumer Zeit zu den Prämissen ethisch-ökologischer Debatten um die Grenzen des Wachstums und des technisch Machbaren, sie geistert durch Besinnungsaufsätze höherer Schulen und versorgt überdies Hollywood mit immer neuen Katastrophenszenarios, was jedoch niemanden dazu veranlassen sollte, die gemeinte Sache deshalb schon für ausdiskutiert oder fiktiv zu halten. Dasselbe Jahrhundert, in dem die Wissenschaft ihre Unschuld verlor, hat problemorientierte Menschen jedenfalls zum erstenmal vor die Frage gestellt, ob auch in die Tat umgesetzt werden sollte, was nach dem Stand von Wissenschaft und Technik möglich geworden ist. Die zynische Option darauf lautet bekanntlich, daß wir doch gar nicht anders können, als das einmal Ausgedachte auch Wirklichkeit werden zu lassen, mit dem Zusatz: wenn *wir* es nicht tun, tun es die *anderen*. Die eher optimistisch und pragmatisch Gesonnenen vertrauen hingegen darauf, daß, wenn doch etwas schiefgehen sollte, uns zur rechten Zeit schon eine Lösung einfallen werde. Bisher sei ja – im Prinzip – auch alles gut gegangen. Am anderen Ende der Skala fordern Ganzheitstheoretiker die kosmische Harmonie zurück, setzen Resignierte auf den Totalausstieg oder stellen Modebewußte ihren Farbcode schon mal prophylaktisch auf Gothic-Schwarz um.

Zum Wesen der verlorenen Unschuld gehört, daß es kein einfaches Zurück geben kann. In Kleists Empfehlung, zu ihrer Wiedererlangung *noch einmal* vom Baum der Erkenntnis zu essen, fusioniert die mathematische Wahrheit, daß Minus mal Minus Plus ergibt, mit dem christlich-theologischen Erlösungsgedanken zur Idee der Selbsterlösung durch Negation der Negation. Insofern dieser Erlösungsweg durch das Unendliche führt und in der Gottwerdung resultiert, verrät er mit seinen romantischen Wurzeln auch seine Unerfüllbarkeit.

Kleists faszinierender Text ließe sich jedoch auch von einer anderen Stelle her erschließen. Am Beispiel des Jünglings erweist sich doch, daß gerade die Unschuld sich am wenigsten erzwingen läßt. Trotz mehrerer Versuche, sich den Splitter mit der ursprünglichen Grazie aus dem Fuß zu ziehen, endet die »Vorstellung« in unfreiwilliger Komik: »Die Bewegungen, die er machte, hatten ein so komisches Element, daß ich Mühe hatte, das Gelächter zurückzuhalten.«

Was wäre, wenn der Jüngling sich zu dieser unfreiwilligen Komik bekannt und sie in eine freiwillige transformiert hätte? Wenn er also den Punkt, an dem sich die Grazie verflüchtigt, weil das reflektierende Bewußtsein störend dazwischentritt, zum Ausgangspunkt eines Spiels mit sich selbst gemacht hätte, zu einer »körper-motorischen Komödie«, in der die verlorene Unschuld und die in eiserne Starre umschlagende Grazie das eigentliche Thema wären? Diese Möglichkeit, Bewußtsein aus der Bejahung des Komischen zu gewinnen, wird in Kleists Text nicht bedacht, obwohl sie doch auf der Hand liegt. Wenn die Komik, wie Henri Bergson[14] schreibt, daraus hervorgeht, daß das Steife und Mechanische über die Gespanntheit und Elastizität des Lebendigen triumphiert, und das Lachen hierfür die »Strafe« sei, dann wäre die komischste aller möglichen Welten die, in der die Marionette zum Werkzeug der Anmut geworden ist.

Ein abschließender Blick auf das Marionettenfoto zeigt etwas Seltsames. Einstein steht schief; eindeutig erkennbar an der frei hängenden Marionette, die allein der Schwerkraft folgt und damit die Senkrechte definiert. Sein Oberkörper ist um wenige Grad nach rechts, zur Marionette hin, und vermutlich auch leicht nach vorne geneigt. Eine Pose, die folgendermaßen erklärt werden kann: Einstein wollte nicht *sich*, sondern die Marionette zum Hauptgegenstand des Fotos machen. Indem er sich als den Zeigenden definierte, konnte er hinter dem gezeigten Objekt verschwinden. Oder anders gesagt: Die ihn selbst darstellende Marionette erlaubte ihm, sie für den Moment des Fotografiertwerdens zum Träger aller Eitelkeiten zu machen und sich selbst dabei zurückzunehmen. Die Marionette scheint zu sagen: »He, seht her, hier bin ich, der berühmte Einstein!«, während Einstein selbst, in genau dem Moment, in dem er sich nicht mehr im Zentrum fühlt, einfach dasteht und endlich – nicht ohne Grazie – wie ein Buddha lächeln darf.

Horst Bredekamp

»4 Stunden Fahrt. 4 Stunden Rede«

Aby Warburg besucht Albert Einstein

Die Anfrage

»Nach Einsteins Adresse gefragt«[1] – der Eintrag Aby Warburgs in das Tagebuch seiner Kulturwissenschaftlichen Bibliothek Warburg vom 2. September 1928 läßt den Leser vermuten, daß die Anfrage Carl Einstein, dem Kollegen und Kunstkritiker, der als Verfasser der Propyläen-Kunstgeschichte des zwanzigsten Jahrhunderts hervorgetreten ist, galt. Aber Warburg suchte den Kontakt zu Albert Einstein, mit dem ihn als Kunsthistoriker und Schöpfer der modernen Ikonologie auf den ersten Blick nichts zu verbinden scheint. Warburgs Entwurf eines Briefes vom folgenden Tag, dem 3. September, verdeutlicht jedoch, daß er in seinen eigenen Forschungen ein Pendant zu den Entdeckungen und Konstruktionen Einsteins sah. Verdichtet bis an die Grenze des Kryptischen, gehört diese Selbstdarstellung in der Unnachahmlichkeit ihrer Begriffsbildung zu den eindrucksvollsten Zeugnissen von Warburgs Deutungsenergie:

> Von Haus aus Kunsthistoriker bin ich seit 20 Jahren mehr und mehr darauf gekommen, die Frage der erkenntnistheoretischen Urgeräte – als welche ich die astrischen Symbole anspreche – beim Geschäfte der Orientierung im Kosmos zu untersuchen und sehe jetzt eine Reihe von ca. 1200 Bildern vor mir, auf Gestellen ausgebreitet, die mir immer wieder das Rätsel der energetischen Ambivalenz (Polarität?) dieser Symbole aufgegeben haben, d. h. die zwiefach polare Funktion des astrischen Symbols, dessen Leben im Pendelschlag von bildhafter Aneignung

des Beschauers bis zur zahlenmäßig verfestigten Denkraumschöpfung zwischen Objekt und Subjekt besteht.
Diese astrischen Symbole im Stadium der Labilität zur Geschichte zu erfassen, ist die Aufgabe meiner Arbeit, und ich habe das Gefühl, daß die dabei hervortretende Relativität des Kunstbildes von Ihnen in seiner funktionellen Bedeutung ohne weiteres verstanden worden wäre.[2]

Warburgs Hinweis auf eine Vielzahl von Bildern, die ihn vor das Problem der zwiespältigen Energie dieser Bildsymbole gestellt hatten, bezog sich auf sein unabgeschlossenes Lebenswerk des *Mnemosyne*-Atlas,[3] mit dessen Tafeln er sich im folgenden Jahr wie mit einem Alter ego porträtieren ließ. Die weiteren Begriffe und Motive spielen auf Warburgs kosmologische Studien an, für die er sich in die Geschichte der Sternbilder und der Astrologie sowie deren Überwindung vertieft hatte wie kaum jemand zuvor.[4] Vor allem aber bezieht sich der Briefentwurf auf die Einleitung und den Schlußteil von Warburgs 1920 publiziertem Aufsatz über »Heidnisch-antike Weissagung in Wort und Bild zu Luthers Zeiten«. So bezieht sich das erkenntnistheoretische »Urgerät« auf mittelalterliche Bilder der Astrologie, die er in bezug auf die Reformationszeit eben als jenes »Gerät« zu rekonstruieren versucht hatte, »mit dem der Astrologe zugleich messen und zaubern kann«.[5]

Aby Warburg 1929 in Florenz

Dieses Doppelvermögen, eine kosmologische Mathematik mit dem magischen Zusammenfall von Subjekt und Objekt zu verbinden, führt in den Kern von Warburgs Bildtheorie. In Bildern erkannte er die Fähigkeit, den reflektierenden Geist im »Pendelschlag« zwischen Objekt und Subjekt auch zwischen Anschauung und Vernunftkalkül oszillieren zu lassen. Nicht ohne Grund ließ Warburg in seinem Briefentwurf offen, ob der Charakter dieser Bildsymbole mit »Ambivalenz« oder »Polarität« zu bezeichnen sei. »Ambivalenz« war die immanente Spannkraft, »Polarität« die externe Doppelöffnung der Bilder:

> Die Wiederbelebung der dämonischen Antike vollzieht sich dabei, wie wir sahen, durch eine Art polarer Funktion des einfühlenden Bildgedächtnisses. Wir sind im Zeitalter des Faust, wo sich der moderne Wissenschaftler – zwischen magischer Praktik und kosmologischer Mathematik – den *Denkraum der Besonnenheit* zwischen sich und dem Objekt zu erringen versuchte.[6]

In dieser Qualität der Bildsymbole lag für Warburg eine Möglichkeit, die sich zerstörerisch oder konstruktiv, okkult magisch oder aufklärerisch als Schöpfung eines »Denkraumes« realisieren konnte. Hierin lag die jeweils spezifische historische »Labilität«, deren Erschließung Warburg schließlich als das Ziel seiner kunsthistorischen Arbeit erläuterte. Das Ergebnis, die »Relativität des Kunstbildes«, hoffte Warburg Einstein nahebringen zu können.

Mit der »Relativität« bezog sich Warburg auf jenen Begriff, mit dem Einstein assoziiert worden war. Ähnlich der problematischen Verwendung des »Quantensprunges« als Bezeichnung radikaler Systemwechsel hat die sprichwörtlich gewordene Nutzung dieses Begriffes jedoch den Umstand zurückgedrängt, daß es in Einsteins Theorie nicht um jene Relativität aller Standpunkte ging, die Gottfried Wilhelm Leibniz mit seiner Lehre der Multiperspektivität in unübertreffbarer Konsequenz formuliert hatte,[7] sondern vielmehr um die Absolutheit der Lichtgeschwindigkeit, welche die raum-zeitliche Krümmung nach sich zog. Gegenüber diesem Mißverständnis, an dem das »Phänomen Einstein« bis heute krankt, bietet Warburgs Einordnung der Raum-Zeit-Relation in die Geschichte einer Kosmologie, die bis heute immer neu zwischen bildhaften Symbolen und zahlentechnisch präzisierten Denkgefügen oszilliert, einen eigenen Weg, der Einstein offenbar angezogen hat. Nach Erhalt des Briefes hat er Warburg umgehend bereits zum folgenden Tag eingeladen.[8]

Der Grund des Treffens

Am selben 3. September, an dem Warburg seine Ziele brieflich übermittelte, hat er sein Anliegen auch im Tagebuch der Kulturwissenschaftlichen Bibliothek Warburg, jener einzigartigen Quelle für die intellektuellen Bewegungen der Weimarer Republik, eingetragen:

> Grund der Reise: Die aesthetischen Werte sind relativistisch zu betrachten. Einerseits haben sie eine Schwere der Prägung die den Maximalwerten als intensiva und extensiva eine mnemische Dauer verbürgt
> Andererseits sind diese Prägewerte »gefühllose« Monaden ohne Fenster, die erst durch Berührung mit dem selektiven Wollen der Epoche zu Funktionen der Anziehung oder Abstoßung von Leben werden.
> Dispepsie dem Mittelmeer-Erbgut gegenüber der Sinn der europäischen Kulturgeschichte.
> vorbildlich geprägte Leid-schaft = Jerusalem
> Kleinasien
> vorbildlich geprägte Leidenschaft = Griechische Tragödie
> Römische Victoria
> *Bing* ›Wunderbare Formulierung! Sehr klar und pregnant.‹
> Von College Bing sehr auffrischendes Telegramm.[9]

Mit der »Relativität« hat Warburg nochmals jenen Begriff angeführt, mit dem Einstein geradezu sprichwörtlich verbunden war. Die »aesthetischen Werte« betreffen die den Bildsymbolen innewohnenden Energien, die ihre »Maximalwerte« im

Pendelschlag ihrer Subjekt (intensiva)- und Objektbeziehung (extensiva) in das Gedächtnis eintragen. Zur Bezeichnung der Labilität der Bildsymbole, die in der Geschichte in jeweils besonderer, relativer Weise konkretisiert wird, bemüht Warburg nun die Leibnizsche Fensterlosigkeit der Monade,[10] die erst durch Kontakt mit dem »selektiven Wollen der Epoche« die ihr eingegebenen Möglichkeiten realisiert. In der kryptischen Konzentration seines skizzenhaften Einfalls hat Warburg hier seine Überzeugung formuliert, daß die Aktivierung des antiken Bilderbes sowohl ein zerstörerisches wie auch lebensbejahendes Potential in sich birgt. Auf den Bildtafeln seines »Mnemosyne«-Atlas hat er dieses risikoreiche Vermögen immer wieder thematisiert und in einer der letzten Bildserien zum Hauptthema gemacht.[11]

Das Selbstgespräch dieser Tagebuchzeilen zeigt die Grundzüge einer abgründigen Bild- und Gedächtnistheorie, die sich immer wieder der kulturgeographischen Metaphorik bediente. Warburgs Überzeugung, daß der moderne Wissenschaftler einen »Denkraum der Besonnenheit« zwischen magischer Praktik und kosmologischer Mathematik erringen müsse, weil »Athen (...) eben immer wieder neu aus Alexandrien zurückerobert sein« wolle,[12] ist in dem Tagebucheintrag in die spielerische Transformation des mit dem Kreuz und Jerusalem zu identifizierenden »Leid-Schaftes« zur »Leidenschaft« der griechischen Tragödie gefaßt. Indem Warburg »Kleinasien« als Summe der »Leid-Schaft« lokalisiert, die griechische »Leidenschaft« jedoch in die »Römische Victoria« überführt, imaginiert er offenbar die italische Siegesgöttin als Gegenpol zum kleinasiatischen Leidenstelos, um zwischen ihnen die griechische Form in ihrer sowohl dionysisch-orgiastischen wie auch tragisch-zerstörerischen Qualität zu bestimmen. Daß Warburgs Mitarbeiterin Gertrud Bing diese Zuspitzung als eine so klare wie prägnante Formulierung unterstrich, läßt etwas von dem Klima der reflexhaften Übereinstimmung erahnen, die sich durch die unentwegten Bemühungen um das »Mittelmeer-Erbgut« ergaben.

In jenem Bericht, den er zwei Tage später an seinen Bruder Max sandte, hat Warburg eine noch weiter ausholende Begründung seines Besuches gegeben. Weit davon entfernt, einen nur zufälligen oder gar opportunistischen Charakter zu haben, bestimmt Warburg sein Treffen mit Einstein als Folge und Höhepunkt seiner über Jahrzehnte entwickelten Ziele. Angestoßen durch seine Dissertation über die mythologischen Gemälde Botticellis,[13] habe er die Verwandlungen der antiken Bildmotive in ihrer tropischen Form, bei der ein Bildelement ein anderes vollständig ersetzt, oder in ihrer metaphorischen Transformation, bei der die Distanz sichtbar bleibt, auf andere Gebiete bis hin zu den Sternzeichen ausgeweitet:

> Es muß Vieles von meinen Handlungen – was ich bewußt gerade vor Dir noch einmal betonen möchte – für den Außenstehenden den Charakter einer romantischen Spontaneität tragen, während es sich um eine langsam vorbereitete und instinktsichere Expansion handelt. Daß ich letzten Endes auf Gesetze lossteuere, die auf dem Nachweis psychophysiotechnischer Vorgänge beruhen, ist mir schon seit meiner Dissertation klar. Den inneren psychotechnischen Sinn des *Vergleichens* und des *Gleichnisses*, das in der Form der »Trope« den beobachteten Gegenstand, (der einen anderen völlig ersetzt,) oder in der Form der Metapher (die durch den Zusatz: »wie« das Bewußtsein von der nur bedingten Gleichheit wachhält,) wollte ich auf Grund der kunsthistorischen nachweisbaren Entwicklung irgendwo packen. So bin ich von allegorischen Bildern Botticellis zur Praktik und Geschichte des astrischen Symbols gekommen.[14]

Im Bereich der Sternzeichen erkennt Warburg das exemplarische Material der Selbsterkennung des Menschen in jenem ambivalent schwingenden Denkvermögen, das sich zwischen Bildsymbol und Mathematik orientiert. Die Rekonstruktion dieses Reflexionsvermögens bestimmt er als Ziel seines Mnemosyne-Projektes, das er Einstein in Ausschnitten zu demonstrieren trachtet, um ihn einerseits über dessen eigene Wurzeln aufzuklären, andererseits für das Vorhaben des Bilderatlas aber auch selbst einen Gewinn zu ziehen:

> Das allgemein Bedeutsame besteht nun darin, dass ich dadurch Material zur Selbsterkenntnis des denkenden Menschen einliefere, dass ich den Weg von der Konkretion zur Abstraktion nicht als ausschließende Gegensätzlichkeit sondern als organischen Kreislauf im menschlichen Denkvermögen auffasse und nachweise.
> Es stellt sich dabei heraus, daß die astrischen Symbole (Sternnamen) nun jene Eigenschaft haben, dass sie bald Trope, bald Metapher sind[,] und diese Doppelwertigkeit (Ambivalenz) in ihrer historischen Entwicklung darzustellen, wird mir nun, glaube ich, in meiner Mnemosyne gelingen.
> Es ist klar, daß ich dem Mann, der die ganze Weltanschauung, insofern sie auf altertümlicher, mystisch-bildhafter Ursachensetzung beruht, aufgehoben hat, nämlich Einstein, gerade den mythisch-bildhaften Urgrund seiner Denkweise einmal zeigen wollte, die auch, wie ich mit Recht annahm, ihm unbekannt sein musste[,] und zugleich wollte ich, wenn irgend möglich, aus seiner Art für meine Mnemosyne lernen.[15]

Warburg sieht seinen Besuch bei Einstein als Nagelprobe eines Vierteljahrhunderts der Beschäftigung mit den »psychophysiotechnischen« Wirkungen und Leistungen von Bildern. Die hieraus sich abzeichnenden kulturgeschichtlichen »Gesetze« glaubte Warburg Einsteins epochalen Erkenntnissen zur Seite stellen zu können. In seinem Selbstverständnis fährt Warburg nicht als intellektueller Tourist, sondern als ein Ebenbürtiger, der ebensoviel zu geben wie zu erfahren erhofft.

Der Vorhang des Bilderatlas

Das Treffen fand am folgenden 4. September wie geplant statt. Gemeinsam mit seiner Frau und dem Fahrer Kelting fuhr Warburg im Wagen seines Bruders nach Scharbeutz. Nach dem

Gespräch, an dem am Nachmittag auch Einsteins Schwester und »eine Frau Staude« teilnahmen, hielt er noch am selben Tag im Tagebuch der Kulturwissenschaftlichen Bibliothek fest: »Mieken und ich mit Kelting nach Scharbeutz zu Einstein gefahren bei schönem (natürlich: ›relativ‹) Wetter.« Am Ende seiner Eintragung summierte Warburg: »Der Herbsthoren Füllhorn war über diese Stunden ausgeschüttet. 4 Stunden Fahrt. 4 Stunden Rede.«[16]

Warburgs Charakterisierung des »relativ« schönen Herbstwetters verwendet den Begriff der »Relativität« in jenem kalauerhaft überspielten Unverständnis, das bis heute für die populäre Rezeption Einsteins gebräuchlich geblieben ist. Aber der erkenntnistheoretische Disput, der sich in der Villa Michahelles abgespielt hat, besaß eine andere Dimension, die Einstein, den Warburg als schwer herzleidend empfand, offenbar aus seiner krankheitsbedingten Zurückhaltung riß:

> Die einzige Enttäuschung war, daß er offenbar schwer herzleidend ist, sonst trug ihn eine jungenhafte Güte und er nahm meine Vorstellung (mit Photographien) (die wir an den Vorhang der Veranda anpinnten) wie eine freudige Überraschung auf: er hatte seinen höheren Spaß dran in das Wesen der Astrologie Einblick zu gewinnen und sah auch die Ambivalenz der intensiven Prägewerte ein und gab ohne weiteres das Erstaunliche Faktum der Dauer der Ausdrucksprägewerte zu.[17]

Ausgestattet mit dem Instrument der Summa seines Forscherlebens, suchte Warburg Einstein anhand von Bildern seines *Mnemosyne*-Atlas eine Vorlesung zu halten, um im Medium der Historisierung von Einsteins Kosmologie seine eigene Bildtheorie zu überprüfen. Schon der Umstand, daß Warburg einen Vorhang der Villa als überdimensionale Tafel seines Bilderatlas nutzte, wirkt geradezu filmreif.

Wie wichtig Warburg es war, gleichsam eine kinohafte Form seines Mnemosyne-Projektes vor Einstein vorzuführen, wird auch in dem Brief deutlich, den Warburg am folgenden Tag an seinen Bruder Max sandte:

> Ich hatte meine Photographien in 4 schweren Mappen mitgebracht, die wir dann an einer Gardine (nach meinem Verfahren hier) anpinnten. Es wäre mir unmöglich gewesen, mit diesen Mappen, besonders wenn die Treppen der Eisenbahnstationen hinzukommen, ohne atemberaubende Komplikation zu ihm zu kommen, wenn ich nicht Kelting gehabt hätte, der ganz prachtvoll fuhr.[18]

Die sowohl anrührende wie grandiose Szene versetzte Einstein in der Wahrnehmung Warburgs in die Situation eines Schülers, der gerade in bezug auf die Bildwelten der Astrologie einen »höheren Spaß« entwickelt zu haben schien. Und daß Einstein mit der Resistenz der in das Gedächtnis gepflanzten Himmelsbilder die Eigenwertigkeit und Problematik der Bilder gerade auch im Rahmen der Erforschung des Kosmos anerkannte, wertete Warburg als eine seltene Bekräftigung seiner Bild-Symboltheorie.

Weiterhin geht aus dem Bericht an seinen Bruder Max hervor, daß Warburg das erste Ziel seines Besuches, Einstein den »mythisch-bildhaften Urgrund seiner Denkweise« zu zeigen, als überaus gelungen erachtet:

> Der erste Teil meiner Absicht ist nun gestern, am 4. Sept., vollkommen geglückt. Die einzige Enttäuschung war, daß ich einen schwer herzleidenden Mann vorfand, der aber sich selbst sofort in absoluter Gewalt hatte, als ihn meine Auseinandersetzungen zu interessieren begannen, was nach wenigen Minuten eintrat. Es war wunderbar zu erfahren, wie ruhig und offen er jede Einzelheit, die ihm aus einem Gebiet mitgeteilt wurde, das ihm absolut neu war, nachprüfend erwog und dann in einem Tempo mitging, das einen nicht ermüden ließ.[19]

Die Ambivalenz Keplers

Nicht in seinem Bericht an seinen Bruder, wohl aber in seiner Tagebucheintragung hat Warburg festgehalten, daß die Diskussion nicht ohne Kontroverse blieb. Bei den Ausführungen zu Johannes Kepler insistierte Einstein auf der Mathematik der Mars-Umlaufbahnen, die Warburg überforderte:

> Bei Kepler nickte er in sich hinein und erklärte mir die Entdekkung der Erdbahn durch Mars als seine Höchstleistung (Verstand zu wenig).[20]

Dies war der neuralgische Punkt der Unterredung. Keplers Entdeckung der elliptischen Umlaufbahnen des Mars hatte auch Warburg beschäftigt und nicht mehr losgelassen, und in seinen Überlegungen zu einer kosmologischen Ausstellung im zum Planetarium umfunktionierten Wasserturm des Hamburger Stadtparks spielte Kepler als »weithin lodernde Aufklärungsfakkel« eine Hauptrolle.[21] Aller Wahrscheinlichkeit nach hat er bei seiner Präsentation die Keplerschen Umlaufbahnen des Mars gezeigt, die er für seinen Mnemosyne-Atlas verwendet hat.[22] In der Überwindung der Vorstellung kreisrunder Himmelsbewegungen sah er die Befreiung aus einer bildhaft befangenen Kosmologie in eine in sich widersprüchliche Aufklärung: »per monstra ad sphaeram«.[23] Den

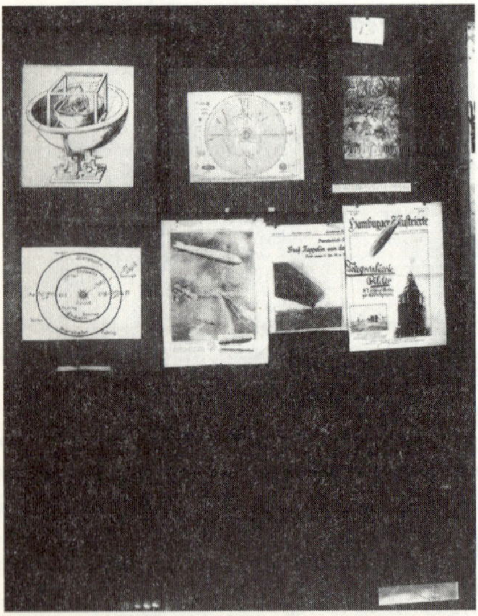

Stecktafel aus Aby Warburgs Bilderatlas *Mnemosyne*

Doppelpol der Ellipse verband Warburg mit jenen Gegensätzen von Magie und Vernunft, zwischen denen er seine eigene Existenz verspannt sah. Aus diesem Grund hat er den Lesesaal seiner Bibliothek mit einer elliptischen Kuppel überhöht.[24] In ihm war, was er im Anschreiben an Einstein als »Ambivalenz« oder »Polarität« und in seinem Tagebucheintrag als »Labilität« der Bildsymbole charakterisiert hatte, symbolisiert. Nach seiner Rückkehr aus der Nervenheilanstalt Kreuzlingen hat Warburg im Dezember 1925 betont, daß er sich mit der Hilfe Ernst Cassirers über die Beschäftigung mit Keplers Ellipse selbst geheilt hätte:

> Das erste, noch entscheidendere Moment war gewesen, wie ich öfter erzählt habe, wie ich ohne Hilfsmittel in Kreuzlingen den Gedankenprozeß Keplers für die Neuorientierung des europäischen Menschengeschlechts dem Kosmos gegenüber bis ins Einzelne hinein – wie mir mein Freund und Führer Cassirer bestätigte – richtig erschaut hatte, als Fortschritt vom Bildhaften zum mathematisch-zeichenmäßigen Denken. Ich hatte das Drama, ›wie die Ellipse den Kreis überwindet‹, als Höhepunkt des um Aufklärung ringenden modernen Menschen richtig ohne Hilfsmittel erwittert.[25]

Der Umstand, daß sich Warburg und Einstein über Kepler nicht verständigen konnten, betraf den Kern nicht nur von Warburgs Theorie, sondern auch seiner Persönlichkeit. So sehr Warburg das Gespräch mit »der Herbsthoren Füllhorn«, also der jahreszeitlichen Metapher der Ernte verband,[26] so enttäuschend muß für ihn die Weigerung Einsteins gewesen sein, die »aesthetischen Prägewerte« auch in Keplers Kosmologie zu erkennen.

Daß dies ein Stachel war, erwähnte Warburg auch in einem am folgenden Tag an Fritz Saxl, den Mitstreiter der Kulturwissenschaftlichen Bibliothek Warburg, gerichteten Brief. Dieses Schreiben verdeutlicht zunächst, daß Warburgs Besuch bei Einstein auch ein Test auf die Wirkungen war, welche die für den Hamburger Stadtparkturm vorgesehene Ausstellung kosmologischer Bilder haben sollte. Die Aufgaben, die Warburg Saxl für die Zeit nach seiner kurz bevorstehenden Abreise nach Italien aufträgt, enden mit einem Hinweis auf das Ausstellungsprojekt, das Warburg auf seinen Einstein-Besuch überleiten läßt:

> 3. Durchsicht des Materials für die Ausstellung in Berlin oder im Stadtpark-Turm.
> Zu dieser möchte ich bemerken: dass der Staat uns erfreulicherweise das gröste Entgegenkommen zeigen wird und wir jedenfalls Gelegenheit haben werden, unendlich viel besser als bei anderen Planetarien die beleuchtenden Kräfte unserer zusammengetragenen Bilderreihen unmittelbar zu erweisen. Wie einfach und durchschlagend die Wirkung sein kann, habe ich gestern an einem köstlichen Beispiel erlebt: Ich hatte mir ja längst vorgenommen, Einstein einmal einen Blick in den Urboden seiner kosmologischen Mathematik zu gewähren, soweit unsere Mittel es erlauben. Ich fuhr gestern mit meiner Frau nach Scharbeutz und fand einen geradezu heroisch kindlichen Mann, der tatsächlich von diesem Mutterboden der Bildhaftigkeit und der denkraumformierenden Magie nichts wußte und der trotz seines schwerleidenden Zustandes (Herz) gespannt wie ein Schuljunge im Kino meinen Bildern folgte und unter steten unerbittlichen Nachfragen die Stichhaltigkeit meiner Schlüsse prüfte. Nur bei Kepler und der Ellipse habe ich, glaube ich, nicht gut bestanden; sonst war er mit mir zufrieden.[27]

Auch dieser Brief verdeutlicht erneut, daß Warburg Einstein, indem er ihm einen Einblick in die Essenz seiner Kulturtheorie »gewährte«, keinesfalls als ein vom Himmel gefallenes Genie betrachtete, sondern daß er ihn im Gegensatz zur Öffentlichkeit, die ihn als ein autochthones Weltwunder des Geistes bewunderte, gleichsam als Boje sah, deren abgründige Verankerung er selbst wie kein Zweiter ausgelotet hatte. Daß Warburg in einer Doppelfunktion als Unterrichtender wie auch als Prüfling kam, spiegelt sich in der reziproken Reaktion Einsteins, der in Warburgs Wahrnehmung »gespannt wie ein

Schuljunge im Kino« dessen Ausführungen folgte und diese seinerseits »unerbittlich« prüfte.

Daß sich Einstein und Warburg bei aller Übereinstimmung über Kepler nicht einigen konnten, verdeutlicht ein grundsätzliches Problem. Für Warburg war Einstein ein neuer Kepler, der mit seiner Theorie des vierdimensional gekrümmten Raum-Zeit-Kontinuums einen zweiten Schritt getan hatte, um sich von der Fixierung an bildhaft metaphorische Kosmosmodelle zu lösen, ohne diese so weit verabschieden zu können, daß sie als »Urboden«, aber auch in ihren aktuellen Formen, nicht sichtbar geblieben wären. Seine bipolare Bestimmung von Kepler suchte Warburg offenbar auch auf *Kepler recreatus* anzuwenden. Kaum anders ist sein Anliegen zu verstehen, mit Einstein die Geschichte bildlicher Kosmologien zu diskutieren, um den Boden von dessen eigener Mathematik aufzuspüren.

Es verwundert nicht, daß Einstein gegenüber Warburgs Kepler-Deutung reserviert blieb. In seinem Dankesschreiben vom 10. September kam er nach anerkennenden Worten darauf zurück:

> Sehr geehrter Herr Prof. Warburg!
> Es war mir eine große Freude, in Ihr emsiges Streben einen so tiefen Blick tun zu dürfen und dabei noch Sie und Ihre Frau persönlich kennenzulernen. Besonders interessant war es für mich zu sehen, wie geringen Aufwandes es bedarf, um die glaubenshungrige Menschheit an der Nase herumzuführen. Besonders drollig ist, daß die Planeten ohne Gewissensbisse ins bürgerliche Jahr hineingehängt wurden unter gänzlicher Verleugnung ihres Vagabundendaseins. Das mag zu Zeiten Keplers doch noch anders gehandhabt worden sein, da dieser sich wohl geschämt hätte, sich sein Futter durch ein so plumpes Spiel zu verdienen. Heute war übrigens eine scharfäugige, weissagende Zigeunerin bei uns; die brauchte keine Astrologie, sondern sah sich ihre Leutchen an und wußte mehr, als sie zu sagen gesonnen war. Mit herzlichem Dank für Ihren und Ihrer Frau Besuch sowie für die interessanten Druckwerke bin ich Ihr ergebener A. Einstein.[28]

Einsteins Reaktion offenbart, daß es Warburg nicht möglich war, Einstein zu vermitteln, warum Keplers Ringen mit der okkulten Naturphilosophie nicht mit dem landläufigen Begriff der Astrologie zu verwechseln war. Möglich ist auch, daß Einstein nicht geheuer war, wie sehr sich Warburg mit Keplers Zwiespalt identifizierte. Vor allem aber wird er gespürt haben, daß Warburg ihn selbst in denselben Rahmen hatte spannen wollen, in den er Kepler als einen verehrungswürdigen Problemfall gesetzt hatte.

Nach Eintreffen des Briefes hat Warburg den das Gespräch betreffenden Passus im Tagebuch der Kulturwissenschaftlichen Bibliothek festgehalten, die Bemerkung zur Zigeunerin aber fortgelassen. Möglicherweise war ihm peinlich, daß Einstein durch diesen Hinweis seinen erkenntnistheoretischen Zugang zur Astrologie auf die Ebene des Aberglaubens abgesenkt hatte. Nach Einsteins Bemerkung, daß sich Kepler »wohl geschämt hätte, sich sein Futter durch ein so plumpes Spiel [wie die Astrologie] zu verdienen« hat Warburg denn auch mit einem geradezu trotzigen »doch so!« auf seiner Position beharrt.[29]

Gertrud Bing hat in ihrem Kommentar ausgeführt, daß es die Eindimensionalität der sich in stetigem Aufstieg wähnenden Naturwissenschaften gewesen sei, welche Einstein die Denkhemmung auferlegt habe, über Kepler den Wert von Warburgs bildsymbolischen »Prägewerten« zu erfassen: »Diese Verkennung der Sachlage war mir auch aufgefallen: Optimismus der exakten Wissenschaft. Dagegen siehe Warburg's Gesetz des größten Kraftmaßes.«[30] Schließlich hat sich Ernst Gombrich gegen Einsteins Äußerung gewandt, als er anläßlich seiner Rekonstruktion des *Mnemosyne*-Atlas betonte, daß die astrologische Tätigkeit Keplers »durchaus nicht nur dem Broterwerb diente«.[31]

In einem Brief an seinen Bruder Max M. Warburg hat Warburg gut zwei Wochen nach Erhalt von Einsteins Schreiben ungeachtet des Zwistes um Kepler jedoch die bereits zuvor betonten Übereinstimmungen hervorgehoben. Aus der Entfernung war der Konflikt um Keplers Astrologie von der Genugtuung überlagert, daß Einstein seine »große Freude« bekundet hatte, mit Warburgs Überlegungen konfrontiert gewesen zu sein:

> Von Einstein hatte ich einen sehr reizenden Brief der zeigt, mit welcher Geradheit dieser grosse Mann die besondere Bedeutung meiner wissenschaftlichen Einstellung zu begreifen die Freundlichkeit hat.[32]

Einstein, Galilei, Panofsky

Einsteins Widerstand gegen Warburgs Deutung hat verhindert, daß er sich, Jahrzehnte bevor Forscher wie Frances A. Yates am Londoner Warburg Institute die okkulten Schichten der frühmodernen Naturwissenschaften herauspräparierten und etwa die hermetische Orientierung von Heroen wie Isaac Newton erschlossen,[33] der Komplexität Keplers stellen konnte. Damit aber hat er sich der Lösung eines eigenen Problems entschlagen, das mittelbar erneut mit Keplers Marsbahnen zu tun hatte. Für Einstein blieb rätselhaft, daß Galileo Galilei die diesbezüglichen Berechnungen von Tycho Brahe und Kepler ignorierte. Sein im Jahre 1953 publiziertes Vorwort zur englischen Übersetzung von Galileis »Dialog« betont mit mühsam unterdrücktem Zorn: »Daß in Galileos Lebenswerk dieser entscheidende Fortschritt keine Spuren hinterlassen hat, ist ein groteskes Beispiel dafür, daß schöpferische Menschen oft nicht rezeptiv orientiert sind.«[34]

Diese eher ratlose Erklärung hat Erwin Panofsky herausgefordert, der zu diesem Zeitpunkt seit Jahren gleichsam Tür an Tür mit Einstein in Princeton forschte. Nach seiner kunsthistorischen Dissertation in Freiburg hatte er sein Studium im Jahre 1915 bei Goldschmidt in Berlin fortgesetzt. Im Jahre 1920 an der Hamburger Universität habilitiert und fünf Jahre später schließlich zum Professor für Kunstgeschichte berufen, gehörte er zu den herausragenden Protagonisten der Kulturwissenschaftlichen Bibliothek Warburg. Kaum ist denkbar, daß er nicht von Warburgs Besuch bei Einstein gehört hätte. Seit dem Herbst 1934 wohnte er in dessen Nähe, und als er im folgenden Jahr eine Forschungsprofessur am Institute for Advanced Study erhielt, wurde er auch beruflich dessen Nachbar. Im Januar 1935 schrieb er an Fritz Saxl, daß er »schon wieder mehr mit Mathematikern als mit Kunsthistorikern um(gehe)«, und einen Abend seien er und seine Frau mit Einstein zusammengewesen: »Er hat mir trotz a priorischer Skepsis einen ungeheuren Eindruck gemacht. Finden Sie nicht auch, dass er mit seinem riesigen, dabei aus lauter beweglichen kleinen Flächen zusammengesetzten Gesicht mit den merkwürdigen Tieraugen wie das späte Selbstbildnis Rembrandts im Louvre aussieht?«[35]

Im Jahre 1940 folgte der Mathematiker Wolfgang Pauli, mit dem Panofsky seit dessen Hamburger Jahren befreundet war, an das Institute for Advanced Study. Als dieser im Jahre 1945 den Nobelpreis erhielt, erinnerte Panofsky anläßlich der in Princeton abgehaltenen Feier in seiner Laudatio mit einer gewissen Melancholie an Zeiten, in denen Naturwissenschaftler wie Kepler Kosmosmodelle mit allgemein begreiflichem »meaning« hätten entwerfen können.[36] Er sprach die Zeit um 1600 an, aber er wird auch den Lesesaal der Kulturwissenschaftlichen Bibliothek Warburg und möglicherweise auch Warburgs Besuch in Scharbeutz im Sinn gehabt haben.

Er selbst hat einen ähnlichen Versuch unternommen, mit Einstein in einen Dialog zu treten. Einsteins Begründung von Galileis Ausblendung von Keplers »Nova Astronomia« gab ihm den Anstoß, sich dem Problem über einen Brückenschlag zwischen Wissenschafts- und Kunstgeschichte zu nähern.[37] Gegen Einsteins psychologische Deutung stellte Panofsky die Beobachtung, daß es die Verzahnung der überkommenen Kosmologie mit tiefsitzenden ästhetischen Überzeugungen gewesen sei, die Galileis Ausblendung von Keplers Ellipsen bewirkt hätte. Panofsky brachte zahlreiche, zunächst heterogen wirkende Äußerungen zusammen, die gleichermaßen belegten, daß Galilei den um 1600 herrschenden Manierismus in all seinen Erscheinungsformen attackierte. Offenbar hat Galilei die Ellipsen der Marsumlaufbahnen als eine dieser Zumutungen empfunden. Nach der Ablehnung von Werken der Dichtung und der Bildenden Kunst waren es ästhetische Gründe, die ihm in bezug auf die Himmelsmechanik eine Denkhemmung auferlegten. Kaum ein Fall hätte Warburgs Theorie der energetischen Kraft der Bildsymbole und der prägenden »aesthetischen Werte« sinnfälliger verdeutlichen können.

Für Panofsky muß es enttäuschend gewesen sein, daß seine Arbeit zwar von einem Wissenschaftshistoriker wie Alexandre Koyré begrüßt und ausgebaut wurde,[38] seitens Einsteins aber ohne Echo blieb. In seinem letzten Interview von 1955 kam Einstein auf das Galilei-Kepler-Problem zurück, ohne Panofskys Deutung einzuflechten.[39] In der zweiten, 1956 erschienenen Fassung von »Galilei as a Critic of the Arts« ließ Panofsky die Anknüpfung an Einstein fort.[40]

Da Panofsky und Einstein über einen Zeitraum von zwanzig Jahren Nachbarn waren, sind kaum Briefe überliefert, aber alle Indizien sprechen dafür, daß sie einen respektvollen Umgang miteinander pflegten.[41] Angesichts dieser persönlichen Nähe erscheint es um so bedauerlicher, daß Panofsky ebenso wie Warburg zuvor daran scheiterte, Einstein zu vermitteln, wie komplex sich Bilder mit Zahlen und Formeln verbanden. Dies betraf Kepler ebenso wie Galilei und schließlich auch Einstein selbst, der sich gegen diese Deutungen möglicherweise auch aus dem Grund wehrte, weil er selbst gespürt haben mag, daß seine Ablehnung der Quantenphysik auf ähnlichen Gründen beruhte wie Galileis Ausblendung der Keplerschen Ellipsen. Damit blieben die Versuche von Kunsthistorikern, mit Einstein über die Frage der visuellen Prägung von Weltbildern in einen Dialog zu treten, in den neuralgischen Punkten ohne Echo. Dies spricht nicht gegen die Berechtigung ihrer Vorstöße, sondern für die von Panofsky verworfene Erläuterung Einsteins, »daß schöpferische Menschen oft nicht rezeptiv orientiert sind«. In diesem Fall trifft der Spruch auf ihn selbst zu. Hierin liegt ein Phänomen, das angesichts des überdimensionalen Status von Einstein zugleich verwundert und versöhnt.

Für den Hinweis auf drei der hier verwendeten Briefe (A. Warburg an A. Einstein, 3.9.1928; A. Warburg an F. Saxl, 5.9.1928; A. Einstein an A. Warburg vom 18.9.1928) danke ich Claudia Naber; Dorothea McEwan danke ich für den Hinweis auf weitere Schreiben sowie vor allem für die Übermittlung des Briefes von A. Warburg an Max Warburg vom 5.9.1928. Der Abdruck des Briefs von Albert Einstein an Aby Warbung vom 10.9.1928 erfolgt mit fruendlicher Genehmigung des Albert Einstein Archivs, Jewish National & University Library, Hebrew University of Jerusalem.

Philip Ursprung

Unendliche Oberfläche

Einsteins Abwesenheit in der Architektur

Immer wieder entdecke ich auf Reisen eine jener zahllosen Plaketten und Gedenktafeln, die an Albert Einstein erinnern. Vom alten Gasthof im Bergell, wo mir der Wirt vor Jahren stolz das Gästebuch mit Einsteins Unterschrift zeigte, bis zum Flur der Humboldt-Universität in Berlin, von der heute zur Vogelwarte umgebauten früheren Ferienpension auf der Ostsee-Insel Hiddensee bis zum Künstlercafé in Berlin – immer scheint Einstein bereits dagewesen zu sein. Sogar während ich diesen Text schreibe, blicke ich von meinem klimatisierten Büroraum am Stadtrand von Zürich aus auf die Einstein-Straße. Es handelt sich zwar, in typisch schweizerischer Untertreibung, nur um eine schlichte Zufahrtstraße, die über eine Betonrampe zur Tiefgarage führt. Aber sie gibt immerhin dem Institut für Geschichte und Theorie der Architektur, in dem ich arbeite, die offizielle Postadresse.

Wie es sich für einen Wissenschaftler gehört, der das Verhältnis von Raum und Zeit auf eine radikal neue Art dargestellt hat, war Einstein überall. Er scheint pausenlos gereist, in den 1910er und 1920er Jahren praktisch in jedem Hotel Europas abgestiegen zu sein und an jeder Universität vorgetragen zu haben. Einstein bleibt untrennbar mit der europäischen und amerikanischen Toponymie, also den Namen von Orten, verbunden. Sein Name hat sich wie kein anderer im 20. Jahrhundert in unsere räumliche Wirklichkeit eingeschrieben und markiert bis heute Forschungszentren und städtische Plätze, Whisky-Kneipen und Vortragszyklen, Lehrprogramme für Säuglinge und Zufahrtssträßchen.

Der Einstein-Turm: Monument für die Relativitätstheorie

Nach den Zusammenhängen zwischen Einstein und der Architektur gefragt, könnte ich also spontan auf die Allgegenwart Einsteins in unserer räumlichen Vorstellung hinweisen, also darauf, daß sein Name und sein Bild mit zahlreichen Orten und Bauten wie eine Textur verwoben zu sein scheint. Gleichsam zum Monument verdichtet ist jene Textur in einem spektakulären Bauwerk, das alle Kenner der Architektur reflexartig erwähnen, wenn man sie nach der Verbindung zwischen Einstein und Architektur, ja zwischen Wissenschaft und Architektur fragt – im Einstein-Turm in Potsdam.[1] Das Gebäude, entstanden 1919–1924, ist Resultat einer jener seltenen historischen Konstellationen, bei denen die richtigen Personen zur richtigen Zeit zusammenkamen. Motor des Projekts war der schottisch-deutsche Astronom Erwin Findlay Freundlich. Freundlich versuchte, die 1905 formulierte Relativitätstheorie Einsteins, also die Idee, daß Raum und Zeit keine absoluten Größen seien, zu beweisen. Er wollte die sogenannte »Einstein'sche Verschiebung« nachweisen, also die Ablenkung von Lichtstrahlen durch Gravitationsfelder. Er entwarf ein Instrument, um die, wie er sie nannte, »kosmischen Lichtquellen« zu analysieren. Es besteht aus einem Teleskop, durch das die Lichtstrahlen senkrecht durch einen zwanzig Meter langen Schacht auf einen Spiegel geführt und von dort durch einen zwölf Meter langen unterirdischen Schacht zu einem Spektrographen geleitet werden.

Erich Mendelsohn, Einstein-Turm, 1919

Freundlich war nicht nur mit Einstein, sondern auch

mit dem Architekten Erich Mendelsohn befreundet. Dieser war durch seine utopischen, mit wenigen Federstrichen hingeworfenen Architekturskizzen bekannt geworden, die er während seines Militärdienstes im Ersten Weltkrieg gezeichnet hatte. Mendelsohns Zeichnungen für ein Observatorium veranlaßten Freundlich, ihn mit dem Bau zu beauftragen. Der Einstein-Turm in Potsdam war Mendelsohns erstes verwirklichtes Projekt, und es machte ihn über Nacht berühmt. Die Konstruktion kontrastiert mit ihrer strahlend weißen, glatten Oberfläche radikal zu den traditionellen Backsteinbauten der Observatorien der Kaiser-Wilhelm-Gesellschaft. Eine nie dagewesene architektonische Form verband sich mit einer nie dagewesenen Theorie. Tatsächlich läßt sich die dynamische, skulpturale Form des Observatoriums als Bild des rätselhaften Moments auffassen, wo die statische Struktur sich in Bewegung setzt, wo Materie sich in Energie verwandelt. Die Euklidische Geometrie ist außer Kraft gesetzt. Die geometrischen Grundformen, Kugel, Würfel und Pyramide, die zur selben Zeit im Grundkurs des Bauhauses gelehrt wurden und die zu den elementaren Bestandteilen der modernistischen Architektur zählen, kommen im Einstein-Turm nicht vor. Angesichts des Baues meint man, buchstäblich um die Ecken sehen und damit die Einsteinsche Idee des gekrümmten Raumes nachvollziehen zu können. Die Differenz zwischen räumlicher Tiefe und flächiger Oberfläche verschwimmt. Alles scheint aus einem Guß zu sein, alles scheint Oberfläche. Einstein war begeistert. Er soll nach einer Besichtigung Mendelsohn nur ein Wort ins Ohr geflüstert haben: »organisch«.[2]

Mendelsohn sagte in einem Vortrag 1923, daß die beiden Konzepte Materie und Energie, die früher getrennt voneinander gedacht wurden, im Grunde genommen verschiedene Zustände desselben Stoffes seien und daß nichts im Universum ohne Beziehung sei zum Kosmos und zum Ganzen.[3] In seinem Bau wollte er diese Beziehung zum Ganzen unter anderem dadurch darstellen, daß er aus massivem Stahlbeton hergestellt sein sollte. Allerdings war dies wegen der Rationierung von Zement in den Inflationsjahren nicht möglich. In Wirklichkeit ist der Oberbau ein konventioneller Ziegelbau wie die daneben stehenden älteren Observatorien. Er wurde nachträglich mit Putz überzogen und weiß bemalt. Der spektakulären Wirkung des Baues schadete das nicht. Kurz nach seiner Fertigstellung prangte das photogene Gebäude in allen Zeitschriften. Es wurde zu einem Symbol der Weltoffenheit der Weimarer Republik und zu einem Monument für die Relativitätstheorie – obwohl es Freundlich am Ende gar nicht gelang, diese zu beweisen. Es hat die Zeit der nationalsozialistischen Diktatur überstanden, die Bombardierungen im Zweiten Weltkrieg mit schweren Beschädigungen überlebt und wurde zur Zeit der DDR weiterhin genutzt, um Sonnenmessungen vorzunehmen. Heute gehört es zum Wissenschaftspark Albert Einstein in Potsdam. Das Bild des Einstein-Turms hat sich längst verselbständigt und ist Teil der kollektiven Imagination der Architekturwelt geworden. Als ich es zum erstenmal Anfang der 1990er Jahre sah, überraschte mich, daß er so fragil und viel kleiner wirkte, als ich mir das Gebäude vorgestellt hatte.

Aber paradoxerweise hat die Popularität des Einstein-Turms den Fall »Einstein und die Architektur« auch abgeschlossen. Das Projekt bildete, wie Wolf von Eckhardt 1960 schrieb, den »irrationalen Pol« von Mendelsohns Werk und hatte »keinen sichtbaren Einfluß auf die internationale Architektur.«[4] Inzwischen hat sich dies geändert. Einsteins Turm ist im Sog der Diskussion des Postmodernismus wieder zu einer wichtigen Referenz der Architektur geworden. Aber es ist ein Klischee der Architekturgeschichtsschreibung geblieben, Querverbindungen zwischen Einsteins Relativitätstheorie und der ungefähr zeitgleichen Entwicklung der kubistischen und futuristischen Kunst zu behaupten.[5] Niemand stellt hingegen die Frage, wie diese Verbindungen konkret funktionieren. Es bleibt bei der mysteriösen Gleichzeitigkeit, mit der ein einheitlicher »Zeitgeist« im Sinne der Einheitsvorstellungen des 19. Jahrhunderts suggeriert wird. Der gewichtigste Versuch, diese Zusammenhänge darzustellen, stammt vom schweizer Architekturtheoretiker Sigfried Giedion. Der Titel seines Buches *Space, Time, and Architecture* (1941) bezieht sich auf die veränderte Raumauffassung nach Einstein. Giedion beruft sich in seinem Vortrag *Raum und Zeit* (1908) neben Einstein auch auf Hermann Minkowskis Konzept des vierdimensionalen Raums und betont, daß die Simultaneität und die Relativität auch in der kubistischen und futuristischen Kunst zentrale Bedeutung haben. Er erwähnt in seinem Buch allerdings Mendelsohns Einstein-Turm nicht. Möglicherweise war das der Grund, warum Mendelsohn seinem Freund Einstein jene Auszüge aus dem Band schickte, wo Giedion von der Relativitätstheorie spricht und ihn um seine Meinung bat. Dieser antwortete ironisch in Gedichtform:

»Nicht schwer ist's, Neues auszusagen,
wenn jeden Blödsinn man will wagen.
Doch selt'ner füget sich dabei,
daß Neues auch vernünftig sei!

P.S. Das ist reiner Unsinn ohne vernünftige Grundlage.«[6]

Einsteins Erbe in der Architektur: R. Buckminster Fuller

Ob Einstein allerdings Mendelsohns Architektur tatsächlich schätzte, bleibt eine offene Frage. Folgt man dem Architekten Konrad Wachsmann, der 1929 Einsteins Sommerhaus in Caputh baute, dann mochte er den Einsteinturm nicht und liebte moderne Architektur wenig.[7] Mit Wachsmanns Holzhaus war er zwar zufrieden. Aber das Erstlingswerk des damals 28jährigen Architekten ist ein durchaus konventioneller, teilweise nach Einsteins Wünschen errichteter Bau, der nicht den Anspruch einer avantgardistischen Architektur hatte. Ist es überhaupt sinnvoll, Spuren von Einsteins Präsenz in der Architekturgeschichte *nach* Mendelsohns Meisterwerk Anfang der 1920er Jahre zu suchen? Hat Einstein als historische Figur für die heutige Architektur eine Bedeutung? Wirkt er im aktuellen architektonischen Diskurs nach? Fragt man jüngere Architekten derzeit nach ihrer Beziehung zu Einstein, ist die Antwort durchweg gleich: Einstein hat nichts mit der heutigen Architektur zu tun. Natürlich ist das Image Einsteins als Inbegriff des genialen Wissenschaftlers auch im Gedächtnis der Architekten präsent. Der auf Wissenschaftler und Künstler bezogene Personenkultus ist seit dem mittleren 19. Jahrhundert in den modernen Gesellschaften verbreitet. Einstein selber empfand ihn für seine Person als »unberechtigt«.[8] Aber im Unterschied zu den 1920er und 1930er Jahren wird Einstein heute nicht mehr als Wissenschaftler verehrt, der die Welträtsel zu lösen verspricht. Er ist vielmehr zu einer Pop-Ikone geworden, dessen Bild tausendfach reproduziert wird und das zur kollektiven Imagination gehört. So hat zum Beispiel auch Andy Warhol, der für manche Architekten der jüngeren Generation seinerseits eine Kultfigur ist, Einsteins Bild in einem Siebdruck verwendet. Die heutige Faszination für Einstein ist die Faszination für einen Menschen aus einer lange vergangenen Zeit. Die meisten empfinden Sympathie für den exzentrischen Wissenschaftler und den Menschen, der sich politisch und ethisch engagierte. Aber die wenigsten Zeitgenossen verstehen seine Theorien. Und die meisten stehen seinem religiös sublimierten Wissenschaftsbild, seinem Fortschrittsglauben und seinem Pathos skeptisch gegenüber. Für eine jüngere Generation ist er sogar zum Inbegriff eines mechanistischen Weltbilds geworden. Gilles Deleuze und Félix Guattari beginnen das Schlußkapitel ihres Buches *Tausend Plateaux* (1980), das in mancher Hinsicht zu einem Kultbuch heutiger Architekten geworden ist, mit dem digitalisierten Porträt Einsteins. Sie machten sein Image damit gleichsam zum Emblem einer Zeit, deren kritische Demontage sie sich zum Ziel gesetzt haben.

Wir müssen einige Jahrzehnte zurückblenden, um eine bedeutende Figur aus der Welt der Architektur zu finden, die sich explizit mit Einstein auseinandersetzte, nämlich den amerikanischen Architekten und Erfinder Richard Buckminster Fuller. Fuller (1895–1983) widmete sich zeit seines Lebens der Erfindung und Entwicklung von neuen Strukturen und Technologien. Er versuchte, das Kräftespiel der Natur möglichst umfassend zu verstehen und für die Konstruktion von Behausungen anzuwenden. Zu seinen Erfindungen gehören unter anderem das sogenannte Dymaxion House (1929),[9] eine leicht transportable Struktur, die wie ein Zelt entlang eines zentralen Mastes aufgespannt werden konnte. Auf das Dymaxion House folgte 1933 das Dymaxion Car, ein Hybrid aus Auto und Flugzeug, ein stromlinienförmiges, dreirädriges Auto, das zwar nie in Serie gebaut wurde, das Autodesign aber für Jahrzehnte prägte. Weitere Projekte waren das Dymaxion Bathroom, die Dymaxion Deployment Unit und die Dymaxion World Map. Letztere ist ein Versuch, die seit 400 Jahren gebräuchliche Mercator-Projektion, also die verzerrte Projektion der Erdkugel auf eine flächige Karte, durch ein neues Weltbild mit annähernd korrekten Proportionen abzulösen. Fuller wollte damit den Schlüssel zu einer neuen Logistik für die ganze Erde schaffen.

Seine für die Architektur wichtigsten Leistungen waren die Erfindung der geodätischen Strukturen, das heißt leichte, rasch montier- und demontierbare Kuppelformen, welche als Unterstände, Häuser und sogar Hallendächer fungierten. Geodätische Dome wurden in den 1960er Jahren massenhaft hergestellt und werden heute noch im Ausstellungs- und Messebau eingesetzt. Fullers Hauptwerk entstand bezeichnenderweise als Auftrag für eine Weltausstellung. Der Expo-67-Dome, der offizielle Ausstellungspavillon der Vereinigten Staaten auf der Weltausstellung 1967 in Montreal, ist zu einem Meilenstein der Architekturgeschichte geworden. Die Struktur überstand sogar einen Brand, der 1976 die Acrylhülle zerstörte. Sie wird heute für ein Museum genutzt.

Fuller empfand Einstein als großes Vorbild und verehrte

ihn über alles. Er bewunderte nicht nur dessen wissenschaftliche Leistungen, sondern auch dessen Gabe, theoretische Erkenntnis und alltägliche Erfahrung miteinander zu verbinden. Er bekannte, daß er von Einstein zu seinem ersten Buch *Nine Chains to the Moon* (1938) motiviert worden sei. Er nahm Einsteins Essay »The Cosmic Religious Sense« darin auf. In dem Buch spekuliert er darüber, wie das Leben auf dem Planeten aussähe, wenn die Gesellschaft begonnen hätte, in einer Art zu leben, die mit Einsteins Ideen übereinstimmte.[10] Der Titel des Buches fußt auf seiner Berechnung, daß die Erdbevölkerung, aneinandergereiht, eine Menschenkette bilden würde, welche neunmal zwischen Erde und Mond hin- und herführen würde. Er wollte damit anregen, daß die Menschen sich in kosmischen, nicht nur in lokalen Dimensionen bewegen sollten. Der Spruch »Think global, act local«, den eine Schweizer Großbank in den 1990er Jahren als Motto ihrer Werbekampagnen geführt hatte, geht auf Buckminster Fuller zurück. In seinem letzten, postum publizierten Buch, *Cosmography* (1992), prophezeit er nichts weniger als die Wiedergeburt der menschlichen Art in der »Morgendämmerung von Einsteins Universum«.[11]

Fullers Identifikation mit Einstein ging so weit, daß er sogar biographische Berührungspunkte zwischen sich und dem Physiker ausfindig machte. So suggerierte er, daß Einstein, der lange im Berner Patentamt gearbeitet hatte, seinen eigenen Erfindungen gegenüber schon aus Gründen des Lebenslaufs offen sein mußte. Nach eigenen Angaben ist er ihm persönlich 1935 in New York begegnet. Einsteins charismatische Ausstrahlung traf ihn wie eine religiöse Erscheinung: »I felt mystically moved. My reverence for him was such that I seemed to sense a halo above his head.«[12] Einstein hatte das Manuskript von *Nine Chains to the Moon* vom Verlag erhalten und war, laut Fuller, begeistert: »Young man, you amaze me. I cannot conceive of anything I have ever done having the slightest practical application.«[13] In einem Brief 1948 bat er Einstein dann erneut, seine Ideen präsentieren zu dürfen. Der Brief hebt ohne falsche Bescheidenheit mit der Formulierung an: »In aller Demut stelle ich fest, daß ich nichts weniger als das ›Sesam-öffne-dich‹ zu einem umfassenden System sublimer Kommensurabilität gefunden zu haben scheine.«[14] Fuller scheint Einstein allerdings nicht wieder getroffen zu haben. In dem Buch *Cosmography* erinnert er daran, daß Einstein 1953 in Princeton seine Tensegrity Sphere (Ententiconaeder) aus neunzig Stäben bewundert habe. Es handelte sich um ein zehn Meter großes Modell, das Fuller zusammen mit Studenten neben dem Stadion der Universität errichtet hatte.[15] Einsteins Bewunderung führte dazu, so Fuller, daß die Struktur auf das Titelblatt der Universitätszeitschrift gelangte.

Richard Buckminster Fuller, Tensegrity Sphäre, Princeton, 1953

Von allen Übersetzungen der Ideen Einsteins in Architektur sind die 1948 zum erstenmal erprobten Tensegrity-Strukturen – von »tensional integrity structure« – die elegantesten. Sie erlauben, mit wenig Material und ohne Stützpfeiler große Spannweiten zu überbrücken. Im Prinzip ist Tensegrity eine Umsetzung des Speichenrads in eine dreidimensionale Konstruktion. Laut Fuller ist es eine »discontinuous-compression, continuous tension structure«.[16] Es handelt sich um ein aus Kabel und Spanten bestehendes System, bei dem die Kabel mittels Spannung, die Spanten mittels Druck funktionieren. Tensegrity-Strukturen sind seit den 1950er Jahren von seinen Schülern und anderen Architekten und Ingenieuren weiterentwickelt worden und werden nach wie vor verwendet. Wenn Fuller sagt, daß Einsteins Auffassung der Lichtgeschwindigkeit als Norm impliziert, daß jede langsamere Geschwindigkeit dazu führe, daß die Energie quasi mit sich selbst interferiere und sich zu »Knoten« verdichte, welche die Menschen als »Materie« bezeichnen,[17] dann sind die Tensegrity-Strukturen, deren einzelne Elemente sich nicht direkt berühren, sondern durch Drähte in ein dynamisches Kräftespiel involviert sind, die schönste praktische Umsetzung dieses Konzepts.

Fullers Erbe

Fuller war nicht schulbildend für die Architektur des 20. Jahrhunderts wie beispielsweise Frank Lloyd Wright, Le Corbusier, Walter Gropius, Mies van der Rohe, Louis Kahn oder Alvar Aalto. Obwohl er pausenlos dozierte und unermüdlich publizierte, obwohl seine Projekte immer Gruppenarbeiten waren, bei denen ihm Studenten und treue Mitstreiter zur Seite standen, hat er es nicht geschafft, seine Ideenwelt zu institutionalisieren. Sein Œuvre bleibt fragmentarisch. Viele Historiker bezeichnen ihn als Ingenieur, nicht als Architekten. Da er lange Zeit keine Lizenz als Architekt hatte, durfte er beispielsweise nicht unter seinem Namen bauen. Sein Werk bleibt aber auch ein Steinbruch an Ideen, aus dem sich einzelne Architekten nach wie vor bedienen. Denn gerade die Tatsache, daß Fullers Visionen sich nicht den akademischen Institutionen unterwarfen, hat auch dazu geführt, daß seine Ideen immer neue Anhänger fanden. Fuller ist zwar lediglich sieben Jahre jünger als Mendelsohn. Doch im Unterschied zu diesem, der längst seinen Platz in der Architekturgeschichte erhalten hat und dessen Wirkung auf die heutige Gegenwart gerade deshalb neutralisiert ist, bleibt Fullers Fall offen. Gerade die Tatsache, daß er als Ingenieur, Erfinder und Pädagoge zu Lebzeiten nur am Rand der Architekturwelt wahrgenommen wurde, führte dazu, daß seine Arbeit im Licht der heutigen Architektur neu an Interesse gewinnt.

Aus der Perspektive unserer Gegenwart, wo die Architekten ihre architektonische Praxis neu definieren und, einmal mehr, ihre Rolle in der Gesellschaft überprüfen muß, ist er nicht nur ein unkonventioneller Erfinder, sondern auch ein Vorbild.[18] Während seine Religiosität einerseits, seine enge Verbundenheit mit dem Militär andererseits – ein großer Teil seiner Produkte entwickelte er im Auftrag der amerikanischen Armee – die meisten heutigen Architekten befremden, so teilt insbesondere diejenige Generation, die mit dem Computer als Entwurfs- und Produktionsinstrument aufgewachsen ist, die Begeisterung für die Leistungen und Möglichkeiten der Industrie. Folgender Satz könnte auch als Motto einer Entwurfsklasse für Computer Aided Design gelten: »In architecture, form is a noun; in industry, form is a verb.«[19] Dieser Satz ist charakteristisch für seine Vorstellung einer dynamischen Welt, eine Vorstellung, die heute die meisten Architekten teilen. Auch wenn heute im architektonischen Diskurs andere Begriffe verwendet werden – allen voran der Begriff der Performativität –, so lassen sich manche Ideen Fullers unmittelbar auf derzeitige Raumvorstellungen übertragen. So zum Beispiel seine Idee, daß jede Räumlichkeit eine bewegte sei, was er in folgendem Satz auf den Punkt bringt: »A room should not be fixed, should not create a static mood, but should lend itself to change so that its occupants may play upon it as they would upon a piano.«[20]

Für ihn gab es keine Trennung zwischen Beruf und Leben. Er deklarierte als Dreißigjähriger sein eigenes Leben als ein fortlaufendes Experiment und bezeichnete sich ironisch als Guinea Pig B. (Versuchskaninchen Bucky).[21] Dies sowie sein Status als kompromißloser Außenseiter haben ihn Ende der 1960er Jahre zu einer Kultfigur der Studentenbewegung gemacht. Seine geodätischen Strukturen wurden zum Sinnbild für alternative Lebens- und Gesellschaftsformen, zum Emblem eines naturverbundenen, »organischen« mobilen Lebens, eines Lebens jenseits erstarrter Konventionen, deren Träger und Sinnbild die statische Architektur von Wohnhäusern ist.

Und nach wie vor sind Fullers Ideen gefragt, wenn es um Utopien geht. Zum Beispiel anläßlich der Planung der Schweizerischen Landesausstellung 2002, ursprünglich Expo.01. Die Direktion, angeregt durch den Tessiner Ingenieur Mauro Pedretti, hatte vor, die gesamten Überdachungen der Ausstellungsarchitektur, die um den Bieler-, Neuenburger- und Murtensee gebaut werden sollten, mittels Tensegrity-Strukturen zu realisieren. Dies hätte stützenfreie Räume erlaubt. Es hätte auch eine Verschmelzung der Räumlichkeiten gestattet, die zwischen innen und außen, oben und unten nicht mehr kategorial unterscheidbar gewesen wäre. Nach internen Querelen, politischen und finanziellen Problemen blieb nichts von dem ursprünglichen Traum einer gänzlich aus Tensegrity-Elementen bestehenden Ausstellung übrig. Lediglich im prominentesten Projekt der Expo.02, dem eigentlichen Wahrzeichen der Ausstellung, kam das Tensegrity-System buchstäblich zum Tragen. Blur Building von Diller + Scofidio wurde mit Hilfe von Pedretti teilweise mittels Tensegrity-Strukturen verwirklicht.[22] Die Struktur trug Tausende von feinen Düsen, über die Wasser zu einem Nebel versprüht wurde. Als Wolke schwebte dieser Nebel über dem See, wechselte je nach Wind die Gestalt und die Richtung. Die Besucher konnten die Wolke über eine Rampe betreten und sich frei darin bewegen. An heißen Sommertagen erfuhren sie die Nässe als Erfrischung, an Regentagen verstärkte der Nebel die trübe Atmosphäre zusätzlich. Indem sie die Besucher völlig involvierte, ohne ihnen spezifische Botschaften zu vermitteln, wurde die Wolke zu einem Emblem der aktuellen Event-Architektur, zu einem Ort, der ganz Atmosphäre war, der sich ständig veränderte und an dem zugleich nichts geschah.

Diller + Scofidio,
Blur Building, Expo.02,
Yverdon 2002

Zerstoben: Einstein in der heutigen Architektur

Aber wie man es dreht und wendet, welche historische Spuren, welche Details man auch verfolgt: Die heutigen Architekten haben Einstein vergessen. Sie kommen ohne ihn aus, sie kommen ohne den Wissenschafts-Star aus. Ja, manche Architekten haben inzwischen selber jene Rolle der Projektionsfigur gesellschaftlicher Wünsche übernommen, die er ein halbes Jahrhundert lang verkörpert hatte. Seit Einsteins Tod sind unsere Gesellschaften noch viel arbeitsteiliger geworden, ist Arbeit selber »immateriell« geworden. Architektur ist seit den 1990er Jahren nicht zuletzt deshalb ein Phänomen, das viele Menschen interessiert, weil sie von ganzheitlichen Prozessen handelt. Obwohl auch die architektonische Praxis eine der Arbeitsteilung ist, wo diverse Spezialisten zusammenkommen, ist stets jemand da, der das Ganze überblicken kann. Bis heute ist es nicht gelungen, das Bauen tatsächlich zu industrialisieren. Der Ort, wo entworfen wird, das Architekturbüro, kann nicht wie eine Fabrik geführt werden. Mit ein paar Dutzend bis maximal 200 bis 300 Mitarbeitern sind selbst die erfolgreichsten, global agierenden Büros nicht industriell und bürokratisch organisiert, sondern funktionieren eher wie paternalistisch strukturierte Manufakturen.

Natürlich ist die Idee, daß die Architekten die Übersicht über alle Bereiche der Gesellschaft haben, illusorisch. Selbst ein Stararchitekt wie Jacques Herzog gesteht im persönlichen Gespräch ironisch, daß er außer von Fußball eigentlich von nichts etwas verstehe. Tatsächlich ist das Phänomen der Stararchitekten ein Symptom für den Wunsch nach Ganzheit. Es handelt sich um ein junges Phänomen, das erst Mitte der 1990er Jahre einsetzte. Es hängt einerseits damit zusammen, daß die Angehörigen der Architekturwelt, die daran gewöhnt sind, technisch reproduzierte Bilder wahrzunehmen, »wirkliche« Figuren »hinter« diesen Bildern lokalisieren möchten. Es hängt andererseits damit zusammen, daß die Öffentlichkeit von den Protagonisten solcher Berufsgruppen, von denen sie annimmt, daß sie das Ganze im Auge haben, Antworten auf die verschiedensten Fragen erwartet. Die heutigen Stararchitekten befinden sich somit fast in derselben Situation wie die kultisch verehrten Naturwissenschaftler vor hundert Jahren.

Wissenschaft ist für die meisten Architekten von einem Orientierungspunkt bestenfalls zu einer formalen Inspirationsquelle geworden. Obwohl seit den 1960er Jahren viele Architekten sich für ihre Entwürfe auf Verfahren der Physik und Mathematik berufen, obwohl Chaostheorie und virtuelle Realität sie faszinieren: Einstein kommt bei ihnen, mit der schillernden Ausnahme von Fuller sowie den anekdotischen Erinnerungen von Konrad Wachsmann, nicht vor. Leidet die Architektur unter Amnesie? Interessieren sich die Architekten für nichts, das außerhalb ihrer engsten Sphäre liegt? Aber auch wenn die Architektur wie die meisten anderen Sparten der heutigen Gesellschaften in erster Linie ein Kurzzeitgedächtnis hat, so bleibt sie dennoch von manchen Protagonisten der Ideengeschichte geprägt. Im Unterschied zu Einstein hat Sigmund Freuds Wirkung nicht nachgelassen. Dessen räumliche Darstellung der menschlichen Psyche hat die architektonische Denkart und den architektonischen Sprachgebrauch bis heute geprägt. Seine bildhafte Sprache sowie seine geschickte Verwendung von Metaphern haben mit dazu geführt, daß wir uns die Seele wie eine räumliche Schichtung, ja wie ein Gebäude vorstellen. Das »Unter-Bewußte« und das »Über-Ich« sind als Begriffe auch deshalb so populär, weil jeder sich darunter räumlich etwas vorstellen kann. Wie der Begriff des »Unheimlichen« lassen sie sich ohne weiteres zurück auf die Architektur übertragen. Es ist daher nicht erstaunlich, daß Freud, im Gegensatz zu Einstein, in der Architekturtheorie bis heute deutliche Spuren hinterlassen hat.[23]

Wie ist Einsteins Abwesenheit aus der Welt der Architektur zu erklären? Zum einen liegt seine Arbeit zu weit zurück und ist für kulturgeschichtliche Erklärungen über Gebühr strapaziert worden. Zum anderen ist sie zu wenig bildhaft vermittelt, um für die aktuelle Architektur eine Rolle zu spielen. Denn für diese ist die bildhafte Wirkung zentral.[24] Auch wenn jedes Kind die Formel »$E = mc^2$« kennt: Ein einprägsames, leicht reproduzierbares Bild dafür existiert nicht. Chiffren und Worte allein reichen nicht aus, um die Phantasie von Künstlern und Architekten anzuregen. Auch wenn zwei Bilder seinerzeit den Erfolg seiner Relativitätstheorie untermauert haben, nämlich die Aufnahmen des Sternenhimmels ohne Sonne sowie mit verfinsterter Sonne, welche der britische Astrophysiker Sir Arthur Eddington im Auftrag der British Royal Society 1919 gemacht hatte – die Bilder sind für heutige Augen nicht spektakulär genug. Daß die Bilder, auf denen die Fixsterne leicht »verschoben« erscheinen, bewiesen, daß ihr Licht durch die Masse der Sonne gekrümmt wurde und Einsteins theoretische Vorhersage stimmte, war damals sensationell. Sie verhalfen Einstein 1919 schlagartig zum internationalen Durchbruch. Für die heutige Imagination sind sie zu Dokumenten der Wissenschaftsgeschichte geronnen.

Welche Szenarien sind in Zukunft denkbar? Kann es sein, daß Einsteins Stern für die Architektur plötzlich wieder zu steigen beginnt? Es wird zwar kein Architekt bestreiten, daß die modernen Vorstellungen von gekrümmtem Raum und verlangsamter Zeit ohne Einsteins Theorien undenkbar wären und Einstein deshalb aus der Architekturgeschichte im weitesten Sinne nicht wegzudenken ist. Zu den, aus architektonischer Sicht, verblüffendsten Erkenntnissen der Relativitätstheorie gehört sicherlich die Idee, daß Zeit und Raum ihre absolute Bedeutung verlieren. Die Zeit verläuft mit zunehmender Geschwindigkeit immer langsamer, und ein Gegenstand, der sich mit annähernder Lichtgeschwindigkeit bewegt, erscheint einem ruhenden Beobachter verkürzt. Wer die zentralen Begriffe der aktuellen Diskussion betrachtet, etwa »Atmosphäre«, »Expansion«, »Oberfläche«, »Event« und »Performativität«, der könnte zweifellos Parallelen zeigen zu Einsteins Darstellung der Zusammenhänge zwischen Raum und Zeit. Namentlich die Frage der Zeitlichkeit von Architektur – ihre Lebensdauer zum Beispiel sowie die Frage, wie sie Geschwindigkeit darstellen kann, stellen eine große Herausforderung für die derzeitige Praxis dar. Einstein hätte zweifellos eine Reihe von Antworten bereit. Ob die Architekten ihn jemals fragen werden, steht in den Sternen.

Michaela Krützen

Einstein on the Screen

Geniale Wissenschaftler im zeitgenössischen Film

Die erste Einstellung: Lautes Ticken, ein Wecker. Neben, unter und über dieser Uhr stehen, liegen und hängen andere Zeitmesser unterschiedlichster Bauart, die allesamt anzeigen, dass es genau sieben Minuten vor acht ist. Ein langer Schwenk offenbart die Umgebung dieser kuriosen Sammlung. Zu sehen sind eine menschenleere Bettstatt und ein überladener Nachttisch, benutzte Tassen und zerknüllte Papiere. Ein Radiowekker springt an; der Moderator wirbt für die Toyota-Modelle des Jahres 1985. Aus der Kaffeemaschine sprudelt heißes Wasser – nur leider fehlen Filter und Kanne. Eine Zeitschaltuhr setzt das Fernsehgerät in Betrieb; die Reporterin berichtet vom Raub eines Koffers mit Plutonium. Aus einem Toaster springen zwei verbrannte Brotscheiben, die offenbar schon mehrfach geröstet wurden. Schließlich rutscht eine Konservendose eine Rampe hinunter. Sie wird automatisch geöffnet und von einem plumpen Greifarm auf den Kopf gedreht, so daß der glibberige Inhalt Richtung Boden fällt. Nach einem Schnitt, dem ersten des Films, ist in Großaufnahme ein übervoller Futternapf zu sehen, auf den sich jetzt ein weiterer Doseninhalt ergießt. Den Napf ziert eine Beschriftung in roten Großbuchstaben: EINSTEIN.

Die ersten Minuten der Komödie *Back to the Future* zeigen, daß Einstein im Kino sozusagen auf den Hund gekommen ist. Ein zotteliger Vierbeiner dürfte der erfolgreichste Träger dieses berühmten Namens in der Filmgeschichte sein. *Back to the Future* – produziert von Steven Spielberg und inszeniert von Robert Zemeckis – ist bis heute einer der einspielstärksten

Filme aller Zeiten.[1] Daß Einstein in dieser Produktion von einem Hund verkörpert wird, stand erst kurz vor Drehbeginn fest. In der ersten Fassung des Skripts ist kein Hund, sondern ein Schimpanse zu finden.[2] Nachdem das Haustier ausgetauscht wurde – Schimpansen wurden von Studioboß Sid Sheinberg zu Kassengift erklärt – wurde ihm außerdem der Name Einstein verliehen.[3] Nicht von ungefähr: Ist doch der Besitzer des Hundes mit Problemen befasst, die mit dem Verhältnis von Raum und Zeit zu tun haben. Der Film *Back to the Future* handelt von den Konsequenzen, die eine Reise in die Vergangenheit für die Gegenwart hat. Der ebenso geniale wie chaotische Dr. Emmett Brown hat eine mit Plutonium betriebene Zeitmaschine gebaut. Durch die Zeit zu reisen ist sein Lebenstraum, was die Drehbuchautoren durch die Wahl seines Vornamens verdeutlicht haben: Rückwärts gelesen spricht sich Emmett wie das englische Wort »time«. Brown hat große Pläne. Bezeichnenderweise hängen über dem Bett des Erfinders Porträts von Edison, Newton und Einstein – und damit ist diesmal kein Hund, sondern der Mann namens Albert gemeint.

Einsteins Futternapf

Dieser Mann namens Albert kann im Rahmen einer Filmanalyse nicht als Privatmann interessieren. So spielt es zum Beispiel keine Rolle, ob Einstein tatsächlich ein Menschenfreund war; entscheidend ist, daß diese zentrale Stareigenschaft als Teil seines Images kursiert: »Einsteins Güte wurde häufig gerühmt, seine Schlichtheit wie die eines Heiligen bewundert.«[4] Auch ist es für die Analyse ohne Bedeutung, dass der Physiker in der Realität Ehemann und Vater war, da diese familiären Beziehungen in den Filmen nicht thematisiert werden. Gegenstand der filmwissenschaftlichen Betrachtung ist nicht der Mensch, der sich der Analyse entzieht, sondern der Star Einstein und seine Repräsentation auf der Leinwand. Gegenstand der Untersuchung ist, was seine Biographen »mythische Größe« nennen.[5] Wie wird – so lautet eine erste Frage – Albert Einstein im zeitgenössischen Spielfilm dargestellt, sein Image im Kino fortgeschrieben?

Um diese Frage beantworten zu können, müssen auch Filme berücksichtigt werden, die auf Einstein anspielen, ohne ihn beim Namen zu nennen. Im Fall von *Back to the Future* ist es nicht nur das Interesse an der Zeit, das den Star Albert und die Figur Emmett verbindet. Der Erfinder wird als gutherziger Mann dargestellt, der auch bei der Zeitreise das Wohl der Menschheit im Blick hat. An Ruhm oder Geld ist er nicht interessiert; sein ganzes Erbe hat er in Forschungsarbeiten investiert. Mit dieser Figurenzeichnung übereinstimmend, gehört zu Einsteins Image die Anekdote, daß er Schecks als Lesezeichen verwendet haben soll.[6] Sogar bei der Herkunft des Erfinders wird eine Parallele angelegt: Die Vorfahren der Familie Brown stammen aus Deutschland.[7] Der Doc – so wird er von seinem jugendlichen Freund Marty genannt – wurde auch als visuelles Zitat des Wissenschaftlers gestaltet. Er ist ein älterer Herr, der sich unkonventionell kleidet. Seine Augen sind groß und sein Blick ist treu, seine Haare sind grau und seine Frisur ist wirr. In bezug auf seine Forschungsinteressen, seinen Charakter, seine Herkunft und sein Aussehen zitiert die Figur Brown ganz eindeutig den Star Einstein.

Einstein und Brown

Als Forscher aber unterscheidet sich der Doc diametral von seinem Vorbild. Das zentrale Bauelement seiner Zeitmaschine, den *flux capacitor*, hat Brown nicht in langen Stunden der Berechnung entwickelt. Vielmehr stürzte er hin und fiel auf den Kopf, als er auf seiner Toilette eine Uhr aufhängen wollte; beim Aufwachen hatte er das Bild eines Geräts vor sich, das er sogleich als Zeichnung festhielt. Theoretische Studien scheint der Erfinder nicht angestellt zu haben; eine Bibliothek oder Aufzeichnungen sind nicht zu sehen. Die Ausstattung seiner Werkstatt verdeutlicht, dass Brown trotz seines Doktortitels kein Wissenschaftler ist, sondern ein Tüftler und Bastler; sein wichtigstes Arbeitsgerät scheint der Schweißbrenner zu sein. Nun ist der Bastler, so formuliert es Claude Lévi-Strauss, ein Gegenentwurf zum Gelehrten. Er ist ein »Mensch, der mit seinen Händen werkelt und dabei Mittel verwendet, die im Vergleich zu denen des Fachmanns abwegig sind.«[8] Das Prinzip der *bricolage* ist es, aus dem Vorhandenen zu schöpfen. Diesem Prinzip des »wilden Denkens« entsprechend hat Brown sein Auto, einen schnittigen DeLorean, in eine sperrige Zeitmaschine verwandelt. Eine Vielzahl handgefertigter Einbauten sind zu erkennen: Röhren ragen aus dem Kühler, Drähte verlaufen über das Armaturenbrett.

Der unförmigen Bauweise seiner Erfindungen entsprechen Browns Bewegungen. Der Doc macht große, ungelenke Gesten; er ist hektisch, fast hysterisch. Schon bei den Proben zu *Back to the Future* hat Darsteller Christopher Lloyd versucht, seine Figur als eine Mischung des Physikers Albert Einstein und des Dirigenten Leopold Stokowski anzulegen.[9] Er reißt die Augen auf, streckt die Arme in den Himmel, rennt unruhig auf und ab. Brown widerspricht in dieser Hinsicht dem Image Einsteins, das seine Ruhe und Besonnenheit in den Vordergrund stellt. Daß der Nobelpreisträger ungestüm herumrennt, ist kaum vorstellbar.

Die Körpersprache der Filmfigur korrespondiert mit einer weiteren Eigenschaft, die Brown von Einstein trennt. Brown muß stets fürchten, die Kontrolle über seine Erfindung zu verlieren. Dieses zentrale Thema des Films wird, wie im *classical cinema* üblich, schon in den ersten Einstellungen etabliert: Der Doc hat eine Fülle von Erfindungen gemacht, die seinen Alltag erleichtern sollen, die aber während seiner Abwesenheit außer Kontrolle geraten sind. Was für die Kaffeemaschine und den Toaster gilt, trifft auch auf die Zeitmaschine zu. Die frühe Erwähnung des geraubten Plutoniums geschieht nicht ohne Grund: Der Doc hat es einer Gruppe libyscher Terroristen gestohlen, die ihn verfolgen. Eine Konsequenz dieser Verfolgung ist, dass Emmetts junger Freund Marty in den DeLorean springen muß, um sein Leben zu retten. Am Ende des ersten Akts, in der 30. Minute des Films, reist Marty in das Jahr 1955 und trifft auf seine Eltern, die logischerweise in seinem Alter sind. Dieses Zusammentreffen hat Folgen: Da sich seine Mutter in ihn und nicht in seinen Vater verliebt, ist seine eigene Existenz und die seiner Geschwister in Gefahr. Marty muß seine Mutter mit seinem Vater verkuppeln, damit er in der Zukunft geboren werden kann. *Back to the Future* erzählt demzufolge von einer Erfindung, die außer Kontrolle gerät.

Diese narrative Grundsituation ist typisch für eine Figur, die eine lange Tradition in der Filmgeschichte hat. In der ersten Fassung des Drehbuchs heißt es bei der Beschreibung von Browns Behausung: »The place is old and dusty and has the air of a mad scientist lab.«[10] Der *mad scientist* lebt sozusagen in seinem Labor, in dem er von unförmigen Gerätschaften umgeben ist. Er ist ein Bastler, der sich einer Erfindung verschrieben hat, ohne die Folgen seines Tuns zu bedenken. In seiner Vorgehensweise, seinen Bewegungen und seinen Projekten entspricht Brown diesem Stereotyp. Die Figur des genialen Dr. Brown vereint demzufolge zwei widersprüchliche Komponenten: Einsteins Herrchen ist einerseits ein verantwortungsbewußter Wissenschaftler, ein Philanthrop, ein Erbe Einsteins. Er benimmt sich andererseits aber auch wie dessen Gegenfigur, der *mad scientist.* Aus dieser Opposition, aus dem Antreten eines zweifachen Erbes, ergeben sich zwei weitere Fragen. Was unterscheidet Einstein von seiner Gegenfigur, dem *mad scientist*? Und welches narrative Potential haben ›Einsteins Erben‹, die tugendhaften Genies?

Einsteins Verkörperungen

Durchforstet man die Produktion der letzten 30 Jahre, so hat das *mainstream cinema*, um das es hier gehen soll, nur wenige Figuren zu bieten, die den historischen Albert Einstein verkörpern sollen.[11] In ein paar Filmen wird Einstein in einer winzigen Nebenrolle eingesetzt. So hat er in der überdrehten Teenager-Komödie *Bill & Ted's Bogus Journey* (1991) einen kurzen Auftritt: Sein filmisches Alter ego sitzt im Himmel inmitten anderer Genies beim Spiel. Einsteins Beitrag beschränkt sich auf wenige Worte, die für den weiteren Verlauf der Handlung ohne Belang sind. Schließt man solche eher dekorativen Kurzauftritte aus, so ergibt sich ein bescheidener, aus lediglich drei Filmen bestehender Korpus: 1988 entstand in Australien *Young Einstein*, 1985 wurde in Großbritannien *Insignificance* realisiert, 1994 fand die Premiere des US-amerikanischen Films *I.Q.* statt. In diesen drei Produktionen spielt eine Figur namens Albert Einstein eine tragende Rolle. Dies geschieht allerdings auf sehr unterschiedliche Art und Weise: Einstein ist Punk, Professor und Onkel.

Der Punk

Ein junger Mann in Großaufnahme. Auf seinem Kopf trägt er einen Kochtopf, an dessen Rand entlang er sich die Haare schneidet. Nachdem er diese Aufgabe vollbracht hat, lüftet er das Gefäß, und ein unbändiger Haarschopf tritt zu Tage. Der australische Regisseur und Autor Yahoo Serious, dessen Künstlername Programm ist, spielt Albert Einstein als Teenager. Was Serious zitiert, wird schon im ersten Bild des Films klar: die Frisur des Genies. Unter seiner Schere erscheint Einsteins

Haar wie eine Vorwegnahme der Punkfrisuren. Diesem wilden Look entsprechend betont Serious die Lebensfreude und die Musikalität seiner Rolle. Er arbeitet weitere wohlbekannte Elemente der Vita ein: Der filmische Einstein ist vorurteilsfrei und friedliebend; er bezeichnet sich ausdrücklich als Pazifist. Eine kurze Episode zeigt ihn sogar in einem Patentamt, wo er für kurze Zeit seinen Lebensunterhalt verdient. Auch wird der junge Einstein in diesem Film als der Erfinder der Formel $E = mc^2$ gefeiert. Doch gerade diese signifikante Übereinstimmung zeigt die Grenzen der Verkörperung: In *Young Einstein* dient die berühmte Formel dazu, Bieratome zu spalten. Dem Teenager Albert gelingt es, Bläschen in das bis dato schale Bier zu bringen. Das ist sein revolutionärer Beitrag zur Entwicklung der Menschheit.

Yahoo Serious als Einstein

Die Differenzen zwischen dem Image Einsteins und der Filmfigur sind zahlreich und offensichtlich: Einstein wird nicht in Deutschland, sondern in Tasmanien geboren. Er ist der einzige Sohn eines Obstbauern, widmet sich nach der Apfelernte wissenschaftlichen Experimenten. Darunter sind zum Beispiel Selbstversuche mit einem Katapult zu verstehen. Yahoo Serious, Absolvent einer Kunsthochschule und Dokumentarfilmer, hat sich offenbar nicht um Fakten gekümmert, sondern seine eigene Geschichte erfunden: »I had no intention of making an historical dramatised ›documentary‹ of Albert Einstein but rather to explore the spirit of this rebellious, lateral thinker with the clowning sense of humour. It gave me license to create a strange, epic cartoon with heightened characters bathed in a world of science, music and fantastic realism.«[12]

Dieser Intention entsprechend ist das Jahr 1905 zwar auch das *annus mirabilis* des filmischen Einsteins, doch besteht das Wunder in seiner Liebe zu Marie Curie, die Albert im Zug nach Sydney kennenlernt. Serious verwandelt eine historisch belegte Freundschaft in die für Einstein wichtigste Liebesbeziehung, seine tatsächlich geschlossene erste Ehe ignorierend. Er interpretiert Einstein als Erfinder des Bierschaums, des Surfens und des Rock'n'Roll. Die letzte Sequenz des Films zeigt den nach Tasmanien zurückgekehrten Helden, der auf einer selbst entwickelten E-Gitarre spielt. Die Frauen im Publikum kreischen – der junge Albert ist ein Star, ein Rockstar.

Rückbezogen auf den Star Einstein zeigt dieser Film, daß nur wenige Motive seines Images genutzt werden müssen, um die Figur zu skizzieren. Die wichtigsten Elemente dieser Skizze sind das lange Haar und die kurze Formel, Unangepaßtheit, Pazifismus und Humor. Sind diese zentralen Imagefaktoren etabliert, können die Stareigenschaften offenbar mit großer Freiheit variiert oder gar umgedeutet werden, ohne daß die Grundannahme, es handle sich um Einstein, erschüttert wird. Auch ein rockender Surfer mit Punkfrisur ist immer noch als Einstein zu erkennen. *Young Einstein* setzt allerdings voraus, daß wesentliche Faktoren von Einsteins Image bekannt sind; er belegt damit, daß Eigenarten des Physikers zum Populärwissen gehören. Ein Film namens *Young Bohr* hätte nicht erzählt werden können, da Niels Bohr außerhalb der wissenschaftlichen Fachwelt kein Image hat. *Young Einstein* versucht, Komik aus den Abweichungen von der allgemein bekannten historischen Realität des Einsteinschen Lebens zu ziehen. Der Witz des Films, sofern man von einem solchen sprechen möchte, basiert auf der Differenz zwischen der Anlage der Figur und dem Image des Wissenschaftlers Einstein.

Yahoo Serious hat seinen Film mit einem winzigen Budget realisiert: »I sold my old car to buy a few cans of film and processing, borrowed a camera and mum did the crew cooking. As director I got to vacuum the crew bedrooms, as producer I carried out the garbage.« Vom internationalen Erfolg seiner

Komödie wurde er völlig überrascht. »I ended up on the cover of *Time Magazine* under the title ›Yahoo! Cult movie star‹.«[13] Der Australier, Jahrgang 1953, legte mit *Young Einstein* seinen ersten Spielfilm vor. Sein Ruf ist der eines exzentrischen Autorenfilmers, der seine schrägen Werke selber schreibt, inszeniert, produziert und in ihnen die Hauptrolle spielt. Bis heute hat Serious lediglich drei Filme realisieren können, die sich allesamt mit *pop culture heroes* befassen. Ganz anders arbeitet sein Kollege Nicolas Roeg. Der Brite, Jahrgang 1928, ist schon seit 1947 in der Filmbranche beschäftigt. Er schreibt seine Filme in der Regel nicht selber, hat ganz unterschiedliche Stoffe in Szene gesetzt. 1985 dreht er in London die Theateradaption *Insignificance*. Routinier Roeg zeigt in dieser Komödie keinen jungen, sondern einen alten Einstein.

Der Professor

Ein älterer Mann in Großaufnahme. Seine Haare sind grau und wirr; er trägt eine Brille und einen Schnurrbart. Grübelnd sitzt er auf einem Hotelbett, schreibt ein paar Zahlen auf ein Stück Papier. Eine Halbtotale offenbart kurz darauf, daß seine Füße bloß sind und daß er zwischen den Zehen einen mit Formeln bedeckten Zettel hält. In dieser Szene mimt der britische Schauspieler Michael Emil ganz offensichtlich Albert Einstein, auch wenn die von ihm verkörperte Figur im Film nur »der Professor« heißt. Wie die Rolle angelegt ist, wird schon zu Beginn des Films klar. Alle zentralen Versatzstücke des Mythos Einstein werden eingebracht: Zu sehen ist ein barfüßiges Genie, das auch noch spät in der Nacht komplizierte Berechnungen anstellt. Gezeigt wird ein Denker, der nicht schläft, nicht ißt, nicht trinkt. Dieser Mann reist alleine, hat eine Geige, Berge von beschriebenem Papier und eine klappbare Tafel im ansonsten mageren Gepäck. Im weiteren Verlauf der Handlung wird Einstein seinen Humor und seine Toleranz demonstrieren sowie sein Desinteresse an Ruhm und Geld bekunden. Er wird sich gegen die Untersuchungsbehörde McCarthys stellen und am Ende des Films zu einem Kongreß für den Weltfrieden aufbrechen.

Michael Emil als Einstein

An Abweichungen von dem öffentlich kursierenden Bild Einsteins ist *Insignificance* (im Gegensatz zu *Young Einstein*) ganz offenbar nicht interessiert. Die Rolle des Kinobesuchers ähnelt bei *Insignificance* der Rolle der Schaulustigen, die Anfang der zwanziger Jahre zu Einsteins Vorträgen reisten: »Die zu Hunderten zählende Menge war tief befriedigt. Einstein sah tatsächlich so aus, wie ihn die Pressefotos gezeigt hatten: die Haare in wirrer Unordnung, die Kleider ramponiert, in der einen Hand die Pfeife, in der anderen den Geigenkasten.«[14] Auch in *Insignificance* geht es um eine Bestätigung, nicht um eine Umdeutung oder gar Demontage seines Images. Sogar die letzte Sequenz des Films, in der Einstein seine geheimen Ängste offenbart, bewegt sich im Rahmen der mythischen Überlieferung. Der Wissenschaftler beklagt, daß er die Verantwortung für Hiroshima trage: »Wir haben Kinder verbrannt.« Er imaginiert die Explosion seines Hotelzimmers, sieht brennende Körper. Selbst diese visionären Zwischenschnitte, ein Stilelement des gesamten Films, sind mit Einsteins Image vereinbar. Er gilt als »Übervater der Atombombe«[15], deren Bau er als Pazifist hätte ablehnen müssen. Der Drehbuchautor hat demzufolge versucht, neue Bilder für vertraute Stareigenschaften zu finden.

Die Bestätigung des Images, die eigentlich kontraproduktiv für die Entwicklung einer Handlung sein müsste, hat eine Funktion in der Narration des Films: Auf dem Vertrauten aufbauend, kann der Star Einstein mit einem bedeutenderen Star in Verbindung gebracht werden. Dominant ist in *Insignificance* nämlich eine andere Figur, die das Filmplakat ziert und die gleich zu Beginn, parallel zu den Grübeleien des Physikers, eingeführt wird. Nicht weit entfernt vom Hotelzimmer Einsteins finden Dreharbeiten statt: Mitten in New York, umringt von Hunderten Schaulustigen, stellt sich eine junge Frau auf einen U-Bahn-Schacht. In diesem Schacht warten zwei Arbeiter, die eine Windmaschine betätigen sollen. Die Kamera läuft, die Klappe wird geschlagen, der Rock fliegt hoch.[16] Eine komplexe Situation: In dieser Szene spielt die 28jährige Theresa Russell die 29jährige Marilyn Monroe. Russells Rolle im Film *Insignificance* bleibt namenlos; sie wird nur als die »Schauspielerin« bezeichnet. Als »Schauspielerin« stellt Russell hier das namenlose »Mädchen« aus *The Seven Year Itch* nach.

Nun hat Monroe tatsächlich im September 1954 diese Szene in New York gedreht; dem damals schon 76jährigen, schwerkranken Einstein ist sie aber nicht begegnet. Daß es ein solches Treffen tatsächlich gegeben habe, wird auch nie suggeriert. *Insignificance* weicht nicht vom Image Einsteins ab, ist aber kein *docudrama*. Der Film zeigt nicht das Zusammentreffen historisch verorteter Menschen, sondern kombiniert Berühmtheiten. Neben Monroe und Einstein werden als Nebenfiguren Baseball-Legende Joe DiMaggio, Marilyns damaliger Ehemann, und der republikanische Senator Joseph R. McCarthy eingeführt; sie alle treffen im Laufe einer Nacht in Einsteins Hotelzimmer zusammen. Die Suite wird zum Bühnenraum: Der Sportler streitet sich mit Monroe, der Senator bedroht Einstein, die Schauspielerin offenbart dem Physiker ihre Verehrung.

Im Verlauf dieser Aktionen wird deutlich, daß die Anlage der Figuren ganz unterschiedlich ist. Greift man die beiden Hauptrollen heraus, so wird ein Mythos lediglich bedient, während ein anderer eine neue Dimension erhält. In der wohl bekanntesten Szene des Films besucht Monroe Einstein in seinem Zimmer, um ihm die Relativitätstheorie zu erklären: »Ich werde nie wieder die Chance bekommen, zu beweisen, dass ich es kann.« Die Schauspielerin ist bestens vorbereitet, und es gelingt ihr tatsächlich, das Prinzip mit Hilfe von Taschenlampen, Luftballons und Spielzeugeisenbahnen zu erläutern. Diese Fertigkeit ist verblüffend und steht im krassen Widerspruch zu Monroes Image als ungebildete Blondine; der Film korrigiert hier zunächst das in der Öffentlichkeit kursierende Bild. Erst später wird sich herausstellen, daß Monroe ihren Vortrag lediglich auswendig gelernt hat. Die Szene erzählt also nicht von der Klugheit Marilyns, sondern von ihrem unbändigen Wunsch, anerkannt zu werden.[17]

Einsteins Beitrag zu dieser knapp achtminütigen Szene ist symptomatisch: Er murmelt lediglich bestätigende Geräusche, lächelt aufmunternd. Die Figur bleibt passiv, ein Zuschauer. Bezeichnenderweise ist Einstein der Besuchte, nicht der Besucher. So bescheiden wie sein Gesprächsbeitrag ist die Gegenleistung, die Monroe von ihm einfordert. Einstein muß seine Beine zeigen. Fröhlich lachend kommt das gutmütige Genie diesem Wunsch nach. Da die Idee zu dieser Entblößung von Monroe kommt, gehört sogar dieser Teil der Szene ihr und damit Theresa Russell, der seinerzeit frisch angetrauten Ehefrau des dreißig Jahre älteren Regisseurs Roeg. Im Mittelpunkt von *Insignificance* steht Monroe, die Frau mit dem erotischsten Körper, nicht Einstein, der Mann mit dem klügsten Kopf. Das Drama arbeitet sich an ihrem Mythos ab, stellt ihn in Frage, um ihn dann doch wieder zu bedienen. Es nutzt Einsteins Image lediglich als Reibungsfläche für diesen komplexen Prozeß.

Eine in bezug auf Monroe zuliefernde Funktion verbindet Einstein mit einer Reihe anderer Stars. Die Weißblondine ist mit nahezu jeder anderen Figur des öffentlichen Lebens in Verbindung gebracht worden. Verwertet werden nicht nur nachweisbare Beziehungen, wie etwa die zu Joe DiMaggio, den Brüdern Kennedy oder Arthur Miller, sondern auch hypothetische Kombinationen. Schon 1967 stellt Salvador Dalí in New York sein Gemälde »Mao Monroe« aus; ein bekanntes Poster zeigt sie an der Seite von Presley, Dean und Bogart bei einem amerikanischen Diner. In einem Drama trifft Marilyn auf Rosa Luxemburg, auf einem Foto posiert Stephen Hawking vor ihrem Poster.[18] Aktuell werden fiktive Briefwechsel des Stars mit Papst Johannes XIII. oder Jackie Kennedy verkauft.[19]

Diese hohe Kombinationsfähigkeit bietet nicht jeder Mythos. Je komplexer ein überliefertes Bild ist, um so anschlußfähiger bleibt es. Der produktive Mythos zeigt – wie Joseph Campbell formuliert – »jedem Interpreten, je nach dessen Standort ein anderes Gesicht«.[20] Aufgrund seiner Widersprüchlichkeit lässt Monroes Leben sich nicht nur als das eines erfolgreichen Stars deuten, sondern auch als ein mißlungener Emanzipationsversuch oder als ein Kampf um Identität. Sie erweist sich als »ein nützlicher Prüfstein in fast jeder Art von Auseinandersetzung«, etwa über »Wert oder Unwert des kommerziellen Hollywood, des intellektuellen New York, der Presse, der Psychiatrie, der Religion, der Emanzipation, des männlichen Chauvinismus«.[21] Als Prüfstein derartiger Auseinandersetzungen ist Einsteins Mythos, so groß er auch sein mag, nicht geeignet, da er eine hohe Geschlossenheit aufweist. Widersprüchlichkeiten, die die Biographie ja durchaus bietet, werden geglättet, nicht herausgestellt. Aus diesem Grund ist Einstein als Typ tradierbar, aber nur bedingt mit anderen Mythen kombinierbar.

Für eine Kombination jenseits mythischer Dimensionen haben sich die Autoren des dritten Beispielfilms entschieden. In der Komödie *I.Q.*, die Fred Schepisi nach einem Drehbuch von Andy Breckman und Michael Leeson inszenierte, trifft Einstein zwar auch auf eine wesentlich jüngere Blondine. Dabei handelt es sich aber um seine Nichte Catherine, eine frei erfundene Figur.

Der Onkel

Ein alter Mann in Großaufnahme, unter blühenden Bäumen sitzend. Zu sehen ist allerdings nicht sein Gesicht, sondern sein Hinterkopf: Weißes, wirres Haar. Ein Bogen ragt ins Bild, Geigenspiel ist zu hören. Mit dieser Einstellung beginnt der

Film *I.Q.*; offenbar reicht bereits eine partielle Rückansicht der Figur zu deren Etablierung aus. Erst neun Minuten später ist das Gesicht des Geigenspielers zu sehen: Walter Matthau spielt Albert Einstein. Als solcher unterhält er sich beim Tee mit seinen Freunden, drei alten Herren: »I, for one, will never believe, that God plays dice with the universe.« Der Akzent des Sprechers ist deutsch, sein Lächeln freundlich; mit diesem Satz und diesem Blick sind auch in diesem Film nahezu alle Versatzstücke der mythischen Rezeption Einsteins eingebracht, und das in nur zwei Einstellungen.

Walter Matthau als Einstein

Zwischen der ersten Einstellung, Einsteins Hinterkopf, und der letztgenannten, Einsteins Lächeln, werden alle Handlungsstränge des Films etabliert. Die drei alten Herren sind Einsteins Kollegen: Gödel, Podolsky und Liebknecht. Für den Verlauf der Handlung ist unerheblich, ob es *de facto* einen Nathan Liebknecht in Einsteins Leben gab. Es ist ohne Belang, wie die Freundschaften zu Boris Podolsky und Kurt Gödel tatsächlich verliefen. Relevant ist lediglich, dass diese Männer im Film Einsteins Spießgesellen sind, seine Seelenverwandten. Sie kleiden sich mit gleicher Nachlässigkeit – Gödel trägt ausgetretene Turnschuhe, Liebknecht eine lächerlich große Kappe. Sie sind ohne Vorurteile, hören lieber einem netten Handwerker als einem überspannten Forscher zu. Außerdem gelten sie als ähnlich genial wie Einstein: »Three of the greatest minds of the 20th century«, stellt er sie vor: »and amongst them they can't change a light bulb.« Die Bande mag lebensuntüchtig sein, aber sie ist lebensfroh. Die Herren spielen Federball, erfreuen sich an schnellen Autos und am Rock'n'Roll. Sie sind eine Gruppe komischer Käuze, die das Leben zu genießen verstehen.

Diese Heiterkeit unterscheidet die Herren von der Hauptfigur des Films, die von Superstar Meg Ryan gespielt wird.

Catherines Problem wird gleich nach der ersten Einstellung ins Bild gesetzt: Die lebhafte Mathematikerin ist mit dem langweiligen Briten James verlobt, der sich zudem noch als Snob erweist. Als das Paar mit seinem defekten Wagen eine Tankstelle anfahren muß, behandelt er den Mechaniker wie einen Untermenschen. Ed, gespielt von Tim Robbins, wehrt sich mit zweideutigem Spott gegen diese Herablassung. Er diagnostiziert: »My guess is that your stroke is too short and that you're getting premature ignition.« Dann schaut er Catherine in die Augen und fragt: »Does it ever feel that way?« Ed spricht ganz offensichtlich nicht vom Motor, sondern von James' sexueller Unzulänglichkeit. Er hat nur Augen für Catherine, in die er sich auf den ersten Blick verliebt hat.

Die Szene in der Autowerkstatt etabliert die für eine *romantic comedy* typische Grundsituation: Der erste Akt zeigt eine junge Frau, die mit dem falschen Mann verlobt ist und plötzlich auf den richtigen Mann trifft, mit dem sie ein erfülltes Leben führen könnte. Sie ist aber zu festgelegt auf ihren ursprünglichen Plan, um diese Möglichkeit zulassen zu können. Meg Ryan war in den neunziger Jahren auf Erzählungen diesen Typs spezialisiert: 1993 verlobte sie sich als Annie mit einem pedantischen Allergiker (*Sleepless in Seattle*), 1995 als Kate mit einem langweiligen Arzt (*French Kiss*), 1997 als Maggie mit einem treulosen Franzosen (*Addicted to Love*) und 1998 als Kathleen mit einem eitlen Journalisten (*You've got Mail*). *I.Q.* ist sozusagen eine Variante dieses Schemas: Der ungeeignete Verlobte, den es auszuschalten gilt, ist diesmal ein hochmütiger Psychologe.

Variiert wurde in *I.Q.* nicht nur der Typ des falschen Partners, sondern auch eine andere in fast allen *romantic comedies* eingesetzte Nebenfigur. In *Schlaflos in Seattle* erkennt der 10jährige Jonah, wer der richtige Mann für Annie ist; in *I.Q.* ist es der über 70 Jahre alte Einstein, der diese Funktion für Catherine übernimmt. Er verachtet James und begeistert sich sofort für Ed, als dieser vor seiner Haustür steht. Im Vokabular der Dramaturgie des Hollywoodkinos ausgedrückt, ist

Einstein in diesem Film ein *guide*, ein Berater, der die Entwicklung der Hauptfigur vorantreibt, so daß sie im Verlauf des zweiten Aktes zu ihrem wahren Selbst finden kann.[22] Der Berater selber macht keine innere Entwicklung durch, und so ist Einstein auch in diesem Filmbeispiel eine statisch angelegte Figur, die allerdings nicht passiv, sondern höchst aktiv ist.

Der Funktion des *guide* entsprechend ist es die größte Sorge des alten Mannes, daß Catherine mit James ein freudloses Leben führen würde: »She should be having more fun.« Diesen *fun* verspricht Ed, mit dem Einstein gleich zu Beginn des zweiten Akts eine wilde Motorradfahrt unternimmt: »Wahoo!« ruft der alte Mann, als sie vom Boden abheben. Außerdem ist Ed geschickt, was der Wissenschaftler bewundert: »The things I know are not very useful in the real world.« Auf Grund dieser Qualitäten beschließt Einstein, den Motorradfahrer mit seiner Nichte zu verkuppeln. Die Umsetzung dieses Plans entspricht dem zweiten Akt des Films: Einstein und seine Freunde geben Ed als Genie aus, damit die auf gebildete Männer fixierte Catherine die Chance hat, sich in ihn zu verlieben.

Gemeinsam mit seinen Freunden ersinnt Einstein eine dubiose Theorie, als deren Urheber sie Ed, den Automechaniker und Autodidakten, deklarieren. Diese Lüge führt zu einer Fülle von Verwicklungen. So lotsen die alten Männer ihren Kandidaten mit einer Sinfonie von Geräuschen durch einen Multiple-Choice-Test, mit dem seine Intelligenz getestet werden soll: Sie husten, schnarchen und rülpsen, wenn er sein Kreuzchen machen soll. Diese Szene zeigt: Obschon Ed und Catherine die Hauptfiguren sind, sind die Wissenschaftler für das komische Potential des Films verantwortlich. Die Lacher sind sozusagen auf ihrer Seite.

Als komischer, alter Kauz wurde Walter Matthau, Jahrgang 1920, schon seit Anfang der neunziger Jahre in Komödien eingesetzt. Er grantelte sich zum Beispiel durch *Dennis the Menace*, *Grumpy Old Men*, *Grumpier Old Men* und *The Odd Couple II*. Lediglich das griesgrämige Grummeln fehlt bei diesem Part; Matthau spielt diesmal keinen mißmutigen, sondern einen fröhlichen Wissenschaftler. Daß eine Verbindung zu anderen Filmen des Darstellers hergestellt werden kann, unterscheidet *I.Q.* von den bisher genannten Beispielen. Anders als Yahoo Serious und Michael Emil ist Walter Matthau ein Star, der in den Film ein *on screen image* einbringt. Schon Siegfried Kracauer hat erklärt, der Star »zwingt seine reale oder stilisierte physische Erscheinung, wie sie sich auf der Leinwand darstellt, und all das, was diese Erscheinung einschließt und mitbedeutet, jeder von ihm geschaffenen Rolle auf«.[23] Eine neue Rolle wird im Kontext aller vorangegangenen gesehen. Und so erscheint hier nicht nur eine Figur namens Einstein auf der Leinwand; statt dessen ist zu sehen, wie der Star Walter Matthau den Star Albert Einstein interpretiert. Kombiniert wird der Mythos demzufolge nicht mit einem anderen Mythos, wie im Fall Monroe, sondern mit dem Image eines berühmten Darstellers.

Sieht man nun die drei Beispielfilme im Zusammenhang, so ist mit dieser Feststellung ein erster Unterschied benannt: die Besetzung. Albert Einstein wird von einem im Filmgeschäft völlig unerfahrenen Twen gespielt, von einem nahezu unbekannten Schauspieler mittleren Alters und von einem Hollywoodstar, der bereits 74 Jahre alt ist. Unterschiedlich sind nicht nur das Alter und der Bekanntheitsgrad der Hauptdarsteller, sondern auch ihr Lebensmittelpunkt – Australien, Großbritannien und USA. In diesen Ländern wurden die drei Filme auch jeweils produziert. Dabei waren sie mit ganz unterschiedlichen Budgets ausgestattet. Verschiedenartig ist schließlich noch die Herkunft der Stoffe. Yahoo Serious hat seine Geschichte aus einem seiner Kurzfilme entwickelt, in dem schon einige Gags zu sehen waren. Nicolas Roeg verfilmte ein Theaterstück, das in London erfolgreich war, Fred Schepisi ein Originaldrehbuch.

So unterschiedlich die Herkunft der drei Darsteller, der Vorlagen und der Filme ist, so ähnlich ist die Zeichnung der Figur Einstein. So wird die sonst geradezu allgegenwärtige herausgestreckte Zunge in allen drei Filmen ausdrücklich *nicht* gezeigt.

Keine Produktion verzichtet hingegen auf das Haar, die Musik und die Formel. Gezeigt wird ein sanfter und humorvoller Pazifist, ein unkonventionelles und fröhliches Genie. Außerdem ist der Protagonist in allen drei Filmen statisch angelegt. Im Unterschied zu den meisten Hauptfiguren des *classical cinema* durchläuft er keine ›Reise des Helden‹, in deren Verlauf eine Figur erkennt, daß sie ihre Lebensumstände ändern muß. Einstein bleibt Einstein, ob er nun nach Sydney reist, Marilyn Monroe trifft oder seine Nichte verkuppelt.

Der Vergleich mit den vielfach verfilmten Geschichten um Tarzan zeigt, daß weder die Statik noch die Typisierung einer Figur im *classical cinema* von Nachteil sein muß. Daß Einstein nur so selten in Spielfilmen auftaucht, hängt vielmehr damit zusammen, daß er historisch verortet werden kann. Die Fakten sind bekannt, das Image fest gefügt. Erst in der Loslösung von dieser Festlegung ist die Figur des Wissenschaftlers für das Kino von größerem Interesse. Auf der Leinwand werden zwei Varianten des genialen Wissenschaftlers präsentiert: tugendhafte und geistesgestörte Forscher. Um diese beiden Traditionslinien – die Erben und die Antipoden Einsteins – soll es im folgenden gehen. In *I.Q.* erfüllt Catherines Verlobter, Dr. James Morland, die Funktion des Widerparts im direkten Zusammenspiel. Der ehrgeizige Psychologe sperrt in seinem Labor Versuchspersonen in Käfige, bis sie um Gnade flehen. Er traktiert die Genitalien von Ratten mit Stromstößen, weshalb Einstein ihn als *the rat man* bezeichnet. Dr. Morland ist die parodistische Variante einer im Kino sehr häufig verwendeten Figur, des *mad scientist*.

Einsteins Antipoden

In ihrer umfangreichen Studie über Wissenschaftlerklischees in der westlichen Literatur erwähnt Roslynn D. Haynes den Namen Einstein nur im ersten und im letzten Absatz.[24] Einen Einfluß Einsteins auf die Literatur kann die Autorin nicht feststellen. »Das vorherrschende Bild des Naturwissenschaftlers ist in der gesamten westlichen Kultur das eines bösen, wahnsinnigen und gefährlichen Mannes.«[25] Zu einem ähnlichen Ergebnis kommt Peter Weingart, der sich mit der Repräsentation von Forschern in Filmen beschäftigt hat. Der typische Wissenschaftler im Film sei weiß, männlich und mittleren Alters. »Das am stärksten vertretene Genre unter den Filmen über Wissenschaftler ist der Horrorfilm. Es gibt kaum Filmkomödien über sie. Die Gesellschaft findet die Wissenschaftler offenbar nicht zum Lachen.«[26] Die drei Komödien, in denen Einstein eine Rolle spielt, sind demzufolge große Ausnahmen. Es dominiert das Bild des verrückten Wissenschaftlers; rund 17 % aller Horrorfilme sind mit ihm befaßt.[27] Sein Auftreten hat eine lange Traditionslinie, die bis in die Anfänge der Kinogeschichte reicht.[28]

Caligari und Einstein

Interessanterweise sind zwei frühe Ausprägungen dieses Typs Einstein wie aus dem Gesicht geschnitten: Dr. Caligari aus dem Film »Das Cabinet des Dr. Caligari« (1919) und Rotwang aus »Metropolis« (1925). In den beiden deutschen Stummfilmen sind alle Wesenszüge des *mad scientist* bereits etabliert. Der langhaarige Caligari leitet den Somnambulen Cesare zum Mord an, der wirrmähnige Rotwang baut den Maschinenmenschen Maria, mit dessen Hilfe er die Stadt zerstören kann. »For sheer iconographic power, Einstein's hair has influenced more images of demented doctors than any other visual cue.«[29] Der beste aller Wissenschaftler kann offenbar zum gefährlichsten werden. Die Verknüpfung des Topos Gefahr mit der Figur Einstein wird in späteren Jahren aufgegeben; offenbar wird gerade dieses Genie ausdrücklich vom Verdacht des Irrsinns ausgenommen. Und so ähnelt auch der Prototyp

Rotwang

des verrückten Wissenschaftlers in keiner Weise dem Bild Einsteins: Frankenstein, dessen Geschichte mehr als ein Dutzend Mal verfilmt wurde. Einstein und Frankenstein sind alle anderen überragende Wissenschaftler, die es als Mythos zu Weltruhm gebracht haben. Wie aber unterscheiden sich die beiden Genies auf der Leinwand?

Dr. Viktor Frankenstein ist, wie die Mehrzahl der *mad scientists*, mit der Schaffung eines künstlichen Menschen befaßt. Er arbeitet in einem Labor, bedient unförmige Gerätschaften – ganz anders als Einstein, der lediglich Formeln auf eine Tafel schreiben muß, um erkennbar zu sein. Sowohl die bekannteste Verfilmung aus dem Jahr 1931, als auch die jüngste Inszenierung aus dem Jahr 1994 zeigen, daß Frankenstein seine Beziehungen zu anderen Menschen aufgegeben hat; mit dem Vater, der Verlobten und dem Freund hat er gebrochen. Der Mediziner forscht im Geheimen, im Dunkeln: In der Fassung von 1933 ist es ein Turm, in der von 1994 ein riesiger Speicher. Der Physiker Einstein indes teilt sein Wissen mit der Weltöffentlichkeit, diskutiert es. In den drei Beispielfilmen ist er bereit, mit jedem Menschen über seine Theorie zu sprechen; er freut sich über die Kenntnisse der Schauspielerin und des Automechanikers. Einstein wird als bekannt und populär dargestellt; er hat sich im wahrsten Sinne des Wortes nicht in einen (Elfenbein-)Turm zurückgezogen. Frankenstein hingegen ist isoliert und nur noch mit seinem Werk befaßt, ein Fanatiker. Die Figur Einsteins wird als an Menschen interessiert gezeigt; Fanatismus ist ihm bei aller Hingabe an seine Forschung fremd.

Einstein hat stets das Wohl der Menschheit im Blick, während Frankenstein nur noch das Gelingen seines Experiments interessiert. Ethische Überlegungen stellt er schon lange nicht mehr an. Dieses Verhalten wird bestraft: Frankenstein verliert die Kontrolle über das von ihm geschaffene Wesen. Er hat die Gefahr unterschätzt. Den Großteil der Erzählzeit nimmt nach der Schaffung des künstlichen Menschen der Kampf gegen ihn ein. Dieser Kontrollverlust ist das zentrale Merkmal des *mad scientist*; aus christlicher Perspektive gesehen, greift er in die Schöpfung ein, will sie sozusagen verbessern. Einstein hingegen scheint sich mit der Beschreibung der Welt begnügt zu haben; daß aus seinen Erkenntnissen der Bau einer Bombe folgen könnte, wird eher als tragische, denn als schuldhafte Verstrickung dargestellt. Einsteins große Augen mögen in diesem Kontext als traurig gedeutet werden; Frankensteins weit aufgerissene Augen dagegen als Zeichen seines Irrsinns, seiner Hybris.

Verrückte Wissenschaftler wie Frankenstein kreieren künstliche Menschen, testen Impfstoffe, bauen Waffen, schaffen übergroße Tiere. Sie erscheinen als Dr. Jekyll, Dr. Moreau oder Dr. Strangelove. David J. Skal hat ein Lexikon der *mad scientists* erstellt, das rund 80 Namen enthält.[30] Die *Internet Movie Database* listet bei dem Stichwort des verrückten Wissenschaftlers gleich 231 Treffer auf.[31] Georg Seeßlen folgert: »Es tauchen, in immer neuen Kostümen, die immer gleichen Gestalten und die immer gleichen Erzählungen auf.«[32]

Im zeitgenössischen Kino wird der verrückte Wissenschaftler allerdings nur noch in Nebenrollen eingesetzt. Andrew Tudor zeigt in seinem Standardwerk *Monsters and Mad Scientists*, daß der Niedergang des Typs schon in den sechziger Jahren begann.[33] Der *mad scientist* wird zum Gegenstand der Parodie: 1963 spielt Jerry Lewis die Hauptrolle in *The Nutty Professor*, 1975 kommen mit *Young Frankenstein* und *The Rocky Horror Picture Show* gleich zwei erfolgreiche Karikaturen auf den Markt. Tudors These gilt auch für die jüngere Vergangenheit: In den achtziger Jahren reüssieren Komödien wie *The Man with the Two Brains* (1983) oder *Honey, I shrunk the Kids* (1989), in den neunziger Jahren feiert Eddie Murphy Erfolge mit einem Remake von *The Nutty Professor* (1996) und dem Sequel *Nutty Professor: The Klumps* (2000). Die Ursachen dieser Verschiebung vom Horrorfilm zur Komödie ist ein verändertes Bild von Wissenschaft: Sie wird nicht mehr als die Leistung eines einzelnen gesehen, der der Gesellschaft gefährlich werden könnte. Als gefährlich gilt vielmehr, daß die Forschungsresultate in die falschen Hände geraten können. Größenwahnsinnig sind jetzt Unternehmer oder Terroristen, die Wissenschaftler in ihre Dienste nehmen. Bezeichnenderweise war die Neuverfilmung des Frankensteinstoffes von 1994 trotz Starbesetzung ein Mißerfolg. Die große Zeit der so genialen wie irrsinnigen Forscher scheint vorbei zu sein.

Eine große Zeit hat das Gegenbild des *mad scientists*, der menschenfreundliche Wissenschaftler, auf der Leinwand nie erlebt. Er hat kein Genre ausbilden können wie sein Widersacher. Bis heute ist der dem Guten verpflichtete Forscher selten in einer Hauptrolle zu sehen. Wie seine aktuellen Verkörperungen aussehen, kann an zwei exemplarisch herausgegriffen, starbesetzten Großproduktionen des Hollywoodkinos gezeigt werden: Die zweifache Oscar-Preisträgerin Jodie Foster übernahm die Rolle der Ellie Arroway in dem Science Fiction *Contact* (1997), Oscar-Preisträger Russell Crowe spielte den John Nash in *A Beautiful Mind* (2001).

Einsteins Erben

Dr. John Nash und Dr. Ellie Arroway haben keine kommerziellen Interessen und sind ohne persönliche Eitelkeit. Beide legen keinen gesteigerten Wert auf ihr Aussehen, beide gelten als exzentrisch und leben für ihre Forschung. Daß sie in der wissenschaftlichen Arbeit aufgehen, unterscheidet sie von Figuren wie Dr. Jones, genannt Indiana, dem wohl populärsten Wissenschaftler des zeitgenössischen Kinos. In *Raiders of the Lost Arc* (1981) und den beiden Folgefilmen ist die Forschungsarbeit des Archäologen nur Vorwand für das Erleben von Abenteuern in fernen Ländern. Er ist eher gewitzt denn genial. Jones ist kein Denker, sondern ein Draufgänger, ganz anders als Nash, Arroway – oder Einstein.

Nash und Arroway arbeiten im universitären Umfeld, nehmen dort aber eine herausgehobene Stellung ein – das unterscheidet sie von den Wissenschaftlerteams, die sich in Filmen wie zum Beispiel *Jurrasic Park* (1993), *Outbreak* (1995) oder *Sphere* (1998) gegen eine von außen kommende Macht wehren müssen: gegen Dinosaurier, Außerirdische oder Viren. Auch Nash und Arroway haben Kollegen; sie sind ihren Helfern aber weit überlegen. Sie sind die Besten ihres Fachs, gelten als genial. Nash erhält den Nobelpreis, Arroway hätte ihn verdient. Beide sind verantwortungsbewußte Forscher; keine Erfindung droht ihnen aus den Händen zu gleiten. Trotz dieser Wesensähnlichkeit unterscheiden sich die beiden Forscher von Einstein, nicht nur in bezug auf ihr Aussehen.

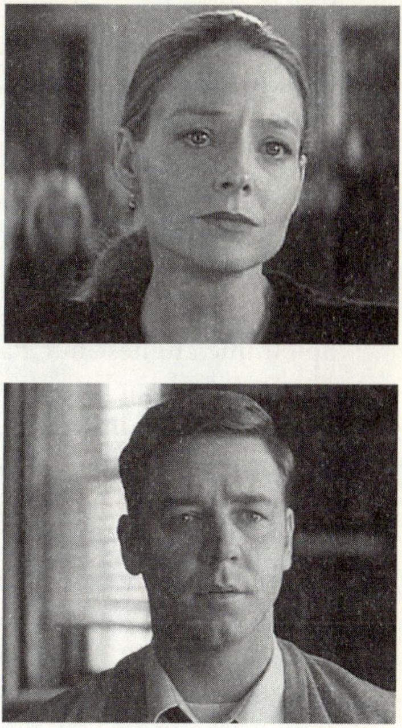

Arroway und Nash

Eine junge Frau

Ellie Arroway im Gespräch mit einem jungen Mann. Sie hatten eine kurze Affäre, jetzt sehen sie sich nach langer Zeit wieder. Überraschenderweise lautet sein erster Satz: »Can we talk about Einstein?« Sie lächelt: »Sure.« Dr. Arroway hat gerade eine der bedeutendsten Entdeckungen der Menschheitsgeschichte gemacht. Außerirdische haben ein Signal gesendet, das sie aufgefangen und entschlüsselt hat. Übermittelt wurde außerdem ein Bauplan zu einem Raumschiff, mit dem Ellie, die ihn deuten konnte, ins All fliegen will. Ihr Begleiter fragt nach Einstein, um ihr klarzumachen, daß sie nach ihrer Rückkehr zur Erde auf die nächste Generation von Menschen treffen wird. Sie würde niemanden mehr kennen. Ellie ist sich dieser Tatsache bewußt; sie nimmt die zukünftige Einsamkeit in Kauf, um ihren Traum zu verwirklichen.

Ellie Arroway ordnet Gefühle ihrer Forschungsarbeit unter; sie sieht Liebe nur als Ablenkung an. Ellie ißt nur, um ihre Arbeitskraft zu erhalten, sie geht nicht aus, schaut sich keine Spielfilme an, liest nur Fachpublikationen. Die Lebensfreude, die die Filme um Einstein propagieren, ist ihr fremd. Die junge Frau verbringt ihre Tage damit, ins All zu horchen. Erklärt wird diese Hingabe mit dem frühen Tod des Vaters, der sie als kleines Mädchen ermutigte, zu funken, um mit möglichst fernen Orten Kontakt aufzunehmen. Jetzt scheint es, als würde sie Spuren ihres verstorbenen Vaters im All zu finden hoffen. Ähnliche *backstories* werden im Hollywoodkino der neunziger Jahre immer wieder bemüht, um den wissenschaftlichen Ehrgeiz einer jungen Frau zu motivieren. Auch in *Twister* (1996) erlebte die Protagonistin den Tod ihres Vaters bei einem Wirbelsturm, woraufhin sie zur international anerkannten Expertin für Hurrikans wurde. Einer vergleichbaren Motivation bedarf es bei einem männlichen Wissenschaftler nicht, und so erklärt kein mit Einstein befaßter Film, was den Physiker zu Hochleistungen antrieb.

Die außergewöhnliche Besessenheit der Forscherin geht in *Contact* mit einer außergewöhnlichen Begabung einher. Ellie Arroway ist ähnlich talentiert wie der junge Einstein. Sie hat ihre Schulzeit und ihr Studium in Rekordgeschwindigkeit absolviert und eine Fülle von Auszeichnungen erhalten. Das Angebot, in Harvard zu lehren, lehnte sie jedoch ab. Ihr Traum war es von Kindheit an, nach außerirdischem Leben zu forschen. Mit dieser Wahl hat sich das Wunderkind außerhalb der wissenschaftlichen Gemeinschaft gestellt. Sie hätte eine atemberaubende Karriere machen können, muß sich aber statt dessen mit ignoranten Sponsoren um Fördergelder streiten.

Die Entscheidung gegen die universitäre Laufbahn hat ihr den Ruf eingebracht, exzentrisch zu sein. Ein ihr wohlgesonnener Kollege moniert, es habe sich herumgesprochen, daß sie stundenlang auf die rotierende Wäsche in der Maschine starre und daß sie das Rauschen auf dem Schirm des Fernsehers betrachte. Sie entgegnet: »I was looking for patterns in the chaos.« Er schüttelt den Kopf: »We're a joke to them.«

Ellies Kollege benennt damit eine weitere Differenz zwischen der Forscherin und Einstein. Während der Physiker mit Ehrungen überhäuft wurde, wird sie verlacht. Dieser Differenz entspricht der typische Gesichtsausdruck der beiden Genies: Charakteristisch für Einstein ist der gütige Blick; kennzeichnend für Ellie ist, daß ihre Augen mit Tränen des Zorns gefüllt sind, die sie zurückhalten muß. Selbst als die junge Frau der Weltöffentlichkeit mitteilt, daß sie Signale von Außerirdischen empfangen hat, bleibt ihr die Anerkennung versagt. Ihr Vorgesetzter, der ihr zuvor alle finanziellen Mittel genommen hatte, schmückt sich jetzt mit ihrer Entdeckung. Sie kann nicht mit Publicity umgehen, ist bei öffentlichen Auftritten unsicher – ganz anders als der Medienstar Einstein. Albert Einstein ist das bekannteste, Ellie Arroway ist das verkannteste Genie.

Die größte Demütigung erlebt Ellie, nachdem es ihr gelungen ist, mit dem Raumschiff der Außerirdischen ins All zu fliegen. Sie spricht mit einem Wesen, das die Gestalt ihres Vaters angenommen hat, und kehrt unbeschadet zurück. Doch auf der Erde will kein Mensch ihr glauben; die Bodenstation glaubt, ihr Raumschiff sei erst gar nicht gestartet. Man bezichtigt Ellie der Lüge oder hält sie gar für verrückt. Sie wird nicht gewürdigt und gefeiert, sondern beschimpft und bedroht. Ganz anders und doch korrespondierend stellt sich die Problemlage in *A Beautiful Mind* dar. Der Film erzählt das Schicksal von John Nash, ausgehend von der Lebensgeschichte des berühmten Mathematikers. Im Unterschied zu Arroway mangelt es Nash nicht an Anerkennung, sondern an Selbsterkenntnis.

Ein junger Mann

John Nash sitzt in der letzten Reihe eines gut besetzten Saales, abseits von den übrigen Studenten – so beginnt der Spielfilm *A Beautiful Mind*. Ein älterer Gelehrter begrüßt die neu eingeschriebenen Mathematiker an der *Princeton University:* »Mathematicians won the war. Mathematicians, like you.« Jetzt käme es darauf an, den Kommunismus zu bezwingen. Amerika brauche junge Forscher. »Now who among you will be the next Einstein?« Auf diese Frage folgt ein Schnitt, und die nächste Einstellung zeigt John Nash in Großaufnahme. Tatsächlich will Nash, der den Blick nicht hebt, der neue Einstein werden. Er will etwas Einzigartiges, Originelles schaffen, will sich auszeichnen.

Der erste Teil des *Biopics* erzählt, wie Nash in Princeton zunehmend vereinsamt. Er besucht keine Vorlesungen und verärgert seine Kommilitonen mit seiner Arroganz. Sein Verhalten ist unangemessen, denn er publiziert nicht und seine Karriere scheint beendet, bevor sie überhaupt begonnen hat. Er erhält keine Anstellung – all dies ist der Vita Einsteins nicht unähnlich. Nur Nashs Zimmergenosse, der Anglist Charles, kümmert sich noch um das Wohlergehen des Exzentrikers. Er nimmt ihn mit in den Pub und schmeißt kurzerhand Johns Schreibtisch aus dem Fenster, als dieser durchzudrehen droht. Die Wende erfolgt nach einem Jahr harter Arbeit in völliger Isolation: Als sein Studienleiter ihn schon aufgegeben hat, überrascht Nash ihn und die Fachwelt mit einer revolutionären Theorie. Plötzlich stehen ihm alle Tore offen.

John Nash ist ein Genie, eine Ausnahmebegabung. Er erfaßt mathematische Muster, die niemand sonst erkennen kann. Dieses besondere Talent und die Besessenheit verbinden ihn mit Ellie Arroway, wobei sein Ehrgeiz – dem geschlechtsspezifischen Muster des Hollywoodkinos entsprechend – nicht durch eine *backstory* motiviert wird. Daß er sich um jeden Preis auszeichnen will, scheint nicht der Begründung zu bedürfen. Nash will seine ihn verspottenden Konkurrenten schlagen.

Anders verhält sich Arroway, die von ihrem Wissensdrang angetrieben wird und um der Sache willen ihre Ergebnisse zu teilen bereit ist. Sie sucht Erkenntnisse, er will der Beste seines Faches sein.

Ein weiterer Unterschied zwischen den beiden Figuren ist, daß John emotionale Bindungen eingehen kann. Er heiratet und hat einen Freund, der auch in Zeiten beruflichen Mißerfolgs zu ihm hält und ihm sein ganzes Leben lang verbunden bleiben wird. Nur wird sich in der 67. Minute des Films herausstellen, daß dieser Freund lediglich in Nashs Einbildung existiert. Nicht Charles, sondern er selber hat den Schreibtisch aus dem Fenster seines Studierzimmers gewuchtet. Nash leidet an Schizophrenie, sieht Fantasiegestalten: seinen Freund Charles, dessen kleine Nichte Marcie und einen Agenten des FBI, der ihm den Auftrag erteilt hat, in Publikumszeitschriften nach geheimen Botschaft der Sowjets zu suchen. Nash hat jahrelang eingebildete Aufträge bearbeitet und fantasierte Verfolgungsjagden durchlitten. Er wird in eine Klinik eingewiesen und unter Medikamente gesetzt.

Eine interessante Parallele: Ellie Arroway wird für verrückt erklärt, John Nash ist es tatsächlich. Der unterstellte und der festgestellte Wahnsinn dieser beiden Forscher, der Erben Einsteins, verbindet sie mit dem *mad scientist*, der Gegenfigur Einsteins. Ihr Geisteszustand ist allerdings von anderer Natur als der Irrsinn der *mad scientists*: Arroway und Nash sind von dem Wunsch beseelt, der Menschheit zu helfen. Ellie will ihr wunderbares Erlebnis im All mit den Menschen teilen, John will die Menschen, die er liebt, vor dem Atomangriff der Russen beschützen. Dieses Verantwortungsbewußtsein ist der zentrale Unterschied zwischen diesen Genies und denen des Horrorfilms, inklusive der Parodien. Trotz dieser Differenz *in puncto* Ethik bleibt festzuhalten, daß Verrücktheit ein zentrales Element bei der Darstellung des überragenden Wissenschaftlers ist; die sprichwörtliche Nähe von Genie und Wahnsinn scheint das Hollywoodkino zu beschäftigen.

Nun ist ausgerechnet das Element Wahnsinn, das für alle hier genannten genialen Wissenschaftler im Film eine Rolle spielt, in den filmischen Darstellungen Einsteins nicht zu finden. Sein Geisteszustand gilt ganz offenbar als unhinterfragbar. So ist die mentale Gesundheit das ihn auszeichnende Spezifikum: Er ist nicht nur begnadet, wie die anderen Genies auf der Leinwand, sondern weise. Diese Weisheit wird durch Sanftheit und Güte komplettiert. Einstein fehlt es an der für die (filmischen) Genies typischen Ungeduld mit denjenigen, die langsamer begreifen. Und so greift es vielleicht zu kurz, sich bei der Suche nach überragenden Geistesgrößen des Kinos auf Männer und Frauen mit akademischen Meriten zu beschränken, auf nervöse, überreizte, angespannte Doktoren und Professoren.

Völlig entspannt ist eine Figur des Hollywoodkinos, die sich ebenfalls durch überragende Geistesgröße auszeichnet. Diese Figur erlernt eine Sprache in nur wenigen Tagen, verfügt über profunde medizinische Kenntnisse, weiß um die Konstellation der Planeten in weit entfernten Galaxien und ist in der Lage, aus Gerümpel einen Sender zu bauen, mit dem man bis ins All funken kann. Trotz dieser mannigfaltigen Begabungen zeigt diese Figur keine Spur von Arroganz oder Wahnsinn. Sie ist vielmehr verständig und geduldig, liebenswürdig und hilfsbereit. Materielle Güter interessieren sie nicht, die Sorge um passende Kleidung ist ihr sogar unbekannt. Zugegeben: Dieses Wesen hat keine die Welt verändernde Theorie entdeckt, aber das Wesen zu entdecken würde die Welt verändern. Die geniale Figur ist sozusagen nicht von dieser Welt – sie stammt tatsächlich von einer anderen. Die Rede ist von E.T., dem Außerirdischen (1982).

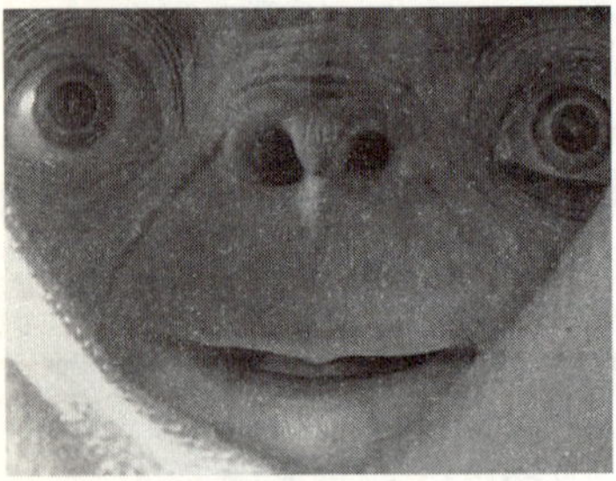

E.T.

Als sie E.T. konstruierten, hatten seine Erbauer die Idee, das Wesen vom anderen Stern mit den Augen und der zerfurchten Stirn Einsteins auszustatten. Steven Spielberg wollte der Figur eine Aura von Weisheit,

Trauer und Güte verleihen.[34] Als »childlike and ancient«[35] werden die Augen Einsteins von seinen Biographen beschrieben, und genau diese Kombination ist auch in den großen Augen des Außerirdischen wiederzufinden.

E.T und Einstein – EinsTein. Einstein ist im Kino also doch nicht auf den Hund gekommen; im zeitgenössischen Hollywoodfilm, im Erfolgskino, ist sein Name nicht nur die Beschriftung eines Futternapfs. Der Wissenschaftler hat auf einem ganz unverhofften Gebiet Karriere gemacht. Einsteins Ausstrahlung lebt fort in Antlitz eines Wesens, das zugleich genial und gütig ist. Sein Blick findet sich wieder in den Augen eines Außerirdischen, dessen Abschiedsworte an die Menschen lauten: »Ich bin immer bei dir.« Was für eine Perspektive für eine Filmfigur.[36]

Barbara Orland

Einstein trifft Monroe

Ein Tête-à-tête der Popikonen

MONROE: Herr Professor,
wäre es nicht eine wunderbare Idee,
wenn wir beide zusammen Kinder hätten
– meine Schönheit und ihre Klugheit?

EINSTEIN: Madam, haben Sie bedacht,
daß sie statt dessen Ihre Klugheit
und meine Schönheit erhalten könnten?[1]

1.

Zufällig scheinen sich die beiden nicht getroffen zu haben – der alte Mann mit dem Violinkasten und die junge Frau auf der Parkbank. Ein Ausdruck gemeinsamen Verständnisses liegt auf ihren Gesichtern. Man scheint sich zu kennen, hat sich möglicherweise verabredet. Vielleicht wird sich der Mann gleich neben die Frau setzen, und sie beginnen zu reden. Was immer auch weiter passieren wird, bleibt der Imagination des Betrachters überlassen. Die fotorealistische Zeichnung zeigt nichts weiter als die Momentaufnahme einer Begegnung von Albert Einstein und Marylin Monroe.

Informativer ist das Bild in bezug auf die Art der Darstellung der beiden Akteure. Nur wenige unzweideutige Erkennungsmerkmale reichen zur Identifizierung der Stars aus, im wesentlichen die beiden Gesichter mit der jeweils zugehörigen Haartracht und Einsteins (wie eine Aktentasche getragener) Violinkasten. Darüber hinaus neutralisiert das Bild alle körperlichen Attribute, die gemeinhin mit Einstein und Monroe assoziiert werden. Marilyn Monroe gleicht in ihrem Faltenrock

Einstein trifft Monroe, Tuschezeichnung von Quint Buchholz, 1985

und Strickpullover eher einer College-Studentin denn jener Sexgöttin Hollywoods, die der Betrachter vielleicht erwartet hätte. Kleidung wie Körperhaltung sind nicht darauf angelegt, vor großer Presse Aufmerksamkeit zu erzielen. Den Arm auf der Parkbank abgelegt, strahlt die Monroe Ruhe und Neugierde aus. Hier wird kein Star inszeniert, Hollywood bleibt außen vor.

Auch Einstein entspricht in Wollmantel und biederer Baskenmütze auf silberner Mähne nicht gerade einem Genie. Mit dem Haar scheint die Aura seines Geistes gebändigt zu werden. Der Mann wirkt müde, sein Rücken ist gebeugt. Nur die Augen, mit denen er wohlwollend auf die Frau hinabschaut, strahlen Lebendigkeit aus. Charisma, Aura, kurz und gut, irgendeine Ausstrahlung oder besondere Kraft geben sie jedoch nicht wieder. Ebenso läßt das Bild die etwa durch die herausgestreckte Zunge immer wieder gezeigten spöttischen Seiten des Wissenschaftlers vermissen. Wie Monroe scheint der Zeichner auch die Figur Einsteins möglichst unspektakulär wiedergeben zu wollen. Allenfalls die herbstliche Parklandschaft, die an den Campus der Princeton University erinnert, verweist auf die akademische Herkunft des Mannes. Daß der Geigenkasten als Phallussymbol auf die Frau gerichtet ist, wirkt dabei wie ein unbeabsichtigter Effekt der Zeichnung. Denn mit welcher Erwartung die beiden aufeinandertreffen, bleibt völlig offen: Ein Flirt, eine Affäre, ein vertrauliches Gespräch oder ein akademischer Disput zwischen Professor und Studentin – alles ist möglich.

2.

Wie Einstein und Monroe ins Bild gesetzt werden, das ist die eine Frage. Eine andere setzt noch einen Schritt vorher an und drückt Verwunderung aus: Wieso treffen diese beiden Personen überhaupt aufeinander? Daß sie sich zeit ihres Lebens einmal begegnet sein könnten, ist schon aufgrund ihrer Lebensdaten höchst unwahrscheinlich. Der kometenhafte Aufstieg des Hollywoodstars – was als unverzichtbare Voraussetzung für eine Begegnung angesehen werden kann – setzte gerade einmal vier Jahre vor dem Tod des Wissenschaftlers im Jahre 1955 ein.[2] Der Impuls, Marilyn Monroe und Albert Einstein als Paar zu denken, scheint dennoch nicht realitätsfern zu sein, auch wenn er die beiden Lebensgeschichten, die ihm zugrunde liegen, von der Realität entfernt.

Heutzutage liefert bevorzugt das glamouröse Leben der Hollywoodstars den Stoff für die modernen Heldengeschichten.[3] Weniger häufig erwerben Wissenschaftler aufgrund ihrer Leistungen für die Wissenschaft eine Ausnahmestellung, die ihnen zu Ruhm und Ehre verhilft.[4] Während es nicht jedem Wissenschaftler oder Schauspieler vergönnt ist, zum gefeierten Objekt kultureller Erinnerung zu werden, scheint die Sachlage in bezug auf Monroe und Einstein unzweideutig. Ihre Begegnung gründet augenscheinlich in dem Ruhm, den beide historische Persönlichkeiten für sich beanspruchen können. Da andererseits aber prinzipiell jeder und jedes zum Objekt kultischer Verehrung werden kann – der Feuerwehrhund auf Ground Zero ebenso wie ein Kunstwerk, ein Olympiasieger oder ein Nobelpreisträger für Physik, erklärt das noch nicht viel. Über Marilyn Monroe schreibt die Zeitschrift *Time*: »... she seems almost beyond comment, like Coca-Cola or Levi's.«[5] Jeans, Limonade und Schauspielerin stehen auf einer Stufe. Die Frage, in welcher Beziehung der Mythos zum realen Objekt oder dem gelebten Leben einer Person steht, wird damit berührend irrelevant.

Das, was einmal zum Mythos geworden ist, bedarf in der

Tat keiner differenzierten Erklärung mehr. Eine unscheinbare Erwähnung, etwa des Namens, reicht, um dem Gegenüber zu vermitteln, wer gemeint ist. Schriftzüge, Frisuren, skurrile Angewohnheiten werden zum Synonym für komplexe Lebensgeschichten, und selbst abstrakte Formeln wie $E = mc^2$ können als eye-catcher für Plakate und Collagen dienen, ohne daß man etwas davon verstehen müßte.[6] Die reale Begegnung wird dann nicht selten zur »puren Enttäuschung«, wie etwa der Radiojournalist Tony Thomas schreibt, nachdem er Marilyn Monroe im Jahre 1961 zum ersten Mal sah. »Ich mußte mir [...] ins Gedächtnis rufen, daß das Abbild auf der Leinwand und der Schauspieler in natura zwei völlig verschiedene Wesen sind. Bei Marilyn schien mir die Diskrepanz noch verschärft. Und tragisch.«[7]

Weil sich die Bedeutung einer Person vom Objekt des Mythos ablöst, ist es praktisch unmöglich, so schreibt Roland Barthes, auf inhaltlicher Ebene eine substantielle Unterscheidung zwischen mythischen Objekten treffen zu wollen.[8] Die reale Person ist zum Phänomen geworden, der Mythos führt sein Eigenleben. In dieser Hinsicht sind sich Monroe und Einstein absolut gleich. Ob die eine schön und der andere klug war, spielt ebensowenig eine Rolle, wie die Frage, ob sie sich überhaupt kennenlernen konnten. Der Mythos ist nach Barthes eine Aussage, eine Botschaft, ein Diskurs um oder über jemanden, nicht aber eine Idee, ein konkretes Objekt oder das reale Leben einer Person. Während die Paarkonstellation Monroe und Einstein somit nicht mehr und nicht weniger als den mythischen Charakter bestätigt, der beiden zu eigen war, bedeutet dies jedoch nicht, daß damit jeweils die gleichen Aussagen verknüpft sind. Im Gegenteil: Nehmen wir nur die Beschreibungen zum Ausgangspunkt, die die Serie der Zeitschrift *Time* über die 100 einflußreichsten Persönlichkeiten des 20. Jahrhunderts anbietet, so wird der Unterschied augenfällig. Während Monroe als »the most delectable sex symbol of the century« bezeichnet wird, gilt Einstein als »the genius among geniuses«.[9] Die Begegnung der beiden Helden ist somit der Superlativ aller modernen Heldengeschichten. Es ist, wie es der Maler Werner Horvath im Titel eines 1999 entstandenen Ölgemäldes zum Ausdruck bringt, die Vermählung von »wisdom and beauty«.[10]

Wisdom and Beauty,
Ölgemälde von Werner Horvath, 1999

Das Überraschungsmoment löst sich also auf, wenn man von den historischen Persönlichkeiten abstrahiert und statt dessen verfolgt, wie zwei Kunstprodukte zu einem verschmolzen werden. Und das ist die Leitlinie der folgenden Ausführungen: Sie sollen zeigen, daß die Geschichte des Paares »Einstein und Monroe« als Geschichte zweier bedeutender Popikonen zu verstehen ist, die das 20. Jahrhundert hervorgebracht hat. Zwei Stars, die unterschiedliche, gleichwohl aber miteinander korrespondierende Phantasmen – Schönheit und Klugheit – bedienen, wurden ins Verhältnis gesetzt und mit Bildern ausstaffiert, die immer wieder neu komponiert werden können. Die Vereinigung zweier Mythen verstärkt somit nicht nur die Intensität, mit der die Einzelfiguren bewundert werden. Zusammen bieten sie eine Projektionsfläche für Wunschvorstellungen und Sehnsüchte, die eine Brücke zwischen sich zumeist ausschließenden Identifikationsmustern bauen.

Die Frage, die im folgenden bearbeitet werden muß, ist somit eine doppelte: Zum einen gilt es zu prüfen, wie die Images des Paares Einstein und Monroe in der Gegenwartskultur modelliert und fortgeschrieben werden. Um der Frage auf den Grund zu gehen, warum ausgerechnet dieses und kein anderes Paar zum Synonym für »wisdom and beauty« wurde, ist es zum anderen unumgänglich, einen Blick auf die Bedingungen der zeitgenössischen Vermarktung von Stars und berühmten Persönlichkeiten zu werfen. Erst vor diesem Hintergrund wird ersichtlich, wie Kunst, Kommerz und Sehnsüchte der modernen Konsumkultur in der jüngeren Vergangenheit immer stärker miteinander verwoben wurden, mit der Folge, daß vielen Zeitgenossen selbst eine Begegnung der realen Persönlichkeiten nicht mehr gänzlich unwahrscheinlich erscheint.

3.

Gehen wir noch einmal zum eingangs besprochenen Parkbank-Bild zurück und fragen, wieso kommt jemand auf die Idee, Monroe und Einstein im Bild zu vereinen? Das im Original 50 × 70 cm große, mit farbiger Tusche und Zeichenfeder angefertigte Bild stammt aus dem Jahr 1985 und wurde von dem Zeichner Quint Buchholz angefertigt, der sich auf realistisch-fiktive und nicht selten satirische Illustrationen spezialisiert hat. Die Idee zu dem Motiv, so erklärte mir Buchholz im Gespräch, sei nicht auf eine konkrete Begebenheit zurückzuführen.[11] Zwar erinnerte er sich daran, einmal eine Fotografie von Albert Einstein gesehen zu haben, die als Jux auf der Rückseite eine Widmung an Marilyn Monroe enthielt. Auch bezeichnet er sich als Fan von Monroe, der von ihrer Sehnsucht nach einer Vaterfigur gewußt habe. Ungeachtet dessen habe das Thema aber damals in der Luft gelegen und sei einem jungen Studenten, der sich ohnehin an fotorealistischen Zeichnungen des markanten Gesichtes Albert Einsteins versuchte, von selbst in den Sinn gekommen.

Daß zu bestimmten Zeiten Ideen reif sind und gleichzeitig von mehreren Leuten aufgegriffen werden, wird häufig angenommen. Im konkreten Fall gab es allerdings sowohl eine zeitliche als auch eine inhaltliche Koinzidenz mit anderen Produktionen. Im Jahre 1985 war ebenfalls der Film »Insignificance« von Nicolas Roeg in die Kinos gekommen (auf deutsch: »Die verflixte Nacht«).[12] Wie die Zeichnung von Buchholz, so arbeitet auch der Film nicht mehr mit einer unreflektierten Symbolik von »wisdom and beauty«, sondern scheint sie auf den ersten Blick sogar zu parodieren.

Der Plot ist schnell erzählt. 1954, während der Dreharbeiten zu Billy Wilders »Das verflixte siebte Jahr« versteckt sich Marilyn Monroe auf der Flucht vor Reportern und ihrem eifersüchtigen Ehemann, dem Baseballspieler Joe DiMaggio, eine Nacht bei Albert Einstein in seinem New Yorker Hotelzimmer. Dieser versucht sich Senator Joe McCarthy (hauptverantwortlich für die Hexenjagd gegen Kommunisten und Liberale) auf Distanz zu halten, der ihn drängt, vor dem Ausschuß für »unamerikanische Umtriebe« gegen Kollegen auszusagen. Im Laufe der Nacht erklärt Monroe Einstein die Relativitätstheorie, glaubt ein tobender Joe DiMaggio, seine Frau habe ein Verhältnis mit Einstein, versucht schließlich ein lüsterner McCarthy, sich an Monroe heranzumachen. Was zu Beginn wie eine Komödie wirkt, die in sarkastischer Absicht die öffentlichen Images der beiden Hauptdarsteller parodiert, entpuppt sich im Verlaufe der Handlung als ein ernsthafter politischer Film, der in der Figur des an sich selbst zweifelnden Einstein die Stimmung einer um die Atomkraft und den Nato-Doppelbeschluß streitenden Dekade widerspiegelt.

Für unseren Zusammenhang entscheidender ist, daß der Film auch als Versuch betrachtet werden kann, die Konflikte und inneren Widersprüche hinter den Mythen, die die beiden Figuren Einstein und Monroe repräsentieren, sichtbar zu machen. Das heißt, Schönheit und Klugheit, Körper und Geist werden zunächst als Komplementärcharaktere eingeführt, verkörpert im Mann und in der Frau, um sich dann später – vor allem in der Person von Marilyn Monroe – sukzessive aufzulösen. In der ersten Einstellung wird ein tief in seiner Arbeit versunkener Einstein im kargen Hotelzimmer gezeigt. Im ganzen Raum verstreute Papiere, wirre Haare, nackte Füße und ein in der Ecke stehender Geigenkasten adressieren das bekannte Image des Genies. Die unerwartet hereinschneiende Monroe verkörpert dagegen in ihrem weißen Kleid mit plissiertem Rock (dem Outfit jener berühmten Luftschachtszene aus der New Yorker Lexington Avenue) in jeder Hinsicht die Versuchung. Sie ist blond, schön und sexy, zugleich aber auch schutz- und anlehnungsbedürftig. Sie ist auf der Flucht und versteckt sich sehr bewußt bei einem Mann, von dem sie keine sexuelle Belästigung zu befürchten hat.

In seiner Zerstreutheit erkennt Einstein den Hollywoodstar nicht auf Anhieb und zeigt sich ihren Reizen gegenüber resistent. Er wirkt häufig abwesend, ist mit seinen Papieren beschäftigt und macht den Eindruck jemandes, der nicht gestört werden will. Zugleich ist er aber ein höflicher, um nicht zu sagen gutmütiger Mensch, setzt weder den lästigen Politiker noch die plötzlich auftauchende Blondine vor die Tür, sondern hört sich geduldig die Geschichte einer trotz Trubels einsamen und sich mißverstanden fühlenden Frau an.

Blondinen sind dumm – geniale Wissenschaftler sind sexuellen Dingen nicht zugetan. Sie sind mit ihrer Wissenschaft verheiratet. Mit diesem Stereotyp beginnt der Film, das dann im weiteren Verlauf der Handlung eine Umkehrung erfährt.[13] Die Schöne ist plötzlich nicht mehr nur schön, sondern leidet darunter, daß ihre intellektuellen Fähigkeiten keine Anerkennung erfahren. Sie erklärt dem Genie seine eigene Theorie, und sie tut dies zur Überraschung Einsteins (und des Zuschauers) in einer brillanten Vorführung mit Hilfe einer Spielzeugeisenbahn, Taschenlampen und Luftballons. Das macht sie für den Wissenschaftler zwar nicht sexuell attraktiver, dafür aber erkennt er sie als gebildete Frau, der er seinerseits sein Herz ausschütten kann. Vom unbeteiligten Zuschauer entwickelt sich Albert Einstein nach und nach zu einer Person voller Selbstzweifel, die er der neu gewonnenen Zuhörerin mitteilt. Die Vorstellung, als geistiger Urheber der Atombombe gewirkt zu haben, peinigt ihn. Und da die Welt ihn dafür nicht zur Verantwortung zieht, sondern – ähnlich wie beim Hollywoodstar – in erster Linie seinen mystifizierten Geist verehrt, muß er sich selbst bestrafen. Er will seine Manuskripte zerreißen oder wenigstens aus dem Fenster werfen.

Es ist die Aufgabe der zur klugen, mit Geist beseelten Frau

mutierten Hollywoodschauspielerin, dies zu verhindern. Mehr noch entwickelt Monroe ein tiefes Verständnis für die ambivalenten Gefühle des Wissenschaftlers. Und dennoch bleibt sie in ihrem Körper gefangen, einem Körper, der zwar schön, aber letztlich unfruchtbar ist.[14] Gegen Ende dieser verflixten Nacht beichtet Marilyn nicht nur, daß sie ihren Vortrag über die Relativitätstheorie wie jede andere Rolle auswendig gelernt hat, sie erlebt überdies eine Fehlgeburt und tränkt mit ihrem Blut sowohl das Bett als auch Einsteins Formeln. Der jedoch hat sich längst wieder in seine Gedankenwelt verabschiedet, in ihm reift ein neuer Gedanke. Am Ende des Films verläßt ein unfruchtbarer Leib schließlich einen Kopfmenschen, aus dem neue Ideen sprießen – die Schöne bleibt Körper, der Wissenschaftler wird erneut zum vergeistigten Subjekt. Was auf den ersten Blick wie eine Imagekorrektur wirkt und den Mythos zu problematisieren scheint, verliert am Ende wieder seine Überzeugungskraft. Das einzige, was bleibt, sind somit die wiederhergestellten Mythen. Mit dem Verschwinden der Körper nach der imaginierten Explosion ist die mythische Ordnung wiederhergestellt: Marilyn bleibt Marilyn – Albert bleibt Albert.

4.

Auch die Kinoproduktion »Insignificance« ist nicht einfach aus dem Nebel des Zeitgeistes hervorgegangen. Nicolas Roegs Film ist ein auf die Leinwand gebrachtes Kammerspiel; ihm liegt das gleichnamige Theaterstück von Terry Johnson zugrunde.[15] Uraufgeführt wurde es einige Jahre vor Erscheinen des Films, 1982, am Royal Court Theatre in London. Seither wird es kontinuierlich an Theatern in verschiedenen Ländern gespielt – bis heute. Eine deutsche Fassung wird unter dem Titel »Bedeutende Leute« seit Oktober 2004 im Hans-Otto-Theater in Potsdam aufgeführt. In der Vorankündigung ist von einer Reflektion der öffentlich kursierenden Images, wie sie der Film versucht, nicht mehr die Rede: »Das genialste Hirn der Epoche begegnet dem begehrtesten Körper der Zeit in einem Motel. Ich bin berühmt, stellt sich die rasante Blondine vor, und der Greis mit wirren Haaren antwortet: Sie auch?«[16] In Erwartung eines breiten Publikumsinteresses anläßlich der Feierlichkeiten rund um Albert Einstein hat das Theaterstück gegenwärtig Hochkonjunktur. Neben der erstmalig ins Deutsche übertragenen Fassung sind weitere Initiativen zu beobachten. So verfiel das Ulmer Theater auf die Idee, eine, wie es heißt, »spannende und höchst emotionale« Oper aus dem Stoff herstellen zu lassen – Titel: »Einstein, die Spuren des Lichts«.[17]

Der Film hat also der Popularität des Theaterstückes keineswegs geschadet; die Dialoge in Film und Theatervorlage sind ohnehin weitgehend identisch. Da eine Prosaschilderung allerdings von der jeweiligen Inszenierung lebt, sagt das nicht viel. Schon die aktuellen Ankündigungen lassen erahnen, daß die Interpretationen zeitabhängig sehr unterschiedlich ausfallen. Mochte die Hotelbegegnung in den 1980er Jahren einer feministischen Kritik am Stereotyp der dummen Blondine Rechnung getragen haben und eine Anti-Atomkraft-Inszenierung ins Bild setzen, so scheinen derzeit wohl eher Anspielungen auf den modernen Celebrity-Kult en vogue zu sein. Wie anders soll man die Übersetzung des englischen Begriffs »Insignificance«, was wortwörtlich übersetzt »Bedeutungslosigkeit« heißt, in »Bedeutende Leute« verstehen?

Trotz aller Interpretationsspielräume, die Terry Johnsons Theaterstück zuläßt, bildet die Idee für ein Tête-à-tête von Einstein und Monroe aber eine Konstante, die dem ganzen künstlerischen Unternehmen eine eigene Pointe verleiht. Rob Ritchie, der als Literaturmanager des Royal Court Theatres maßgeblich an der Uraufführung von »Insignificance« im Jahre 1982 beteiligt war, bringt dies unmißverständlich zum Ausdruck, wenn er darauf hinweist, daß die Grundidee »Hollywoodschönheit trifft berühmten Wissenschaftler« auch andere Besetzungen erlaubt hätte.[18] Zum Glück, so schreibt er, sei das Stück nicht zuerst als Kinoproduktion ins Leben getreten. Denn der zu erwartende kommerzielle Erfolg wäre eine endlose Einladung zur Wiederholung des Erfolgsrezeptes gewesen. Womöglich hätte man Jayne Mansfield mit Max Planck in der Sauna oder Julie Andrews und Ludwig Wittgenstein beim Shopping auf die Leinwand gebracht.

Es sei dahingestellt, ob sich der steife Max Planck oder der schwule Ludwig Wittgenstein für dergleichen Inszenierungen geeignet hätten. Fakt ist jedoch, daß Marilyn Monroe nicht nur mit unzähligen berühmten Männern ihrer Zeit in Verbindung gebracht wurde[19], es haben auch andere Wissenschaftler durchaus nicht versäumt, sich mindestens vor einem lebensgroßen Plakat des Schönheitsidols ablichten zu lassen, so der an den Rollstuhl gefesselte Astrophysiker Stephen Hawking. Wohl mit Verweis auf das Thema »Genie im kranken Körper« haben seine Biografen ausgerechnet dieses Foto für den Buchumschlag zum Werk über die Geschichte seines Lebens ausgewählt.[20]

Von solchen Ausnahmen abgesehen, scheinen Monroe und Einstein die mit Abstand erfolgreichste und exklusivste Paarung der zeitgenössischen Kulturgeschichte zu sein. Andere Versuche, in populären Genres Wissenschaftler mit gut aussehenden Schauspielerinnen in Verbindung zu bringen, sind – falls sie jemals versucht wurden – nicht in gleicher Weise ins öffentliche Bewußtsein gedrungen. Dabei hat es Max Planck oder Werner Heisenberg, Ludwig Wittgenstein oder Sigmund Freud keineswegs an Berühmtheit gefehlt. Dennoch ist kein anderes Paar vergleichbarer Provenienz bekannt geworden – und dies trotz der in vielen Varianten existierenden literarischen und philosophischen Erörterung des Wechselspiels von »Schönheit« und »Geist«.[21]

Eine Erklärung für diesen Sachverhalt läßt sich wohl nur durch konsequente Historisierung der beiden Heldenlegenden bzw. der kommunikativen Bedingungen erzielen, die sie zu unsterblichen Ikonen machten. Tatsächlich fand die Paarung ihrer Mythen zu einem Zeitpunkt statt, als Massenmedien, Werbung und Pop-Art die Rahmenbedingungen und Institutionen zur Erzeugung von Aufmerksamkeit grundlegend änderten. Nicht die Tatsache ihrer Berühmtheit und die ihnen je zugekommende Verehrung, sondern die Entwicklung der modernen Unterhaltungskultur mit ihrer ganz eigenen Ökonomie und Ästhetik der Starproduktion tritt damit in den Blick.

5.

Übereinstimmend kommen sozialhistorische Studien zu dem Ergebnis, daß die späten 1950er und frühen 1960er Jahre eine Zeitenwende in der Entwicklung der modernen Alltagskultur darstellen.[22] Bis in diese Epoche existierte noch jene unsichtbare Grenze, die seit dem 19. Jahrhundert zwischen einer Elite- und einer Massenkultur gezogen wurde. Wissenschaft, Kunst, Literatur, Musik waren Sinnbilder dessen, was ein hauptsächlich bildungsbürgerliches Publikum die Hochkultur nannte. Bereits im frühen 20. Jahrhundert hatte das Dogma der Kultiviertheit Risse bekommen, spätestens nach dem Zweiten Weltkrieg aber wurde die Grenze zwischen einer bürgerlichen Elite und den breiten Massen endgültig durchlässig. Es gab kein Thema mehr, was sich nicht dazu eignete, zum Gegenstand der sich entfaltenden Popkultur zu werden.

Das sollte auch und gerade die Geschichte der Alma Mater nachhaltig prägen. Die Popularisierung von Wissenschaft und Technik, für die bereits seit dem 19. Jahrhundert viel Aufwand betrieben wurde, drang in den Jahrzehnten nach dem Zweiten Weltkrieg immer stärker in die Mainstream-Popkultur vor.[23] Zum einen verschmolzen in der Werbung, der Pop-Art als neuer Aktionsform der Kunst und der mit Funk und Fernsehen sich ausdifferenzierenden medialen Öffentlichkeit die Grenzen zwischen Realität und Fiktion immer häufiger mit Technologie. Mit jedem Technologieschub (Fotografie und Massenpresse, Film, Rundfunk und Fernsehen, digitales Infotainment und Computeranimation) wurden die belehrenden, unterhaltenden und ästhetischen Momente der Wissenspräsentation etwas mehr technisiert. Die miteinander konkurrierenden Medien buhlten um die Aufmerksamkeit des Publikums ebenso wie um sensationsverdächtige und attraktiv aufbereitete Nachrichten.

Zum anderen wurden die Themen und Gegenstände der Wissenschaft selbst immer populärer in dem Sinne, daß sie von breiteren Schichten diskutiert wurden. So war nur wenige Jahre nach Hiroshima und Nagasaki die Zurückhaltung gegenüber der Atomenergie einer neuen Technikfaszination gewichen.[24] Es war das Todesjahr Einsteins, 1955, als das Zeitalter einer »friedlichen« Nutzung der Kernenergie ausgerufen wurde. Das »Atom« wie ebenso die stete Zunahme an technischen Konsumgütern, die Komfort und Mobilität, Wohlstand und Freizeit versprachen, schienen ein Zeitalter jenseits von Krisen, Krieg und Knappheit beginnen zu lassen. Gerade die Atomenergie beflügelte die kollektiven Phantasien und fungierte als Kristallisationskern für einen neuen gesellschaftsübergreifenden Fortschrittsglauben. An die Stelle der Sorge gegenüber verheerenden Bomben traten Hoffnungen auf eine Energieform, die Wohlstand für alle zu versprechen imstande war.

Diese Hoffnungen fanden in Vollbeschäftigung (zu Beginn der 1960er Jahre), steigenden Erwerbseinkommen und einem stetig wachsenden Warenangebot ihre reale Grundlage. Mit einem Wort, auf der Basis einer florierenden Massenproduktion war eine überwiegend kommerziell ausgerichtete Konsumlandschaft im Entstehen, die auch eine Unterhaltungsmaschinerie bislang nicht gekannten Ausmaßes zur Entfaltung brachte.[25] »Pop« wurde zum Schlagwort der 1960er Jahre, mit dem eine Unzahl von Gütern und Informationen gehandelt und konsumiert wurden. Industrie und Handel, bildende Kunst, Literatur, Musik, Kino, die Massenmedien, eine Vielzahl unterschiedlichster Interessen unterwarfen sich einem einzigen Stilbegriff, und dies hauptsächlich deswegen, weil mit dem Markenzeichen »Pop« das Versprechen verbunden war, alle existierenden Grenzen zwischen einer Elitekultur und der Alltagswelt der breiten Bevölkerungsschichten aufzuheben.

Die Pop-Art-Bewegung erklärte Werbung, Filmstars, Alltagsgegenstände und selbst das Konterfei eines Wissenschaftlers für bildwürdig.[26] Und sie erfand eine neue Ästhetik des »anything goes«. In vielfältigen Mischformen zwischen unverändert übernommenen Gegenständen (ready mades) der Alltagswelt und improvisierten Erzählungen von oft skurrilem Charakter entstanden Collagen, die vieldeutige Anspielungen machten und nicht selten mit einer starken symbolischen Basis versehen waren. Ironischerweise aufgrund der gleichen Imageelemente – unverkennbar markante Gesichtszüge und eine außergewöhnliche Haartracht – wurden Monroe wie Einstein zu beliebten Sujets der Pop-Art.[27] Und weil Waren nicht mehr nur Vehikel zur Befriedigung prosaischer Bedürfnisse sein sollten, sondern zu tragenden Einrichtungen der Unterhaltung und Lebensstilbildung wurden, fanden ihre Geschichten ein aufnahmewilliges Publikum. Sie wurden Objekte für vielfältigste Träume und Wünsche, darunter ein ganzes Bündel von persönlichkeits- und statusbildenden Bedürfnissen.

Doch Pop-Art, Werbespots, Gebrauchsgraphik und Design eigneten sich nicht nur die Themen der Massenkultur an, zunehmend arbeiteten sie auch mit den Techniken der Massenproduktion. Andy Warhol gehörte in den frühen 1960er Jahren zu den ersten Künstlern, die mit Siebdruckverfahren und anderen Formen der Druckgrafik Kunst seriell herstellten, die Malerei also gleichsam mechanisierten.[28] Von einem Motiv mehrere Serien und Farbvariationen anzufertigen, machte das Kunstwerk nun selbst zur Massenware. Dafür stehen seine berühmten Serien mit Coca-Cola-Flaschen, Campbells Suppendosen und Porträts von Marilyn Monroe oder Mao Tsetung. Wie Warhol schrieb, sollte das seriell erzeugte Kunstwerk auf die Bedingungen massenhaften Konsums und die Macht der Werbung hinweisen. Was mit sozialkritischem Anspruch versehen war, trug ungeachtet dessen mit dazu bei, die Berühmtheiten zu Serienstars und damit zu dem zu machen, was im Jargon der Public-Relations-Experten eine »Markenpersönlichkeit« ist.

6.

Anders als Marilyn Monroe, die als Mitglied der Kunstwelt »Hollywood« wußte, daß ihr Marktwert unwiederbringlich mit ihrer Popularität zusammenhing, war Albert Einstein zeit seines Lebens zwar ein international hochangesehener Gelehrter und ein beliebtes wie kritisch beäugtes Idol, aber kein Star im Stile der Filmindustrie gewesen. Zwar trugen die Massenmedien ebenfalls entscheidend zu seiner Ruhmbildung bei, dennoch war er nicht das Produkt einer gezielten Imageproduktion. Im Vergleich zu Monroe könnte man Einstein daher als einen informellen Star bezeichnen, dessen markante Züge und Attribute, wie etwa das Haar, der Geigenkasten oder die sockenlosen, nur in Schuhen steckenden Füße, sich durch dauernde Reproduzierung zu Chiffren der Legende entwickelten. Die diversen Attribute, die den Mythos »Monroe« ausmachen, ihr weißblondes Haar, ihr leicht geöffneter Mund mit dem künstlichen Lächeln, ihr Gang, ihre Kleidung waren hingegen auf ihr spezifisches Image als Starlet hin geformt worden.[29]

Marilyn Monroe wurde von einer Unterhaltungsmaschinerie hervorgebracht, in der Stars und Prominente als »Self-Owned Commodities«[30] zu großen Teilen selbst die Fäden der Imageproduktion in der Hand hielten und zu diesem Zweck einen eigenen Produktionsbetrieb, bestehend aus Agenten, Lehrern, Friseuren und Förderern unterhielten. Publicity-Management und Imagepflege waren aus dem Alltag der Schauspielerin nicht wegzudenken. Einstein, der bis zu seinem Tod nur mit einer Sekretärin seine Kommunikation mit der Welt organisierte,[31] waren Public-Relations-Aktivitäten eher lästig. Obwohl er seine Berühmtheit sehr wohl für das politische Engagement gegen Atomwaffen oder sein Eintreten für den Staat Israel einzusetzen wußte, begegnete er der Medienöffentlichkeit reserviert.[32] Daß nach Ende des Zweiten Weltkrieges in Deutschland Straßen und Schulen nach ihm benannt wurden, empfand er als ungehörige Vereinnahmung seiner Person durch das Volk, dem er den Mord an den Juden nicht verzeihen konnte.[33] Konsequent widersetzte er sich zu Lebzeiten allen Versuchen, seinen Namen für irgendwelche kommerzielle oder ihm mißliebige politische Zwecke zu benutzen.

Nach Einsteins Tod sollten sich die Verhältnisse dann gründlich ändern. In der beispiellosen Vermarktung seiner Person ließen sich immer weniger Unterschiede zu anderen Berühmtheiten, etwa Marilyn Monroe, erkennen. In kommerzieller Hinsicht näherten sich die beiden Diven einander an: Aus dem Wissenschaftler wie aus der Schauspielerin wurden Werbeträger, die Tassen und T-Shirts, Computer, Arzneimittel, Kaffee und Nudeln, kurz die bunte Welt der standardisierten Waren mit ihren Konterfeis, Signaturen, Namen schmückten.[34] Bis Ende der 1970er Jahre konnte jeder findige Unternehmer sich weitgehend unbehelligt ihrer Images bedienen. Im harten Wettbewerb wurden ihre Bilder und Namen ungeschützt verwendet, wenn es darum ging, ein Produkt oder eine Dienstleistung zu »emotionalisieren«. Über die Jahre blieb es jedoch nicht aus, daß die Werbeträger selbst zu Brands wurden: Einstein™ und Monroe™ wurden von der neuen, aus Amerika kommenden Profession des »Celebrity Licensing« aus der Taufe gehoben.

1979 gründete der Anwalt Roger Richman nicht zufällig in Beverly Hills seine Agentur.[35] Auf dem Schreibtisch seines Büros steht noch heute ein Familienfoto, das ihn als Baby auf dem Arm Albert Einsteins zeigt (sein Vater war ein Rabbi, der den Physiker einmal getroffen hat). Wohl deshalb fühlte sich Richman berufen, im Auftrag der Hebrew University in Jerusalem das »Albert-Einstein-Licensing« zu begründen. Heute wickelt er die Lizenzrechte von 45, einigen noch lebenden, meist aber bereits verstorbenen Berühmtheiten ab – darunter auch Marilyn Monroe. Einstein ist trotz der Hollywood-Konkurrenz sein dickster Fisch, was bei 35 % Provision sicherlich nicht zu verachten ist. Weltweit beschäftigt Richman 19 Agenturen mit der posthumen Vermarktung Einsteins, in seinem Büro sind vier Anwälte rund um die Uhr mit Einstein beschäftigt. Im »Albert Einstein Style Guide« findet der kommerzielle Nutzer nicht nur sämtliche Vorlagen, sondern kann sich zugleich auf die Philosophie des Einstein-Branding einschwören lassen: »The Albert Einstein brand essence is synonymus with Genius, Knowledge, Science, Discovery, Creativity and Imagination.«[36]

Richmans großer Konkurrent, die 1981 gegründete Agentur CMG Worldwide, die sich als »The Leader in Intellectual Property Rights Management« bezeichnet, hat ihren lukrativsten verstorbenen Kunden in Marilyn Monroe gefunden, wie der Direktor Mark Roesler nicht müde wird zu betonen. In einem kürzlich dem Fernsehsender NBC gegebenen Interview erklärte der CEO der Celebrity-Werbung den Grund dafür: »Today, the name ›Marilyn Monroe‹ is synonymous with beauty, sensuality and effervescence. She remains an inspiration to all who strive to overcome personal obstacles for the goal of achieving greatness.«[37]

Das Rückgrat jeder Markenbildung ist, wie die Lehrbücher des Marketing erklären[38], die Identifikation trennscharfer Persönlichkeitsmerkmale, die idealerweise über verschiedene soziologische Welten hinwegreichen. Mit sogenannten »Brand Personality Gameboards« messen, beurteilen und gegebenenfalls optimieren Werbetreibende und Marketingmanager heutzutage ihre Markenpersönlichkeiten.[39] Basierend auf den aus der Psychologie übernommenen, sogenannten »klassischen« Persönlichkeitsmerkmalen und untermauert durch aus der griechischen Mythologie hergeleiteten, (allerdings) modernisierten Archetypen, arbeiten sie mit einem Tableau von Eigenschaften, das noch einmal zu erkennen gibt, warum Marilyn Monroe und Albert Einstein die perfekten »Kernpersönlichkeiten« des modernen Marketing sind. In einer multidimensionalen Skalierung, die die Beziehung von 13 Persönlichkeitsmerkmalen zueinander veranschaulicht, stehen die Qualitäten

Vernunft, Intelligenz und Geist jenen von Lust, Leidenschaft und Temperament komplementär gegenüber.

Auch als »Markenpersönlichkeiten« sind Marilyn Monroe und Albert Einstein daher das perfekte Paar. Nur hat die in zwei großen Agenturen getrennte Vermarktung ihrer Mythen der kommerziellen Nutzung der Paarkonstellation eher geschadet denn genützt. Wegen unautorisierter Verwendung von Markenrechten und copyrightgeschütztem Eigentum überziehen die Firmen alle Werbetreibenden und Künstler, die die handelsgeschützten Celebrities verwenden, mit der Androhung von Prozessen, wenn sie die beträchtlichen Lizenzen nicht zu zahlen bereit sind. Im Falle der als Postkarte gut verkauften Zeichnung »Einstein trifft Monroe« von Quint Buchholz hat das bereits dazu geführt, daß sie vor einigen Jahren vom Markt genommen wurde. Die in Berlin ansässige Firma »Inkognito – Gesellschaft für faustdicke Überraschungen«, die sie vertrieben hat, war zu entsprechenden Zahlungen nicht bereit.[40]

7.

All diese Entwicklungen veränderten den Alltag in den westlichen Industrienationen ebenso nachhaltig wie die eingeschliffenen Formen der Heldenverehrung. Auch die *Mythen des Alltags* (Roland Barthes) wurden kommerzialisiert und mußten nicht mehr nur ästhetischen Kriterien, sondern vor allem einer Profitorientierung genügen. Umgekehrt schuf der Kommerz seine eigenen Mythen. Während die Unterschiede zwischen den Kulturschichten scheinbar nivelliert wurden, entstanden tatsächlich nur neue Unterschiede und Gegensätze durch vermarktete Legenden. Zum profitablen Wirtschaftssegment gewandelt, sind es seither zunehmend ökonomische Kräfte, die den Wert eines Helden bestimmen.

Daß vor diesem Hintergrund die Frage, ob sich Marilyn Monroe und Albert Einstein tatsächlich jemals getroffen haben, stets neue Nahrung erfährt, scheint wenig verwunderlich.

Nach der im Internet zirkulierenden Flüsterpropaganda existierte eine Beziehung zwischen den beiden.[41] Zumindestens kannte man sich. Aber auch manche Biographen stimmen mit ungeprüften Behauptungen in den Chor der Gerüchteproduzenten ein. Marilyn Monroe wird wegen ihrer bitteren Jugend als Halbwaise ein starker Vaterkomplex nachgesagt. Neben ihrer überragenden Vaterfigur Clark Gable, mit dem sie Jahrzehnte später vor der Kamera stehen sollte, so wissen beispielsweise Adela Gregory und Milo Speriglio zu berichten, soll die jugendliche Monroe neben Abraham Lincoln vor allem Albert Einstein verehrt haben.[42]

Daß dieser wiederum kein verklemmter Wissenschaftler war, sondern viele Beziehungen zu Frauen unterhielt, ist bekannt.[43] Von einem Treffen mit Marilyn Monroe, die er mit einiger Wahrscheinlichkeit wie gesagt nur in der kurzen Phase zwischen ihrem Aufstieg in Hollywood nach 1950 und seinem Tod, fünf Jahre später, hätte kennenlernen können, wissen Einsteins wie auch Monroes Biographen nichts zu berichten. Dennoch scheint die Vorstellung einer solchen Begegnung in vielen Köpfen herumzuspuken – selbst im engeren Familienkreis. Evelyn, die Adoptivtochter von Einsteins Sohn Hans Albert, spekulierte noch in einem im Jahre 2000 gegebenen Interview darüber, die illegitime Tochter einer Affäre zwischen ihrem Großvater und Marilyn Monroe zu sein. Nur um einen Skandal zu vermeiden, sei sie von Einsteins Sohn und seiner Frau adoptiert worden.[44]

Dem Ursprung von Gerüchten beizukommen, ist bekanntlich ein hoffnungsloses Unterfangen. Der Beobachtung nachzugehen, daß die Idee einer Einstein/Monroe-Verbindung offensichtlich einige Faszination auslöste, scheint dagegen vielversprechender zu sein. Ein Grund für die Langlebigkeit dieser Paarkonstellation mag darin liegen, daß Einstein und Monroe nicht irgendwelche Stars unter vielen waren. Bis heute werden ihnen mit wenigen Abwandlungen die immer wieder gleichen Eigenschaften nachgesagt, die sie als Diven aus der Masse moderner Helden hervorheben.[45] Einstein wurde 2000 als erster und einziger Wissenschaftler zur Person des Jahrhunderts erklärt. *Time* begründet diese Entscheidung damit, daß der Auserwählte nicht nur wegen seiner wissenschaftlichen Bedeutung, sondern vor allem aufgrund seiner umfassenden, intuitiven Intelligenz das Zeug zum Superstar habe. Amerika verehre keine Elfenbeinturm-Leistungen, so hieß es, es sei vielmehr fasziniert von »the practical power of ideas«. In der Person Einsteins sei auf einzigartige Weise akademische Weisheit gepaart mit derjenigen eines Weltverbesserers.[46]

Ganz ähnlich ragt auch die schillernde Figur der Marilyn Monroe, deren Geheimnis in über 300 Biografien ausgebreitet wird, aus der Masse vergleichbarer Idole heraus. Obwohl sie nicht die erste und auch nicht die einzige Blondine auf der Leinwand war, so galt sie dennoch schon zu Lebzeiten als die berühmteste aller kurvenreichen Weißblondinen. Das wird, je länger sie tot ist, um so deutlicher. Marilyn Monroe starb 1962, bis heute gilt jedoch nur sie als das klassische Sexsymbol des 20. Jahrhunderts. Andere Schauspielerinnen, und selbst solche, die wie Greta Garbo ebenfalls die »Göttliche« genannt werden, können keinen Vergleich mit der Dauerhaftigkeit ihrer Popularität erzielen.[47]

Beiden – Einstein wie Monroe – war ihre Prädestination zum Helden durchaus bewußt. Einstein schrieb bereits 1931 in seinen Eindrücken über Amerika, daß ihm der ganze Personenkult nicht behage: »Wohl verteilt die Natur ihre Gaben reichlich verschieden unter ihre Kinder. […] Es erscheint mir nicht gerecht, ja nicht einmal geschmackvoll, wenn von diesen einige wenige maßlos bewundert werden, indem man ihnen übermenschliche Kräfte des Geistes und des Charakters andichtet. Dies ist nun mein Schicksal geworden, und es besteht ein grotesker Gegensatz zwischen dem, was mir die Menschen an Fähigkeit und Leistung zuschreiben, und dem, was ich wirklich bin und vermag.«[48] In ihrem letzten Interview mit der Zeitschrift »Life« wenige Wochen vor ihrem Tod sagte Marilyn Monroe zu Richard Meryman: »Als Sexsymbol wird man zu einer Sache. […] Man kollidiert mit den unbewußten

Wünschen der Menschen. Es ist nett, wenn die Leute einen in ihre Phantasien einbeziehen, aber man möchte auch um seiner selbst willen akzeptiert werden.«[49]

Mögen Einstein wie Monroe zu Lebzeiten einiges unternommen haben, ihrer Mystifizierung zu entrinnen, die Nachwelt, die sich um die Popikonen schart, schert dies wenig. Konnten die beiden sich bis zu einem gewissen Grad durch eigene Aussagen noch gegen Legenden zur Wehr setzen, so wurden sie seit den 1960er Jahren zu Projektionsflächen für Wünsche und Sehnsüchte, deren Richtigstellung nun die Nachlaßverwalter vornehmen müssen. Doch die werden aufgrund pekuniärer Interessen darin kaum einen Sinn entdecken können.

Und so trägt die beispiellose Vermarktung der beiden Ikonen das Ihrige dazu bei, die einmal installierte Paarverbindung weiter am Leben zu erhalten. Fragt Heather Aston ihre Gesprächspartner der Newsgroup zu Urban Legends: »I actually heard this back in high school [...]. I was told by one of my friends, that Marilyn Monroe slept with Albert Einstein because she wanted to know what it was like to have sex with the smartest guy in the world. [...] Has anyone heard this story, or another version where someone else sleeps with Einstein? (besides his wife).«[50]

Michael Hagner

AEG

Vom Umgang mit einem mythischen Objekt

»100 years genius without limits« – mit diesen Worten überschreibt die amerikanische Wissenschaftszeitschrift *Discover* im September 2004 ihr Heft, das ausschließlich Albert Einstein gewidmet ist und auf das Jubeljahr 2005 einstimmen soll. Art Spiegelman hat für dieses Heft eine Titelillustration geschaffen, die zu der phantasmatischen Rhetorik ohne Grenzen in einem sonderbaren Spannungsverhältnis steht.

Art Spiegelman, Einstein (2004)

Man sieht den alten Einstein mit offenem Hemdkragen und altväterlicher Jacke zu Hause am Tisch sitzen, in der linken Hand einen großen aufziehbaren Wecker, in der rechten einen Schraubenzieher. Vor ihm auf dem Tisch einige Bestandteile aus dem Innenleben der Uhr, und auch die Zeiger sind nicht mehr an ihrem Ort vor dem Ziffernblatt. Der alte Herr schaut mit gerunzelter Stirn und gehobenen Augenbrauen auf die Uhr, und in seinem Blick liegt eine gewisse Ratlosigkeit angesichts des entkernten und seiner Funktion beraubten Dings. Das Licht der einfachen Schreibtischlampe beleuchtet Einsteins Gesicht, seine Jacke, das Uhrgehäuse und den Tisch, doch es vermag die Szenerie nicht eigentlich zu erhellen. Vielleicht ist er in Gedanken versunken, jedenfalls deuten seine Mimik und Gestik nicht darauf hin, daß er sich bereits über den nächsten Schritt – die Uhr noch weiter zerlegen oder wieder zusammensetzen – im klaren wäre. Der Schraubenzieher, von der rechten Hand fest umschlossen, befindet sich in Wartestellung. Für den nächsten Einsatz ist er noch nicht in Anschlag gebracht. Die Szene wirkt wie stillgestellt, als ob die ausgesetzte Zeit dem Bild seine Bewegungslosigkeit verleihen würde; als ob der Greis mit dem, was er da angerichtet hat, nicht mehr zurechtkommen könnte. Die Uhr ist auseinandergenommen, die Natur der Zeit ist analysiert, aber damit ist noch nicht garantiert, ob es auch gelingt, die Uhr wieder zusammenzusetzen. Die Aussicht aus dem Fenster auf den Garten und das Nachbarhaus ist unspektakulär, geradezu bieder, und das einzig dynamische Element, das emblematisch auf eine wissenschaftliche Revolution verweist, ist das in zahlreichen Variationen gezeichnete Atommodell, das jedoch als Ornament am Fenstervorhang im Rücken Einsteins wie ein domestiziertes Erinnerungsstück auf eine bewegte Vergangenheit verweist.

Spiegelman hat hier nicht, wie in etlichen seiner berühmten Titelzeichnungen für den *New Yorker*, einen bissig-ironischen Zugang gewählt, sondern eine leise, poetische Zeichnung geschaffen, die den erschöpften, vielleicht auch resignierten alten Einstein thematisiert. Nicht nur, daß die Relativierung der Zeit in der zerlegten Uhr ihre Verdichtung findet; einen *Genius without limits* stellt man sich nicht ganz so vor, wie es Spiegelman vorführt. Sein Portrait fügt der ansonsten üblichen Assoziationsgleichung *Einsteins Kopf* = *Genie* eine neue Facette hinzu, indem er den Physiker zum heimwerkenden Uhrmacher stilisiert. Es ist nicht abwegig, davon auszugehen, daß Spiegelman Peter Galisons Buch über *Einsteins Uhren, Poincarés Karten* gelesen hat, in dem das Bild eines theoretischen, fernab jeder Alltagserfahrung operierenden Denkers revidiert wird. Nach Galison hat das eminent praktische Problem der Zeitsynchronisation in Europa um 1900 am Beginn der Einsteinschen Arbeit zur Relativitätstheorie gestanden.[1] Insofern paßt die Darstellung Einsteins als Handwerker gut zu diesem neuen Bild, nur daß es sich dann um den jungen Einstein handeln müßte, der in Bern als Patentprüfer arbeitete. Wenn Einstein der Praktiker in den Mittelpunkt der Aufmerksamkeit rückt, um die Revolution in der Physik neu zu interpretieren, bedeutet das, sich von dem alten Einstein mitsamt aller zugehörigen Ikonizität zu distanzieren. Genau das tut Spiegelman nicht. Er kombiniert beide Perspektiven und stellt damit ein Bild her, in dem die Flexibilität des praktischen Zugriffs durch die Schwermütigkeit des Alters wieder eingeholt wird. Als ob man dem einmal akkulturierten Bild nicht so leicht entkommen könnte.

Ein alter Mann mit melancholischem Blick, der sein Beschäftigungsobjekt etwas ratlos vor sich hält, ist ebenfalls Gegenstand eines augenscheinlich ganz anderen Bildes, einer Fotografie, die eine offenkundig nicht prominente Person festhält. Wie in Spiegelmans Zeichnung handelt es sich nicht um ein wissenschaftliches Labor, sondern um eine Stube. Hinter dem am Tisch sitzenden Greis befindet sich das Fenster, das in diesem Fall nicht einmal den Blick in den Garten gewährt. Das Rollo ist zur Hälfte heruntergezogen, aber auch unterhalb des Rollos sieht man nur Dunkelheit, was den Eindruck noch verstärkt, daß es sich hier um einen einsamen Mann handelt. Die Bücher an der Wand fehlen, doch der Holztisch scheint eher ein Eß- als ein Arbeitstisch zu sein. Auf diesem Tisch steht ein gewöhnliches, schon älteres binokulares Mikroskop, das vermutlich nicht mehr jeden Tag benutzt wird. Der alte Mann, mit offenem Hemdkragen und Altherrenpullover, schaut nicht

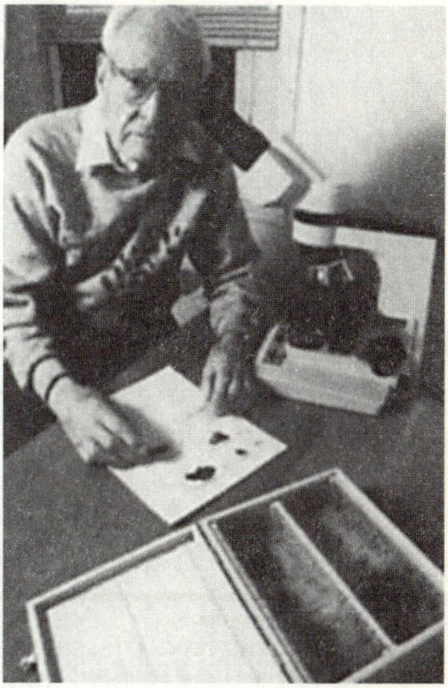

Thomas Harvey, 1994

auf die vor ihm befindlichen mikroskopischen Schnitte, von denen er zwei zwischen Daumen und Mittelfinger der rechten und linken Hand hält, sondern direkt in die Kamera. Er sieht weder stolz und entspannt noch nachdenklich und konzentriert aus, sondern einfach nur müde und ratlos. An den beiden Präparaten scheint er sich irgendwie festzuhalten. Das untere Drittel der Fotografie wird von einem Holzkasten mit mikroskopischen Präparaten dominiert, wie er in jeder anatomischen Sammlung zu finden ist. Auf einem weißen Blatt liegen drei Glasplatten, auf denen präpariertes, dunkel angefärbtes Gewebe in unterschiedlicher Größe zu sehen ist. Man kann nicht entscheiden, ob es sich um frische oder ältere Präparate handelt und ob sie aus pflanzlichem, tierischem oder menschlichem Gewebe stammen.

Die Szene hat etwas seltsam Unwirkliches und Gestelltes. Der alte Mann sieht nicht so aus, als ob er jeden Tag vor dem Mikroskop sitzt und Schnitte untersucht. Wir werden nicht zum Zeugen einer Situation gemacht, in der ein Wissenschaftler für eine Aufnahme kurz seine Arbeit unterbricht, sich in Positur bringt, um dann zur Forschung zurückzukehren. Es ist viel eher vorstellbar, daß der Tisch von seinen üblichen Utensilien – Vase, Schale, Kerzenständer – kurzfristig befreit, Mikroskop und Präparatekasten aus irgendeiner Ecke hervorgeholt wurden, um eine wissenschaftliche Situation zu simulieren. Fotograf und Fotografierter mögen wissen, daß die Ablichtung des Wissenschaftlers hinter seinem Mikroskop zu den emblematischen Darstellungen des modernen Forschers zählt und daß es kaum einen bedeutenden Biologen oder Mediziner gibt, der es versäumt hätte, sich in dieser Konstellation fotografieren zu lassen. Doch zumindest ahnen sie auch, daß ein solches Bild hier nicht gelingen kann, weil sich seine einzelnen Bestandeile nicht zu einem glaubwürdigen Ganzen zusammenfügen.

Man würde kaum auf den Gedanken verfallen, Spiegelmans Einstein und die Fotografie des unauffälligen Greises miteinander zu vergleichen, handelte es sich bei letzterem nicht um

Thomas Harvey, jenen Pathologen, der 1955 in Princeton Einstein sezierte und ihm das Gehirn entnahm; und handelte es sich bei den mikroskopischen Schnitten nicht um solche von Albert Einsteins Gehirn (AEG), denn Harvey hat das Gehirn auch nach seinem Weggang aus Princeton als sein Privateigentum angesehen und über Jahrzehnte hinweg bei sich behalten. Das Gehirn Einsteins war ihm gewissermaßen zugestoßen, und das hat sein Leben von Grund auf verändert. Harvey lebte fortan in der Hoffnung, die Genialität Einsteins neuroanatomisch demonstrieren zu können. Eine vergebliche Hoffnung, wie die weitere Geschichte zeigen sollte. In Spiegelmans Zeichnung liegen die Bestandteile der Uhr auf dem Tisch verteilt, und es bleibt offen, ob sich aus diesen Bestandteilen ein Verständnis der Zeit ergeben könnte. Auf der Fotografie liegen Bestandteile von Einsteins Gehirn auf dem Tisch und im Kasten, und es sieht nicht danach aus, als ob sich aus diesen Bestandteilen ein Verständnis von Einsteins Genie ergeben könnte. Bei Spiegelman wird Einstein zu einem müden Demiurgen, der sich in seine Stube zurückgezogen hat. Die Fotografie zeigt Harvey als Besitzer von Einsteins Gehirn, aber er vermag nicht darüber zu verfügen. Er ist kein triumphaler, sondern ein ausgeschlossener Besitzer, der sich ebenfalls zurückgezogen hat. So ungleich das Paar Einstein und Harvey also auch sein mag, von beiden Bildern geht mehr als ein Hauch von Melancholie und Hilflosigkeit aus.

Solche Gemeinsamkeiten sind die Folgeerscheinung einer wuchtigen Ikonizität, in der so ziemlich jedes Attribut aufgegriffen und verwertet wird, das sich mit Einsteins Person und Werk assoziieren läßt. Jeder neue Fund, jede neue These zu Einstein ist bereits von Anfang an mit einem Bein in der großen ikonischen Mühle, in der die multiple Persona Einsteins produziert und – mit kleinen Variationen – immer wieder reproduziert wird.[2] Zur Schaffung dieser Persona hat Thomas Harvey nicht wenig beigetragen. Ohne ihn hätte die Zeitschrift *Discover* in der erwähnten Jubiläumsnummer bei den Literaturempfehlungen wohl kaum eine eigene Rubrik unter dem Stichwort »Einstein and the Brain« eingerichtet, das sich neben anderen Stichworten wie »Biography«, »Relativity« oder »Quantum Theory, Time Travel, and Space-Time Ripples« doch etwas eigentümlich ausnimmt. Ohne Harvey würde AEG nicht als Kultobjekt und Markenzeichen neben seinem Haar, seiner Zunge oder seiner zerschlissenen Kleidung rangieren und immer wieder zu der entwaffnenden wie sinnlosen Frage führen, ob nicht doch etwas Besonderes an Einsteins Gehirn zu finden sei, das seine Genialität erklärt.

Diese Art von kultischer Verehrung hat sich mit der neurowissenschaftlichen Erwartungshaltung gegenüber Einsteins Gehirn zu einem untrennbaren Amalgam verbunden. Seit Einsteins Tod im Jahre 1955 folgt der Umgang mit seinem Gehirn einer Mytho-Logik, die Auskunft darüber gibt, wie eine Epoche mit einer ihrer Ausnahmeerscheinungen umgeht. Vieles daran mag man mit guten Gründen als Geschmacklosigkeit betrachten. Doch es ist nicht damit getan, diese Geschichte als bizarre Kuriosität am Rande der Hagiographie oder Industrie eines bedeutenden Physikers abzutun. Das Gehirn ist zu einem Hauptakteur in dem Spektakel avanciert, das seit Jahrzehnten unter dem Titel *Phänomen Einstein* aufgeführt wird, und deswegen möchte ich diejenigen Ansichten, Praktiken und Repräsentationsformen untersuchen, die zur Schaffung und Unterhaltung dieses Phänomens beigetragen haben.

»Einsteins Gehirn ist ein mythisches Objekt.« Mit diesem Satz eröffnete Roland Barthes seinen berühmten Essay, in dem er auseinanderlegte, wie das Gehirn des Physikers dazu benutzt wurde, den Mythos von der unendlichen Macht des Menschen über die Natur wieder einmal neu zu erzählen. »Paradoxerweise liefert«, so Barthes, »die größte Intelligenz das Bild der vollkommensten Mechanik. Der allzu kraftvolle Mann wird von der Psychologie losgelöst und in eine Welt der Roboter versetzt.«[3]

Der Mythos von Einsteins Gehirn liegt also darin begründet, daß es keine Geheimnisse gibt. Einsteins Denken wird damit zu einer Art funktioneller Arbeit umgedeutet, die sich für

Barthes nicht prinzipiell von der Herstellung von Würsten unterscheidet. Trotz dieses kulinarischen Vergleichs ist Barthes' funktionalistische Interpretation vor dem Hintergrund des kybernetischen Dispositivs der fünfziger Jahre zu verstehen. Die physiognomische Äquivalenz zwischen der Hirnstruktur und dem Träger des Gehirns ist irrelevant. Es zählt einzig die »kybernetische Komplexität« (*complication cybernetique*) dieses Organs. In der Verknüpfung von Hirnfunktion und Mechanik, Computer und Kybernetik wird das Gehirn als Organ zum Verschwinden gebracht. Auch wenn Barthes die Instrumentalisierung im öffentlichen Gerede über Einsteins Gehirn kritisiert, bewegt er sich doch ganz im Denkraum eines entindividualisierten und entkörperlichten Verständnisses vom Gehirn. Bevor überhaupt der erste Hirnschnitt unters Mikroskop gelegt ist, wird das Gehirn bereits zum alleinverantwortlichen Träger einer Leistung stilisiert, an der sich eine ganze Zivilisation wärmen kann.

Barthes war vor allem an dem Umstand interessiert, daß das öffentliche Aufsehen um Einsteins Gehirn 1955 im wesentlichen ein Phänomen des Personenkults darstellte. Ohne Zweifel, doch dabei hat Barthes einen Gesichtspunkt nicht in Erwägung gezogen: Einstein selbst war an diesem Geschehen nicht ganz unbeteiligt, denn für Untersuchungen, die mit einer physischen Sichtbarmachung seiner Einzigartigkeit kokettierten, hatte er sich mehrfach zur Verfügung gestellt. Schon in den Berliner Jahren ließ er seine Hände von einer auf die Handlinien spezialisierten Physiognomin namens Marianne Raschig deuten. Sie war davon überzeugt, »die Wesensart eines Menschen [...] aus seinem Handbild« zu erkennen. Entsprechend attestierte sie Einstein »weitgeschwungene und schöngezeichnete Linien in beiden Händen« und entdeckte »im Handbild Harmonie und den ganzen Elan des großen Denkers und Gelehrten«.[4] Es geht nicht darum, ob Einstein an solche Kaffeesatzlesereien glaubte – das dürfte kaum der Fall gewesen sein. Entscheidend ist vielmehr, daß er seine Hände überhaupt für derartige Aktionen zur Verfügung stellte. Sicherlich

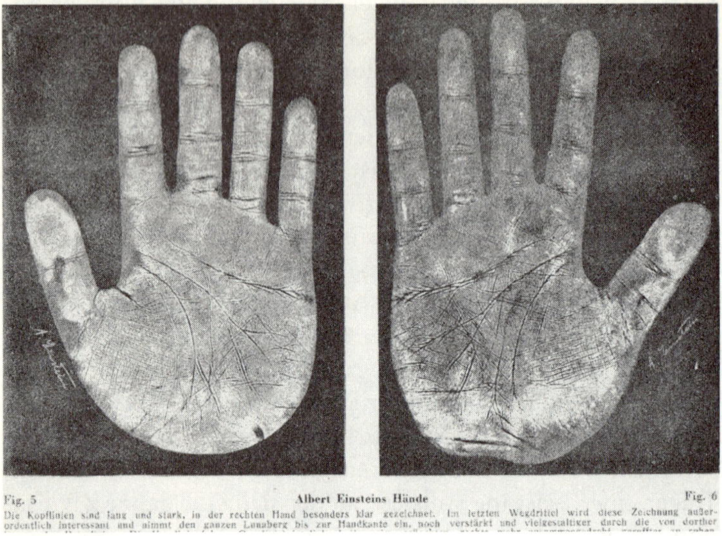

Marianne Raschig, Einsteins Hände (1931)

gehörte die Physiognomik des Gesichts, der Hände oder der Handschrift zur Alltagskultur der Weimarer Republik, und auch Wissenschaftler wie Max Planck und Wilhelm Ostwald ließen ihre Hände von Marianne Raschig lesen. Doch Einstein war ungleich prominenter, und dementsprechend formierte sich sein öffentlicher Habitus eben nicht nur durch Schnauzer, Haarpracht, extravagante Kleidung und unkonventionelle politische Ansichten, sondern auch durch seine weitgeschwungenen Handlinien.

In den amerikanischen Jahren nach 1933 mehrten sich die mythischen Objekte, aus denen sich die Persona Einstein zusammensetzte, und es war nur eine Frage der Zeit, bis auch das Gehirn in dieses Ensemble aufgenommen würde. Schon Bertolt Brecht sprach im Oktober 1945 von dem »brillanten fachgehirn«, nicht ohne hinzuzufügen, daß dieses eingesetzt sei »in einen schlechten violinspieler und ewigen gymnasiasten mit einer schwäche für generalisierungen über politik«.[5]

Mit schneidender Kälte weist Brecht auf einige Elemente hin, die das Bild von Einsteins Genialität ausmachen: seine naive politische Haltung, die ihm gleichwohl oder gerade deswegen den Ruf eines Nonkonformisten eintrug; das Spiel mit der perpetuierten Kindlichkeit, die angeblich am Anfang der revolutionären physikalischen Fragestellungen steht; der unbedeutende Geiger für den Hausgebrauch, der sich doch zu gern als Künstler in Positur ablichten läßt; und schließlich das Gehirn, mit dem die neue Physik entwickelt worden ist, wobei Brecht mit dem Begriff »fachgehirn« deutlich macht, daß er von der Universalisierung des Einsteinschen Genies wenig hält.

Einige Jahre vor seinem Tod unterzog sich das brillante Fachgehirn gemeinsam mit seinen kaum minder illustren mathematischen Kollegen John von Neumann und Norbert Wiener einer elektroencephalographischen Untersuchung. Bei der Ableitung der Hirnströme dachte er wahlweise an die Relativitätstheorie und (vermutlich) an nichts, und tatsächlich zeigten die Kurven bei ihm wie auch bei Wiener und von Neumann Abweichungen vom Durchschnitt. Daß diese Messungen dazu beitrugen, die Genialität im Gehirn zu verorten oder gar zu erklären, wollte nicht einmal die *New York Times* konzedieren.[6] Wissenschaftlich verliefen die Untersuchungen denn auch rasch im Sande, aber das änderte nichts daran, daß sie sich problemlos in das Bild einer mit den Konventionen brechenden Ausnahmeerscheinung einfügten. Einsteins Gehirn war bereits ein Kultobjekt, bevor sein Besitzer überhaupt gestorben war.

Elitegehirnforschung – das war vor 1933 ein Zauberwort, das den Weg zur Aufklärung der cerebralen Grundlagen außerordentlicher Fähigkeiten und Talente zu weisen schien. In Berlin, wo Einstein als Direktor des Kaiser-Wilhelm-Instituts für Physik wirkte, legte Oskar Vogt, Direktor des Kaiser-Wilhelm-Instituts für Hirnforschung, eine Sammlung von Elitegehirnen an, die gleichzeitig Forschungsgegenstand und Erinnerungsraum sein sollte. August Forel und Wilhelm Ostwald, bedeutende Wissenschaftler und gleichzeitig öffentlich bekannte Persönlichkeiten, hatten ihre Gehirne Vogt vermacht. Einstein kann die um 1930 auf dem Höhepunkt befindliche Publizität um die Elitegehirnforschung nicht entgangen sein, auch wenn es bislang keinerlei Hinweis darauf gibt, daß er sich dafür interessiert hätte. Den jähen Absturz der Elitegehirnforschung nach der Machtübernahme durch die Nationalsozialisten erlebte der ins Exil getriebene Einstein schon nicht mehr mit. Vogt hatte sich zu eng mit der Sowjetunion eingelassen und ein zu lautes Loblied auf das Gehirn des verhaßten Lenin gesungen, als daß er seine mächtige Position in Nazi-Deutschland hätte aufrechterhalten können. Vogt wurde als Direktor abgesetzt, und fortan spielte die Elitegehirnforschung im Kaiser-Wilhelm-Institut keine Rolle mehr.[7]

Nach dem Ende des Zweiten Weltkriegs hatte sich die anatomische Beschäftigung mit Gehirnen außerordentlicher Persönlichkeiten vollständig zugunsten einer elektrophysiologischen Untersuchung der cerebralen Funktionsmechanismen verabschiedet. Dabei kam es nicht darauf an, was ein individuelles Gehirn leisten kann, sondern wie das Gehirn als solches funktioniert. Auch die hirnelektrische Decodierung der Genialität war trotz einiger kurzer Hoffnungsschimmer kaum je ein bestechendes Forschungsziel. Trotz dieser Entwicklungen waren die Erinnerungen an die Elitegehirnforschung der Vorkriegszeit im kollektiven Gedächtnis präsent genug, um die Faszination für die cerebrale Andersartigkeit des Jahrhundertgenies kurzfristig aufrechtzuerhalten. Entsprechend groß war das öffentliche Interesse, als kurz nach Einsteins Tod im April 1955 bekannt wurde, daß sein Gehirn zwecks wissenschaftlicher Untersuchung dem Schädel entnommen worden sei.[8] Das Princeton Hospital, wo Thomas Harvey arbeitete und Einstein starb, war trotz des berühmten Namens kein Ort der Forschung. Es handelte sich um ein gewöhnliches Krankenhaus, dessen Ärzte mit Wissenschaft wenig im Sinn hatten. So auch Harvey: Er war ein solide ausgebildeter Pathologe, der jedoch weder wissenschaftliche Ambitionen hegte noch über besondere Kompetenz auf dem Gebiet der Hirnanatomie verfügte.

Harvey nahm die Sektion in Gegenwart von Otto Nathan vor, Einsteins engem Vertrauten und alsbald allmächtigem Verwalter des Einsteinschen Erbes. Es ist nicht klar, ob es Einsteins Willen entsprach, daß sein Gehirn wissenschaftlich untersucht wird. Jedenfalls waren Einsteins Sohn Hans Albert (nach einigen initialen Irritationen) und Nathan einverstanden, daß Harvey das Organ vorerst behalten könne. Man mag darüber spekulieren, warum Nathan, aus hagiographischen Gründen durchaus am Ergebnis einer Hirnuntersuchung interessiert, sich nicht darum bemühte, das Gehirn an einen kompetenten Fachmann weiterzugeben. Einer der Gründe könnte darin gelegen haben, daß keiner der in Frage kommenden renommierten Neuroanatomen ein ernsthaftes Forschungsinteresse an dem Objekt zeigte.

Es ist zwar nur eine Spekulation, aber auch wenn einer jener Neuroanatomen seinerzeit Einsteins Gehirn zur Verfügung gehabt hätte, so wäre es kaum zu einer Wiederbelebung der Elitegehirnforschung gekommen. Diese Konstellation hatte zur Folge, daß die Geschichte des berühmtesten Gehirns des 20. Jahrhunderts mindestens ebenso sehr die Geschichte Harveys ist wie diejenige des Objekts, dem der Pathologe seine etwas anrüchige Berühmtheit zu verdanken hat. Harvey war der Überzeugung, in den Besitz eines *Schatzes* geraten zu sein, der ihn, wie sich rasch herausstellte, in jeder Hinsicht überforderte. Weil er sich durchaus darüber im klaren war, daß seine neuroanatomischen Fähigkeiten mehr als beschränkt waren, suchte er zunächst den Kontakt zu einigen führenden Hirnanatomen, gab sich allerdings der Illusion hin, daß diese sich auf eine Zusammenarbeit einlassen würden, bei der er selbst die Fäden in der Hand behielt. Entsprechend frostig war ein Zusammentreffen in Philadelphia, bei dem unter anderem Webb Haymaker, der Mussolinis Gehirn ohne nennenswertes Ergebnis untersucht hatte, und Gerhardt von Bonin, ein europäischer Emigrant und einer der schärfsten Kritiker der Elitegehirnforschung Oskar Vogts, anwesend waren. Über dieses Treffen scheint es außer Harveys Erinnerungen keine weiteren Berichte zu geben. Jedenfalls reiste er unverrichteter Dinge wieder ab, und keiner der teilnehmenden Hirnanatomen hat in der Folgezeit Interesse an Einsteins Gehirn angemeldet; was auch völlig kongruent ist mit der allgemeinen Einschätzung der damaligen Hirnforschung, daß die Untersuchung von Elitegehirnen ein aussichtsloses Unterfangen darstelle.

Harvey scheint das Desinteresse der Hirnautoritäten als Freifahrtschein angesehen zu haben, mit dem Gehirn so zu verfahren, wie er es für richtig hielt. Aus seiner Vorgehensweise geht ziemlich klar hervor, daß er nicht die leiseste Vorstellung davon hatte, welcher Art von Untersuchung er das Gehirn unterziehen sollte. Zunächst ließ er es aus mehreren Perspektiven fotografieren, um es dann in 240 würfelförmige Blöcke zu zerschneiden, von denen er 2000 mikroskopische Schnitte anfertigen ließ. Nun war die Zerteilung des Gehirns in Blöcke tatsächlich eine Methode, die in der Elitegehirnforschung der zwanziger Jahre durch den Wiener Neuroanatomen Constantin von Economo zur Anwendung gekommen war.[9] Nur hat Harvey diese Methode vermutlich nicht einmal dem Namen nach gekannt, geschweige denn, daß er Economos methodische Schrift von 1930 mit dem pädagogischen Titel *Wie sollen wir Elitegehirne verarbeiten?* zur Kenntnis genommen hätte. Darin hatte Economo eine komplexe und sorgfältige Anleitung zur Bearbeitung und Konservierung von Elitegehirnen an die Hand gegeben, zu der beispielsweise auch ein Wachsabguß der unversehrten Hirnhälften gehörte, bevor dann eine systematische cytoarchitektonische Untersuchung durchgeführt wurde. Nichts davon dürfte Harvey im Sinn gehabt haben.

Statt dessen begann er damit, verschiedenen Experten einzelne Hirnschnitte für eine mikroskopische Untersuchung zur Verfügung zu stellen. Der bekannteste unter ihnen war Percival Bailey, der sich höflich für das Geschenk bedankte und nichts mehr von sich hören ließ. Tatsächlich war Harveys Hoffnung, daß die Untersuchung einiger Hirnschnitte zu einem sinnvollen Ergebnis führen könnte, eine unbeabsichtigte Persiflage auf die früheren, ungleich aufwendigeren und kompetenteren Bemühungen, Elitegehirne zum Sprechen zu bringen. Eine anatomische Untersuchung nach den Standards der Anatomie um 1900 oder gar nach den Regeln Economos und Vogts war nach Harveys Interventionen nicht mehr durchführbar. So wie Otto Nathan sich gemeinsam mit Helen Dukas, der ehemaligen Mitarbeiterin Einsteins, als der Hüter von dessen Erbe betrachte, so sah Harvey sich in der Folgezeit als der Hüter von Einsteins Hirn. Die Zerlegung des Gehirns in zahlreiche makroskopische und mikroskopische Teile erlaubte ihm, mit einigen vermeintlichen oder echten Hirnexperten in Kontakt zu treten, ihnen kleine Häppchen vom großen Braten zu offerieren und die stille Hoffnung zu hegen, daß irgendeiner ein Heureka-Erlebnis haben möge. Harvey erging es wie Spiegelmans Einstein. Er zerlegte das Gehirn wie eine Uhr, und er schickte verschiedene Bestandteile der Uhr an Experten in aller Welt und hoffte, daß sie ihm nach der Untersuchung irgendeines dieser Teile erklären könnten, wie die Uhr funktioniert.

Harveys dilettantische Vorgehensweise sowie das mangelnde Interesse der Hirnforscher und der fehlende Glaube daran, daß die Untersuchung eines genialen Gehirns zu irgendeinem verwertbaren Resultat führen könnte, haben entscheidend dazu beigetragen, daß es in der Folgezeit still wurde um Einsteins Gehirn, genauso wie um alle anderen Gehirne bedeutender Persönlichkeiten. Ebenso still wurde es um Harvey, der seine bescheidene akademische Existenz nur recht und schlecht aufrechtzuerhalten vermochte. 1960 wurde er mehr oder weniger gezwungen, seine Tätigkeit im Princeton Hospital aufzugeben. Die Tatsache, daß er die in Formalin aufbewahrten Hirnwürfel mit sich nehmen konnte, spricht nur dafür, daß sich niemand mehr für das Gehirn interessierte, auch nicht Otto Nathan. Nach mehreren Umzügen war Harvey irgendwann von der Bildfläche verschwunden, wobei das Gehirn sein treuester Begleiter blieb.

Nach fast zwei Jahrzehnten Abwesenheit von der historischen Bühne bedurfte es erheblicher journalistischer Recherchen, ihn wieder ausfindig zu machen. 1978, also dreiundzwanzig Jahre nach Einsteins Tod, machte sich Steven Levy, ein Reporter des in Princeton erscheinenden *New Jersey Monthly* auf die Spur Harveys und mußte in eine abgelegene Stadt namens Wichita in Kansas reisen, um ihn zu finden. Levys Artikel verschweigt nicht, daß Harvey nur wenig auskunftsfreudig war und sich darauf zurückzog, Einsteins Angehörigen das Versprechen gegeben zu haben, sich nicht in der Öffentlichkeit zu äußern. Immerhin ließ er sich soviel entlokken, daß die Untersuchungen kompliziert seien, aber vielleicht in Jahresfrist abgeschlossen werden könnten. Levy sagt nicht, ob er diese Aussage für glaubwürdig hielt oder nicht, doch es dürften ihm Zweifel gekommen sein, als er sah, daß Harvey die noch erhaltenen Stücke von Einsteins Gehirn in einem Einmachglas in einer Kühlbox aufbewahrte, wie sie für Picknickausflüge verwendet wird. Noch befremdlicher scheint der Anblick des gnadenlos zerstückelten Gehirns gewesen zu sein. Levy muß es ergangen sein wie seinerzeit Menippos, als er in die Unterwelt kam, den Schädel der schönen Helena sah und perplex ausrief: »Und dafür haben die Griechen zehn Jahre lang Kriege geführt!« Ähnlich Levy, der nicht verstehen konnte, »daß diese auf und ab schwappenden Stücke einer klebrigen Masse eine Revolution in der Physik ausgelöst und den Gang der Zivilisation verändert hatten«.[10]

Für mehr als zwei Jahrzehnte hatte Harvey es geschafft, das Gehirn nach seinen eigenen Vorstellungen aufzubewahren und aus der Öffentlichkeit fernzuhalten. Damit war es nun vorbei. Das Wissenschaftsmagazin *Science* veröffentlichte eine launige Kolumne zu Levys Artikel, der damit schloß, daß sich die anatomische Basis von Einsteins Geist einem genaueren Verständnis ebenso entzogen habe wie seine letzten Worte, die er auf deutsch sprach und von der bei ihm sitzenden Krankenschwester mangels Sprachkenntnissen nicht verstanden wurden.[11] Ein ausgesprochen doppeldeutiger Vergleich, denn er läßt zumindest die Möglichkeit offen, daß die anatomische Struktur von Einsteins Genie durchaus hätte verstanden werden können, wenn das Gehirn als ganzes nur in die richtigen Hände gelangt wäre. Eine solche Anspielung in einem der angesehensten Wissenschaftsmagazine blieb auch 1978 nicht ohne Konsequenzen.

Die entscheidende Veränderung bestand zunächst einmal darin, daß Einsteins Gehirn nach dem Kommentar in *Science* wieder zu einem öffentlichen Gegenstand wurde. 1981 veröffentlichte der Science fiction-Autor Mark Olshaker den Roman *Einstein's Brain*. Im gleichen Jahr brachte die britische Punkband »The Dark« eine Single ebenfalls unter dem Titel *Einsteins Brain* heraus, deren nicht ganz leicht zu verstehender Text das Motiv des im Glas eingesperrten, aber noch denkenden Gehirns aufgreift.[12] Zu jenem Zeitpunkt war Einstein längst eine Popikone. Die Pop Art hatte ihn schon in den sechziger Jahren mit einem Siebdruck-Porträt in die Ehrengalerie aufgenommen. Einsteins Kopf tauchte sowohl auf dem berühmten Cover von *Sgt. Pepper's Lonely Hearts Club Band* als auch auf Frank Zappas bissiger Beatles-Parodie *We're only in it for the Money* auf – beide Male allerdings in älteren, nicht so bekannten Aufnahmen aus den zwanziger Jahren, auf denen Einstein zudem einen Hut trug und dementsprechend nicht auf Anhieb zu erkennen ist. Walter Grasskamp hat diese partielle Verdeckung zumindest bei den Beatles so gedeutet, daß sie der Zwitterrolle Einsteins »als seriöser Wissenschaftler und Ikone der Popkultur« Rechnung trug.[13] Solche Subtilitäten waren vom Punk nicht zu erwarten. »The Dark« verzichteten darauf, ein echtes oder gefälschtes Bild von Einsteins Gehirn auf das Cover ihrer Single zu bringen. Statt dessen rekurrierten sie in einer für den Punk typischen Direktheit auf das berühmte Bild mit der herausgestreckten Zunge, unter dem die Worte »EINSTEINS BRAIN« am ehesten so zu verstehen sind, daß das Interessante und Provokative an Einstein sein frecher und pubertärer, sich um die Normen nicht kümmernder Gestus ist.

The Dark, EINSTEINS BRAIN, 1981

»The Dark« schafften es nicht bis in die Spalten von *Science*, wohl aber Mark Olshakers Roman. Im Juli 1981 veröffentlichte das Wissenschaftsblatt erneut eine Kolumne, in der sich der Autor darüber ausließ, daß seit der Wiederentdekkung von Einsteins Gehirn zwar ein Science fiction-Roman, nicht aber eine anatomische Untersuchung veröffentlicht worden sei.[14] Der leicht gereizte Unterton des Artikels läßt erkennen, daß man auf dem Gralshügel der seriösen Wissenschaft nicht unbedingt gewillt war, Einsteins Gehirn ausschließlich der Popkultur zu überlassen. Ob es nun beabsichtigt war, in einen Wettstreit zu treten oder nicht: Mit den Kolumnen hatte *Science* einen nicht zu vernachlässigenden Anteil daran, daß sich in der Folgezeit die unterschiedlichsten Akteure für Einsteins Gehirn interessierten, darunter auch einige Hirnanatomen. Daß der vorläufige Höhepunkt dieser Entwicklung zwanzig Jahre später darin bestehen würde, die Neuroanatomie des Einsteinschen Gehirns selbst der Logik der Popkultur zu unterwerfen, dürfte der *Science*-Kolumnist 1981 wohl kaum vorausgesehen haben.

Es liegt auf der Hand, daß Harvey angesichts der neuen Popularität von Einsteins Gehirn zunehmend unter Druck geriet. Immer wieder bedrängten ihn Journalisten, seine – nicht existierenden – Untersuchungsergebnisse zu veröffentlichen. Daß von Harvey nichts mehr zu erwarten war, dürfte spätestens 1985 deutlich geworden sein, als die Journalistin Gina Maranto sich in das 1267-Seelen-Dorf Weston aufmachte, in das der nunmehr 73jährige Harvey zwischenzeitlich verzogen war. Sie fand einen unwilligen, verunsicherten alten Herrn vor, der ihr dürftige Auskünfte über das Schicksal des Gehirns gab, die zum Teil im Widerspruch standen zu anderen Zeugen, die sie konsultiert hatte. Bezeichnenderweise zog Harvey sich auf den Habitus des Wissenschaftlers zurück, der er nie gewesen war, um sein Schweigen zu legitimieren: Ohne verwertbare wissenschaftliche Ergebnisse könne er keine Aussage über Einsteins Gehirn machen. Dieses Eingeständnis ist tiefgehender, als es Harvey in jenem Moment bewußt gewesen sein mag. Denn das fehlende »verwertbare wissenschaftliche Ergebnis« hieß nichts anderes, als daß das Gehirn keinerlei Besonderheiten aufwies. Es war, wie Harvey einräumen mußte, vollkommen unauffällig. Das aber war so ziemlich das einzige Ergebnis, das Harvey unmöglich veröffentlichen konnte, denn erstens paßte es nicht zu seiner festen Überzeugung, daß Einsteins Genie sich auch in dessen Gehirn repräsentieren mußte; und zweitens hätte Harvey es vor sich und der Welt kaum rechtfertigen können, über Jahrzehnte hinweg dieses Gehrin mit sich herumzutragen, das letztlich nur die Eigenschaft aufwies, normal zu sein. In dieser Situation ging es für Harvey nur noch darum, einen letzten Rest von Glaubwürdigkeit zu bewahren, und das tat er, indem er sich dem vermeintlichen Sensationsbedürfnis tapfer zu entziehen versuchte. Die größte Frustration für Gina Maranto bestand nämlich nicht darin, daß Harvey zu keiner verwertbaren Aussage über das Gehirn zu bewegen war, sondern daß er ihr das vorenthielt, was sie so dringend zu sehen wünschte und weswegen sie die Reise auf sich genommen hatte: das Gehirn selbst.[15] Allerdings vermochte Harvey diese Verweigerungsgeste nicht lange durchzuhalten.

Die bizarren Geschichten um Einsteins Gehirn und Harvey, seine diversen Umzüge in entlegene Gegenden der USA und seine Geheimnistuerei um den vermeintlichen Schatz haben ein angemessenes narratives Genre gefunden: den Road Movie. Schon Levy und Maranto haben ihre Geschichten als Abenteuerreisen mit unklarem Ausgang konzipiert, einige Jahre später verschwendete der Reporter Michael Paterniti ein ganzes Buch darauf, einen Road Movie mit Einsteins Gehirn auf dem Rücksitz eines Leihwagens zu erzählen.[16] Wenn die Geschichte stimmt, so chauffierte Paterniti 1997 den inzwischen 84jährigen Harvey, der mittlerweile wieder in New Jersey an der Ostküste lebte, quer durch Amerika, um Evelyn Einstein, die Enkelin des Physikers, in Berkeley zu besuchen. Paterniti bemüht sich nicht einmal ansatzweise, die Motivation Harveys für diese Strapaze zu erklären. In seiner Darstellung ist der Greis ein nicht unsympathischer, jedoch unberechenbarer und in seiner eigenen Welt lebender Sonderling, der im wesentlichen das Material für eine Geschichte abgibt, die längst nach Hollywood verkauft worden ist.

Unabhängig von Paternitis Deutung scheint Harvey diese Reise als eine Art Abschied angesehen zu haben, als Abschied nämlich von dem Gehirn selbst. Ungefähr zu dieser Zeit entschied er sich, das Gehirn an den Ort zurückzubringen, vom dem er es einst entwendet hatte. Seitdem werden die verbliebenen Stücke des Gehirns im Pathologischen Institut des Princeton Medical Center aufbewahrt. Tatsächlich hat nicht das ganze Gehirn den Weg zu seinem Ausgangsort zurückgefunden, denn wie bereits oben erwähnt, hat Harvey über die Jahre hinweg immer wieder Hirnstückchen in alle Welt verschickt. Dank der minutiösen Nachforschungen von Carolyn Abraham ist es inzwischen weitgehend aufgeklärt, in welchen Laboratorien und Sammlungen sich Stückchen des Gehirns befinden.[17]

Offensichtlich war Harvey bei der Vergabe der Hirnwürfel ab einem gewissen Punkt nicht mehr allzu wählerisch. Jedenfalls verschenkte er auch ein Stückchen an den japanischen Mathematiker und Einstein-Verehrer Kenji Sugimoto von der Kinki Universität in Kyoto, der ein weiteres Kapitel in der Geschichte um Einsteins Gehirn geschrieben hat. Wenn Harvey eher die tragische Seite in dieser Geschichte vertritt, so steht Sugimoto – bewußt oder unbewußt – für die Komödie. Bereits Anfang der achtziger Jahre hat er einen Bildband über Einstein veröffentlicht, der sogar ins Deutsche übersetzt worden ist.[18] Eigentlich bekannt geworden ist er jedoch als Hauptfigur in dem Film des britischen Dokumentarfilmers Kevin Hull, der mit *Einstein's Brain* eine begnadete Realsatire für die BBC gedreht hat. Deren Plot – Sugimotos Suche nach dem verlorenen Gehirn Einsteins – ist bis in die Details hinein so absurd, daß man ohne die entsprechenden Kenntnisse zunächst kaum an Sugimotos Existenz glauben mag. Das beginnt bereits mit seiner Einreise in die USA, wo er einem ungerührten Zollbeamten treuherzig gesteht, er befinde sich auf der Suche nach Einsteins Gehirn, und es endet damit, daß Sugimoto, als er nach langer Suche Harvey endlich aufgestöbert hat und tatsächlich ein Stückchen Gehirn, eingelegt in Tupperware, mitnehmen darf, in irgendeinem Nachtclub in Kansas auf die Bühne steigt und vor dem hingerissenen Publikum ein japanisches Lied zum besten gibt. In der letzten Szene des Films sitzt Sugimoto im Flugzeug zurück nach Japan, vor sich auf dem aufgeklappten Tisch die kleine Plastikdose, in der ein Scheibchen Gehirn schwimmt.

Man kann für die unerschütterliche Einstein-Verehrung des japanischen Professors alle möglichen Charakterisierungen von skurril und geschmacklos bis makaber und pervers anwenden. Der Witz dieses Kults liegt jedoch darin, daß er eine absolute Authentizität vermittelt und damit den Eindruck vermeidet, hier seien kommerzielle oder egoistische Interessen im Spiel. »Einstein teaches me about love as well as science. Passion, love and science. I love Albert Einstein.« Gebetsmühlenartig wiederholte Sätze wie dieser machen nur eines deutlich: Das glaubt dieser Mann tatsächlich, und niemand wird es ihm wegnehmen können. Seinen Anstrich von moralischer Legitimation bezieht Sugimoto aus dem Umstand, daß er ein Kind der Atombombe ist: »I am born in Nagasaki two years after the bomb. Einstein is made responsible for the bomb, but I do not blame him. I still love Albert Einstein.« Es ist sehr die Frage, ob sich daraus irgendein Anspruch ableiten läßt, beispielsweise derjenige, ein Stückchen von Einsteins Gehirn als Souvenir und Trophäe mit nach Hause zu nehmen und neben zahllosen Fotografien, T-Shirts, Briefmarken, Postern und anderen Dingen in die Sammlung zu integrieren. Sicher ist nur, daß er sich durch seine Biographie und durch seine traumtänzerische Art einen Sympathiebonus erworben hat, der Hull trotz allen satirischen Elementen strikt davon abgehalten hat, seine Hauptfigur bloßzustellen.

In einem Internet-Artikel, abrufbar auf der Website der *Encyclopedia Obscura*, wird Sugimoto nicht ganz unpassend als »japanischer Winnie-the-Pooh« charakterisiert.[19] Wenn Einstein sein Leben lang die von Brecht diagnostizierte »ewige Jugendlichkeit« als Teil seiner Persona aufrechterhalten konnte, um damit seinem Nonkonformismus ein geeignetes Kostüm zu geben, wirkt Sugimoto gerade wegen seiner jungenhaften Tapsigkeit wie ein Button, das an diese Ikone angeklebt ist. Diese Art von Anverwandlung im Superkleinformat hat ihrerseits eine staunenswerte ikonische Darstellung gefunden als Titelbild von Sugimotos kürzlich in Japan veröffentlichtem Buch, in dem er über seine Suche nach dem Gehirn Einsteins berichtet. Das berühmteste Einstein-Porträt erhält neben der unvermeidlichen Zunge einen zweiten Blickfang mit der kleinen, einmontierten Fotografie, die nun nicht, wie man erwarten könnte, eine Abbildung von Einsteins ganzem Gehirn enthält, sondern Sugimoto, der ein Einmachglas vor sich hält und das darin schwimmende, für den Betrachter nicht identifizierbare Objekt aufmerksam betrachtet. Als könnte irgendjemand Zweifel hegen, um was es sich hier handelt, befinden sich in der Mitte des kleinen Bildes lateinische Buchstaben, sozusagen ein Echtheitszertifikat, das offenbar nicht mit japanischen Schriftzeichen ausgedrückt werden kann. Um ganz auf Nummer Sicher zu gehen, wird mit einem Strichpfeil auf

Kenji Sugimoto, Die große Fahndung nach Einsteins genialem Gehirn, Tokio 2001

die Mitte der Stirn verwiesen. Also: Einstein hatte Gehirn und Köpfchen (brain und brains, wie man im Englischen so treffend sagen kann), und Sugimoto ist derjenige, der Einstein aufs Gehirn und ins Köpfchen schauen darf. Klarer läßt sich kaum ausdrücken, daß die Persona Einstein ihren hartnäckigsten Verehrer so schnell nicht mehr loswerden wird.

Sugimotos Inszenierung ist nicht die einzige spektakuläre öffentliche Aktion mit Einsteins Gehirn in den neunziger Jahren; die andere stammt aus den Neurowissenschaften. Wie bereits angedeutet, begannen sich im Nachklang zu den Artikeln in *Science* einige Hirnanatomen für die Sache zu interessieren. Sie wendeten sich an Thomas Harvey und bekamen Hirnschnitte zur Verfügung gestellt. Die Ergebnisse waren dürftig. Eine Untersuchung behauptete, daß Einsteins Hirnrinde dünner war als in einer kleinen Kontrollgruppe. Eine andere Studie fand heraus, daß bei ihm das Verhältnis zwischen Neuronen und Gliazellen wenigstens in einem Hirnrinden-Areal signifikant geringer war als in einer ebenfalls kleinen Kontrollgruppe. Nicht gerade vielversprechende Befunde, die dementsprechend innerhalb der Neurowissenschaften mit Schweigen bzw. mit harscher methodischer Kritik quittiert wurden.[20]

Erst eine Publikation im Jahre 1999 rief ein großes Echo hervor. Wenn irgendwann einmal die Geschichte der sogenannten Dekade des Gehirns geschrieben und dabei der Versuch unternommen wird, die substantiellen Unternehmungen und den aufgeblasenen Hype auseinanderzuhalten, wird die kanadische Neurowissenschaftlerin Sandra Witelson zweifellos einen Ehrenplatz in der Sektion Hype erhalten. Mit ihrer Behauptung, sie habe einen Durchbruch in der Erforschung von Einsteins Gehirn erzielt, hat sie dem Argwohn, die kognitive Neurowissenschaft befinde sich direkt auf dem Weg zur Cyber-Phrenologie und damit zurück zu zweihundert Jahre alten Parametern der Lokalisationsforschung, enorm viel Nahrung gegeben.

»Die Entwicklung der computergestützten Bildtechnologien hat es ermöglicht, mittels der Magnetresonanz-Tomographie quantitative Messungen der Hirnanatomie in vivo vorzunehmen, die erneut die Aufmerksamkeit auf das Verhältnis von Struktur und Funktion [...] gelenkt haben.«[21] Mit diesem Zitat implementiert Witelson ihre Untersuchung von Einsteins Gehirn in die aktuelle Hirnforschung der Jahrtausendwende. Gewiß ist das Verhältnis von anatomischer Struktur und Funktion durch die Computerbilder auf ein neues Level gehoben worden, doch andererseits ist die Autorin gezwungen, den irreparabel fragmentierten Zustand von Einsteins Gehirn höflich zu verschweigen. Witelson hatte gar keine andere Wahl, als mit makroskopischen Untersuchungen vorlieb zu nehmen und ihre Messungen vor allem an Fotografien vorzunehmen. Sie schreibt zwar, daß sie neben den Fotografien auch das Gehirn selbst vor sich gehabt habe, aber man fragt sich, was sie angesichts der 240 Würfel damit überhaupt anfangen konnte.

Das als Sensationsfund verkaufte Resultat, daß nämlich die unteren Scheitellappen, eine Region um das hintere Ende der Sylvischen Furche herum, bei Einstein besonders entwickelt seien, paßt problemlos in die Vorstellungswelt der Hirnanatomen des 19. Jahrhunderts. Witelson beobachtet eine Verschmelzung der Sylvischen Furche mit dem Sulcus post-centralis, wodurch es zu einer signifikanten Verbreiterung des unteren Parietallappens kommt. Dabei handelt es sich zweifellos um eine anatomische Seltenheit, doch ob sich dies als Einzigartigkeit des Einsteinschen Gehirns interpretieren läßt, die einen Hinweis auf sein Genie gibt, darf getrost in Zweifel gezogen werden. Auch im späten 19. Jahrhundert stritt man sich über die Frage, ob eine noch so seltene Besonderheit im Hirnwindungsmuster eine Anomalie oder bloß Ausdruck einer großen Variationsbreite sei, ganz zu schweigen davon, welche funktionelle Bedeutung ihr zugemessen wurde.[22]

Was Witelson als »einzigartige Morphologie in Einsteins Gehirn« bezeichnet, hat es an zahlreichen untersuchten Gehirnen gegeben, nur daß es völlig anders gedeutet wurde. Das von ihr hervorgehobene Zusammenfließen zweier Furchen wurde vor mehr als hundert Jahren von dem Wiener Anthropologen Moritz Benedikt und anderen Anatomen als typisches Merkmal für ein Verbrechergehirn angesehen. Sucht man in der Geschichte nach Gehirnen, die seinerzeit als außergewöhnlich beschrieben wurden und ähnlich wie Einsteins Gehirn eine Verbreiterung des unteren Scheitellappens aufweisen, so findet sich eine recht illustre Runde zusammen: der polnische Marschall Josef Pilsudski, dem besondere mathematische Fähigkeiten nicht nachgesagt worden sind; ein rechnerisches Wunderkind aus Budapest und schließlich ein mathematisch und musikalisch ganz unauffälliger höherer Ministerialbeamter, der neun Sprachen fließend beherrschte.[23] So einzigartig, wie Witelson es sich erhofft haben mag, ist Einsteins Gehirn nicht. Und selbst wenn es das wäre. Wie ein solcher Befund zu bewerten sein würde, ist hochgradig umstritten. Für ihre Untersuchungen hat Witelson zwar von einem kanadischen Mäzen eine Million Dollar erhalten, doch die Hirn- und Kognitionsforscher reagierten auf die Publikation wenig enthusiastisch. Was Witelson für die Spur zu Einsteins Genialität hält, deutet der französische Neuropathologe Olivier Robain als gravierende Mißbildung, die, wenn sie heute bei einem Fötus entdeckt werden würde, zumindest die Möglichkeit einer Abtreibung ins Spiel brächte.[24] Drastischer und klarer läßt sich kaum ausdrücken, daß das Verhältnis von Struktur und Funktion, von unmittelbarem Augenschein und Lebensgeschichte des Gehirns in bezug auf die höchsten intellektuellen Fähigkeiten nach wie vor höchst schwierig zu deuten ist.

Immerhin hat sich der MIT-Professor und Bestsellerautor Steven Pinker auf die Seite von Witelson geschlagen. Zwar will auch er in ihrer Arbeit keine Erklärung für Einsteins Genie sehen, doch er bescheinigt der Untersuchung insofern großen Wert, als sie die Frage nach dem Verhältnis von Materie und Geist neu aufrollt.[25] Nun ja, die Hirnanatomen um 1900 hätten mit Einsteins Gehirn, wenn sie es denn zur Verfügung gehabt hätten, sicherlich ebensoviel oder sogar mehr anfangen können als Witelson, einfach weil sie über mehr Erfahrung im Umgang mit ungewöhnlichen Gehirnen verfügten. Im Grunde hätte Witelsons Untersuchung schon 1955 veröffentlicht werden können, denn jede einzelne der von ihr angewendeten Methoden und Technologien stand damals bereits zur Verfügung. Die Frage, warum es eine solche Untersuchung damals nicht gegeben hat, führt noch einmal auf Thomas Harvey zurück. Erstens zeigt die Tatsache, daß Harvey die für einen durchschnittlich erfahrenen Hirnanatomen leicht erkennbare ungewöhnliche Konfiguration am Scheitellappen von Einsteins Gehirn nicht bemerkt hat, noch einmal seine eklatante Unkenntnis der Anatomie. Zweitens hat Harvey die Fotografien des Gehirns, die er immerhin vor dessen Zerstückelung anfertigen ließ, jahrzehntelang unter Verschluß gehalten, so daß Witelson wohl die erste war, die sie benutzen durfte. Drittens hätte eine solche Untersuchung um 1955 kaum Aufsehen erregt, da man sich von der Hirnwindungsanatomie im Rahmen der Elitegehirnforschung gründlich distanziert hatte.

Man sieht, nicht nur in den Geisteswissenschaften, auch in der Hirnforschung gilt der Satz: Belesenheit schützt vor Neuentdeckung, und sie bewahrt insbesondere vor Fehlinterpretationen. So sehr es manche Geniesucher auch bedauern mögen: Es ist davon auszugehen, daß es keine allzu hoffnungsvolle Zukunft für Einsteins Gehirn und wahrscheinlich für kein einziges Gehirn im Glas geben wird, wenn es darum geht, die Ursache für eine besondere Begabung an einer umschriebenen Stelle im Gehirn zu suchen. Daß allerdings eine solche Untersuchung ohne irgendeine neue Idee oder eine neue Technologie am Ende der Dekade des Gehirns solches Aufsehen erregen konnte, zeigt die Anfälligkeit der kognitiven Neurowissenschaften für akuten Gedächtnisschwund sowie eklatanten Mangel an Kritikfähigkeit der eigenen Arbeit gegenüber, auch wenn die Mehrzahl der Hirnforscher den Kopf geschüttelt hat und sich in peinlich berührtes Schweigen hüllte. Doch wie bei jedem sozialen System gilt auch hier, daß die öffentliche Wahrnehmung, Einschätzung und Bewertung eines solchen Systems über seine sichtbarsten und damit potentiell eben auch seine fragwürdigsten Protagonisten verläuft.

Schließlich zeigt ein zu einem mythischen Objekt gewordenes Ding, daß es einer Eigengesetzlichkeit folgt, die in verschiedenen Bereichen wirksam ist. Insofern sind Witelson und Sugimoto zwei Seiten einer Medaille. Witelson dürfte ihr Fehltritt nicht geschadet haben. Zumindest verfügt sie über erheblich mehr Forschungsgelder als zuvor. Sugimoto haben seine irritierende Beharrlichkeit bei der Suche nach AEG und sein Umgang mit dem wissenschaftlich wertlosen Klumpen – als handele es sich um eine Mischung aus mittelalterlicher Reliquie und Pokemon – ebenfalls nicht geschadet. Zumindest wird er zu internationalen Einstein-Kongressen eingeladen, um Vorträge zu halten, die allerdings von großem Unterhaltungswert sein dürften. Man mag das bedauern oder nicht. Die Regie für solche Mechanismen liegt in der medial verstärkten Kraft des mythischen Objekts selbst und nicht in der Seriosität der Protagonisten, die mit ihm umgehen. Mit Einsteins Gehirn kann man nicht nur Ruhm erwerben und Geld verdienen, sondern auch eine Aura schaffen, egal was man tut, sofern es nur in der Öffentlichkeit geschieht. Ein wichtiger Gesichtspunkt dabei ist, daß Teile des Gehirns in aller Welt verstreut sind. Dadurch läßt sich das Spektrum der Mythizität geradezu multiplizieren. Gewiß hat noch kein Hirnforschungsinstitut damit geworben, ein Stückchen Einstein zu besitzen, das hat nur Sugimoto getan. Doch dürfte es nur eine Frage der Zeit sein, bis ein Hirnstückchen gleich einem Zauberwürfel in irgendeiner Ausstellung bestaunt werden kann. Diese Existenz als pseudoheilige Materie ist aber nicht ganz ungebrochen. Auf Art Spiegelmans Zeichnung hat die Uhr ihre Aura dadurch eingebüßt, daß ihre Einzelteile auf dem Tisch liegen. Sie erscheint als unbewohntes, leeres Gehäuse, das einen in Ratlosigkeit zurückläßt. Es gibt Momente, in denen man annehmen möchte, daß es sich mit Albert Einsteins Gehirn genauso verhält.

Peter Geimer

»Hier«

Bern, Kramgasse 49

1.

In der Kramgasse 49 in Bern, linkerhand neben dem Restaurant *Pastamania*, ist auf einem der Türschilder der Name »Einstein« zu lesen. Tatsächlich steht dort nicht »Einstein-Haus« oder »Erinnerungsstätte Albert Einstein«, sondern knapp und lakonisch: »Einstein« – als sei der 1955 im amerikanischen Princeton verstorbene Physiker noch immer unter den Bewohnern dieses Hauses, sei vielleicht nur für wenige Tage verreist oder unterwegs in der Stadt, um Besorgungen zu machen. Auch fünfzig Jahre nach dem Tod des Gelehrten kann man in Bern also noch bei ihm klingeln. Wenn man durch die offene Türe in das Innere des Hausflurs tritt und die steilen Stufen emporsteigt, trifft man im Halbdunkel des Treppenabsatzes auf eine Informationstafel. Man knipst einen Lichtschalter an und für die Dauer der Zeitschaltung ist auf der Tafel jetzt folgende Inschrift zu lesen: »Der Albert Einstein-Gesellschaft gelang es 1977, die ehemalige Wohnung Einsteins im 2. Stock an der Kramgasse 49 zu mieten, original einzurichten und der Öffentlichkeit als Stätte der Erinnerung an die wissenschaftliche Leistung des Gelehrten zugänglich zu machen.« Das hier beschriebene Vorhaben entspricht dem üblichen Programm zahlloser musealer Gedenkstätten, Geburts- oder Sterbehäuser berühmter Persönlichkeiten – Erinnerung, Wiederherstellung, Annäherung an das Gewesene. Was hier versprochen wird, ist bei näherem Hinsehen freilich enorm: Die »wissenschaftliche Leistung des Gelehrten« soll ausdrücklich nicht in der schwierigen Lektüre seiner physikalischen Schriften erfahrbar werden, sondern im Durchschreiten der Räume in der Kramgasse 49, wo Einstein von 1903 bis 1909 gelebt hat. Etwas vom Geist des Physikers muß sich irgendwo in den Wohnräumen abgelagert haben und dort auch heute noch spürbar sein. Das Versprechen unmittelbarer Erfahrung wird später auch die Museumswärterin noch einmal wiederholen, als sie einem der Besucher berichtet: »Achtzig Prozent der Leute, die Einstein besuchen, sprechen Englisch.« Wie auf dem Klingelschild am Eingang des Museums so ist der Aufenthalt in der Kramgasse 49 auch im Sprachgebrauch der Museumswärterin ein »Besuch bei Einstein«, die Begegnung mit einem Bewohner, der dieses Haus vor beinahe einhundert Jahren für immer verlassen hat.

»Eine steile Treppe windet sich in den zweiten Stock des altehrwürdigen Berner Hauses«, berichtet eine Begleitbroschüre zur Ausstellung.[1] Zwischen der Informationstafel auf dem Treppenabsatz und dem Eingang zu den eigentlichen Museumsräumen im Stockwerk darüber bildet diese Treppe eine museale Zwischenzone. Man hält sich hier noch im Vorraum des eigentlichen Gedenkens auf. Man kann darin auf- und abgehen, ohne Eintritt zahlen zu müssen, schließlich wird das Treppenhaus auch von anderen, noch lebenden Hausbewohnern genutzt. Neben den Pfeilen und Hinweistafeln, die geradewegs in die historische Tiefe der Gedenkräume führen sollen, finden sich im Treppenhaus die Signaturen einer unbeschwerten Gegenwart: In der Wohnung gegenüber hat sich die Modeagentur *Hot Couture* niedergelassen, die Farb- und Modestilberatung für Damen und Herren anbietet. Aus dem Gastraum im Erdgeschoß dringen gedämpfte Musik und das Klirren von Gläsern herauf. Unmittelbar an der Schwelle zu den Gedenkräumen ziehen dann noch zwei Objekte die Aufmerksamkeit des Besuchers auf sich. Ein Metallaschenbecher wie man ihn sonst nur aus Zugabteilen kennt, ist in das Holz des Türpfostens geschraubt. Die Installation soll möglicherweise daran erinnern, daß in den Räumen des Museums Rauchverbot herrscht. Vielleicht tritt auch von Zeit zu Zeit ein

Museumswärter rauchend auf den Flur hinaus. Der umfunktionierte Aschenbecher der Schweizer Bundesbahn läßt jedenfalls an die Werkstatt eines Freizeitbastlers denken und verleiht dem Ort eine Aura von Ungezwungenheit und bricolage. Das zweite Objekt, das die Aufmerksamkeit des Besuchers auf sich zieht, ist ein Feuerlöscher. Aus einem unbekannten Grund ist das Gerät so dicht mit Plastikfolie umwickelt, daß seine knallrote Farbe nur gedämpft nach außen schimmert. Diese beiden Objekte sind die letzten Dinge, die man wahrnimmt, bevor man die Gedenkräume betritt. In ihrem stummen Nebeneinander haben sie etwas Surreales und erinnern an die Rätselhaftigkeit eines Rebus – ein zum Stillstand gebrachter Aschenbecher aus einem Zugabteil und ein Feuerlöscher, der kein Feuer löschen kann. Was könnte das bedeuten? Man schickt sich an, einzutreten. Die Holztüre klemmt.

Der Besuch solcher Gedenkräume hat immer etwas Befremdliches. Sie sollen, wie es in Bern ja gleich zu Beginn des Besuchs die Informationstafel verheißt, eine »Stätte der Erinnerung« sein, ein Ort, an dem »das Gedankengut des großen Gelehrten jedermann zugänglich gemacht wird«.[2] Aber woran genau soll man sich in dieser fremden Wohnung »erinnern«? Man hat das Haus in der Kramgasse nie zuvor betreten und sieht auch das Interieur im zweiten Stock zum erstenmal. Die »Erinnerung« an Albert Einstein hat wenig mit seiner historischen Existenz zu tun. Im Februar 1902 war Einstein mit einem Fachlehrerdiplom der ETH Zürich in Bern eingetroffen und hatte sich in der Gerechtigkeitsgasse 32 ein Zimmer gemietet. Wenig später zog er in ein Berner Außenquartier, wechselte im August 1902 in die Archivstraße 8 und bezog im Herbst des darauffolgenden Jahres die Wohnung in der Kramgasse. Woran man sich heute in diesen Räumen »erinnert«, ist nicht die vergangene physische Gegenwart Albert Einsteins, von der man schließlich auch gar keine Vorstellung hat. Statt dessen erinnert man sich an die Bilder und Erzählungen, die mit dem Namen Einsteins immer schon verbunden sind. Lange bevor man die »Stätte der Erinnerung« betritt, sind diese Bilder schon da: ein Gespinst, in dem die Formel $E = mc^2$, eine Mähne aus weißem, wehenden Haar und eine bis in alle Ewigkeit herausgestreckte Zunge sich zum Label »Albert Einstein« verdichten. »Der Kopf des vielleicht berühmtesten Wissenschaftlers aller Zeiten ist längst zu einer Ikone geworden. [...] das weiße Haar scheint allein elektrostatischen Prinzipien zu gehorchen. Es bildet eine Korona, einen Lichtkranz, dessen Gesetzmäßigkeit uns normal Sterblichen verschlossen bleibt und vielleicht gerade deswegen seine exorbitante Aura entfalten konnte.«[3] Weitere »Erinnerungen« stellen sich ein: Einstein als Violinist; Einstein mit Kreide vor einer mit Formeln bedeckten Wandtafel; das Genie »privat«, als Mensch und Freund der Kinder. Diese Bilder – und nicht die verflossene Zeit eines fremden Lebens – sind in der Kramgasse 49 konserviert. Der Besuch der Erinnerungsstätte gilt nicht dem weitgehend unbekannten Mann, der hier sechs Jahre lang als Beamter des Eidgenössischen Amts für geistiges Eigentum gelebt hat, sondern der weltberühmten Ikone, die er Jahre später gewesen sein wird. Wenn einer berühmt wird, dann werden mit ihm *rückwirkend* auch die Straße, das Haus und die Wohnung berühmt, in der er zuvor gelebt hat.[4]

In einem der Zimmer ist auf einer Tafel ein Zitat Einsteins zu lesen: »Die Spezielle Relativitätstheorie ist an der Kramgasse 49 in Bern entstanden und die Anfänge der Allgemeinen Relativitätstheorie ebenfalls in Bern. Albert Einstein 1930.« Dieser Satz, an der Wand des Arbeitszimmers angebracht, gleicht einer Beschwörung: Hier war es. Hier stehst du am Ursprung einer weltbewegenden Theorie. Was aber hat eine Theorie mit den Räumen, Möbeln und Utensilien zu tun, in deren Umfeld sie zum erstenmal notiert wurde? An dieser Frage hängt die gesamte Dramaturgie der Gedächtnisorte. Sie setzt voraus, daß der Ort, an dem ein Text geschrieben wird, irgendwie in diesen eingeht und daß im Umkehrschluß der konservierte Geist des Autors an diesem Ort aktiviert werden kann, ob nun vor oder nach seinem physischen Verschwinden. Die Stätte der Erinnerung ist eben auch ein Ort der Magie. In der Kramgasse kommt ein erschwerender Umstand hinzu. Erst 1977, so sagt es die Tafel im Treppenhaus, konnten die Räume angemietet werden. Zwischen Einsteins Verlassen der Wohnung im Oktober 1909 und ihrer Wiedergewinnung 1977 liegt eine mnemotechnische Grauzone. Es hat hier offenbar noch andere Bewohner gegeben, die in den Räumen Quartier bezogen, renoviert und ihre Möbel aufgestellt haben. Über diese Unbekannten ist in der »Stätte der Erinnerung« nichts zu erfahren. Die »Erinnerung« an Einstein setzt voraus, daß alles, was die Aura des Ursprungs unterbrochen hat, vergessen werden muß.

Eine historische Schwarz-Weiß-Aufnahme zeigt einen der Wohnräume im Jahr 1905. Die Fenster zur Straße hinaus sind geöffnet. Auf dem Eßtisch steht eine leere Blumenvase. An der Stelle, wo heute die Tafel an den Ursprungsort der Relativitätstheorie erinnert, erblickt man eine hölzerne Wanduhr. Es ist fünf nach sieben, Einstein ist nicht zu sehen. Der Wohnraum, den diese Aufnahme zeigt, hat mit der heutigen Erinnerungsstätte wenig zu tun. Erst sehr viel später wird er zum ehemaligen Wohnraum einer Ikone werden, den man durchschreitet, als müsse schon hier – zwischen den Falten der Gardine, in der Luft oder im Knarren der Dielen – etwas vom späteren Weltruhm des Gelehrten aufgehoben sein.

2.

Das erste, was beim Besuch der Gedenkräume in die Augen fällt, ist die Tapete. Auf der historischen Fotografie ist ein solches Blumenmuster nicht zu erkennen. Es bleibt offen, inwieweit diese durch die Räume der Kramgasse mäandernden Blumengirlanden dazu beitragen sollen, die verlassene Wohnung »original einzurichten«. Auf der Tapete sind ungerahmte Bilder und Texttafeln angebracht, über die man in der Begleitbroschüre liest: »Überall hängen vergrößerte Bilder und Kopien von Dokumenten und markanten Briefstellen Einsteins an den Wänden, unter Weglassung jeglichen Personenkultes.«[5] Tatsächlich handelt es sich bei den Bildern ausschließlich um Duplikate, die auf Holzrahmen aufgeleimt vor den Blumengirlanden der Tapete hängen – die Heiratsurkunde von Einstein und Mileva Maric vom 6. Januar 1903, das Gesuch um das Schweizer Bürgerrecht, Sentenzen Einsteins und seiner Zeitgenossen, Kopien berühmter Porträtfotografien aus der Berner Zeit. Viele der Bilder zeigen historische Ansichten von Gebäuden, in denen Einstein nach seinem Weggang aus Bern gelebt und gearbeitet hat. Kaum hat man die Räume in der Kramgasse betreten, stößt man hier auf Wegweiser zu anderen, entfernten Orten. Man blickt auf die Schwarz-Weiß-Reproduktionen vor der Blumentapete und liest: »Institut für theoretische Physik in Prag Einsteins Arbeitsstätte von 1911–1912«; »Albert Einsteins Wohnhaus in Princeton, Mercer Street 112, Princeton, New Jersey, USA«; »Institute for Advanced Studies in Princeton, New Jersey, USA. Hier verbrachte Albert Einstein seine letzten 22 Jahre.« Gleich zweifach entfernt sich diese Inszenierung von der Erwartung, die mit dem Hinweis auf »original eingerichtete« Räume zu Beginn geweckt worden war. Statt historischer Objekte sind Reproduktionen von Fotografien zu sehen; diese Kopien aber lenken die Aufmerksamkeit nicht in die Kramgassse, sondern weisen nach Zürich, Berlin, Potsdam oder Princeton. Andere Tafeln bilden Orte ab, die sich in unmittelbarer Nachbarschaft des Museums befinden. »1979 wurde die Eschmannstraße in Bern in Einsteinstraße umbenannt. Das Bild zeigt Dr. Max Flückiger, den damaligen Direktor des Einstein-Hauses mit der neuen Straßentafel.« Ein Arbeiter im Montageanzug kehrt dem Betrachter den Rücken zu. Aus der Gesäßtasche schaut ein Zollstock hervor; der Monteur ist gerade damit beschäftigt, das alte Straßenschild, von dessen Beschriftung nur die Worte »Johann ... 1808« erkennbar sind, mit einem Schraubenzieher zu demontieren. Der in der Bild-

Bern, Kramgasse 49

unterschrift identifizierte Dr. Flückiger blickt lächelnd aus dem Bild und hält das neue und noch ganz unverbraucht glänzende Schild »Einsteinstraße« in Händen. Allmählich wird dem Besucher bewußt, daß die Exponate in der Kramgasse 49 äußerst indirekte Beziehungen zu ihrem Gegenstand – der Erinnerung an die Gegenwart Einsteins in diesem Haus – unterhalten. Die Fotografien an den Wänden zeigen *andere* Orte, die Ansicht der neuen »Einsteinstraße« handelt von einem Ereignis, das vor Jahrzehnten in der Nachbarschaft stattgefunden hat. So erweist sich gerade diese Fotografie jetzt als Emblem der gesamten musealen Inszenierung: Sie handelt davon, wie an einem Ort das Logo »Albert Einstein« installiert wird.

Den Höhepunkt an Uneigentlichkeit markiert jedoch die Fotografie einer Gedenktafel: »Gedenktafel zu Ehren von Albert Einstein. Sie befindet sich beim Eingang des Eidgenössischen Instituts für Geistiges Eigentum in der Einsteinstraße 2 in Bern.« Der Text der Tafel lautet: »Der Urquell aller technischen Errungenschaften ist die göttliche Neugier und der Spieltrieb des bastelnden und grübelnden Forschers und nicht minder die konstruktive Phantasie des technischen Erfinders Albert Einstein.« Die Fotografie zeigt den flachen steinernen Block, auf dem diese Worte eingemeißelt sind, auf einem Rasenstück des genannten Instituts. An diesem Ort hat die Gedenktafel nichts Überraschendes. Seit 1902 war Einstein als Beamter am Eidgenössischen Amt für geistiges Eigentum angestellt. Aber was genau stellt man aus, wenn man in der Kramgasse 49 eine Abbildung dieses Ortes an die Wand hängt? Jedenfalls keine Gedenktafel, sondern den *Hinweis* auf eine Gedenktafel, kein in Stein gemeißeltes Zitat, sondern das Zitat eines solchen Zitats. Das Haus in der Kramgasse zeigt sich hier einmal mehr als eine Stätte der Erinnerung zweiter Ordnung. Sein Modus ist die indirekte Rede. Statt an Einstein zu erinnern, erinnert man daran, daß ähnliches auch schon früher und anderswo stattgefunden hat.

Der Raum, der auf der genannten Fotografie von 1905 zu sehen ist, beherbergt heute den Arbeitsplatz der Museumswärterin. An den Wänden stehen Vitrinen, aber auch hier werden keine historischen Exponate vorgezeigt, sondern vor allem Literatur zum Thema. Postkarten zeigen den Raum, in dem man gerade steht. Was üblicherweise außerhalb einer Ausstellung, im exterritorialen »Museumshop«, seinen Ort hat, geht im Einstein-Haus bruchlos in die Inszenierung über. Beim Blick in die Vitrinen weiß man nicht genau, ob die dort gezeigten Bücher, Medaillen und Sonderbriefmarken *noch* museale Exponate sind oder *schon* Souvenirs und Waren. Die ausgestellten Schriften jedenfalls sind ganz wörtlich genommen »weiterführende« Literatur. Weiter fort von hier als die Broschüre *Zeitgeschehen während Albert Einsteins Berner Jahren* kann man die Besucher nicht führen. Zu Daten aus Einsteins Jahren 1902–1909 zählt der Text zeitgleiche Ereignisse auf und arrangiert sie entlang der Klimax: »Bern – Schweiz – Europa – Welt.« Der Besucher erfährt: Zur gleichen Zeit, als Einstein 1903 die Wohnung in der Kramgasse bezieht, wird der BSC Young Boys Schweizer Fußballmeister. Die Jungfrau-Bahn nimmt im gleichen Jahr ihren Betrieb auf der Strecke Rotstock–Eigerwand auf. Aus *Europa* wird der Tod von Paul Gauguin auf einer Insel des Pazifischen Ozeans gemeldet. In der *Welt* tritt Kolumbien Land an die USA ab. Als ein Jahr später Einsteins Sohn Albert geboren wird, legt man das Tempolimit für Motorfahrzeuge auf Schweizer Straßen auf 30 km/h außerorts und auf 10 km/h innerorts fest. In Bern bringt Dr. Albert Wander »Ovomaltine« auf den Markt. Die USA kaufen der Panama-Kompanie für 40 Millionen Dollar alle Rechte am Kanal ab …[6]

»Das Museum«, schreibt Gottfried Korff, »sammelt Relikte, Dinge der Vergangenheit, um sie zu Dingen für uns, zu Informationsträgern zu machen. […] Die Faszination beruht auf der Authentizität der Dinge, und es mag vieles für sich haben, was manche Museumstheorie der Gegenwart vermutet, daß es nämlich gerade diese Authentizität ist, die dem Museum zu jener Karriere verholfen hat, von der in den letzten Jahren nicht selten voller Irritation die Rede war. […] In einer durch und durch medialen Welt ist das Museum einer der wenigen Orte, wo mittels der Reliktauthentizität Begegnungen mit dem Unmittelbaren möglich sind.«[7] Im Einstein-Haus in Bern läßt sich eine ganz andere Erfahrung machen. Hier sind die Museumsdinge nicht Träger von Authentizität, sondern Dokumente der Nachträglichkeit. Die Erinnerung stockt. Auf immer neuen Umwegen umkreisen die Objekte die Person, deren Gegenwart in diesen Räumen kaum eine sichtbare Spur hinterlassen hat. Neben dem erkalteten Kamin liegen Holzscheite sorgfältig aufgestapelt. Aber niemand wird hier mehr Feuer machen. Andererseits ist nicht zu erkennen, was dieser Holzstoß »rekonstruieren« könnte. Zunächst entspricht er der Definition, die Krzysztof Pomian in seiner Theorie der Sammlung von den Exponaten eines Museums gegeben hat: »Die in einem Armeemuseum deponierten Schwerter, Kanonen und Gewehre dienen nicht mehr zum Töten. Utensilien, Werkzeuge und Kostüme, die Teile eines ethnographischen Museums oder einer Sammlung sind, haben keinen Anteil mehr an Alltag und Arbeit der Bevölkerung in Stadt und Land [...] Schlösser und Schlüssel, die keine Tür mehr schließen oder öffnen, Maschinen, die nichts produzieren, Taschenuhren und Zimmeruhren, von denen niemand mehr die Zeit abliest. Mochte diesen Dingen in ihrem früheren Leben ein bestimmter Verwendungszweck zukommen, als Museumsstücke haben sie ihn verloren.«[8] Was die Dinge im Museum hingegen gewonnen haben, ist ihre Funktion als Bedeutungsträger. Pomian nennt sie deshalb *Semiophoren.* Als materielle Reste verweisen sie auf Unsichtbares: eine vergangene Kultur, eine geologische oder evolutionäre Vorzeit, die Existenz einer historischen Person. Nach den Worten Pomians sind Objekte deshalb entweder nützliche Alltagsdinge oder museale Bedeutungsträger. Was hingegen weder nützt noch bedeutungsvoll ist, gehört in die Kategorie des Abfalls. Die Holzscheite in der Kramgasse lassen sich nur mit Mühe in diese Trias einschreiben. Ihre aktive Nutzung in den Räumen des Museums scheidet aus. Und allein die Tatsache, daß sie in den Gedenkräumen ausgestellt sind, befreit sie von der Zumutung, bloßer Abfall zu sein. Aber auch als *Semiophoren* kommen das nutzlose Brennholz und der erloschene Kamin kaum in Frage. Woran soll hier erinnert werden? (Oder steht das Ensemble in einer geheimen Verbindung zu dem unbenutzbaren Feuerlöscher im Treppenhaus?) Eine der Postkarten, die im Museum erhältlich sind, zeigt das Zimmer mit dem Kamin. Zum Zweck der Aufnahme hat man eine Blumenvase auf dem Sims deponiert und im Kamin Feuer gemacht. Eine helle Flamme lodert auf. Nichts könnte die künstliche Welt der Kramgasse 49 besser illustrieren als das Entfachen dieses zweckfreien Feuers in der verlassenen Wohnstube des Gelehrten.

3.

Die drei Berner Räume sind neben dem Sommerhaus in Caputh, südlich von Potsdam, der einzige Wohnsitz Einsteins, der sich erhalten hat. Das zuletzt bewohnte Haus in der Mercer Street 112 in Princeton wurde auf Wunsch Einsteins nicht zum Museum umgewandelt und ist der Öffentlichkeit nicht zugänglich. Aber auch in Caputh, wo Einstein seine letzten drei Jahre in Deutschland verbrachte, ist nicht mehr viel von ihm zu sehen. Der Schreibtisch im ehemaligen Arbeitszimmer ist eine Rekonstruktion. Die »wenigen anderen Möbel im Haus«, notiert www.einstein.website.de lakonisch, »stehen in keiner Beziehung zu Einstein«. In der Kramgasse jedoch gehört ein Schreibtisch aus Einsteins Berner Zeit zu den wenigen originalen Objekten der ehemaligen Einrichtung. Bei einem Besuch im Sommer 2004 mußte man freilich erfahren, daß der Tisch im Rahmen der Gedenkausstellung »Albert Einstein und seine Epoche« in das Stadthaus nach Ulm transportiert wurde.

In Ulm hat man es auch nicht einfach. Im Alter von nur 15 Monaten hat Einstein die Stadt verlassen und ist nie wieder dorthin zurückgekehrt. »Albert Einstein lebte zwar nur relativ kurz in seiner Geburtsstadt Ulm, dennoch gibt es hier einiges zu ihm zu sehen«, notiert das städtische Tourismusamt. Die fünfzehn Monate in Ulm waren zu kurz, um einen funktionierenden Nachlaß auszubilden. Auf einer zweistündigen »Einstein-Führung durch Ulm« kann man die Zeugnisse dieser langen Abwesenheit betrachten: »die Stelle seines Geburtshauses«, »den Einstein-Brunnen«, »ein Fenster mit dem Bild des Genies im Ulmer Münster«.[9] So holte man für die Dauer der Gedenkausstellung zum 125. Geburtstag im Sommer 2004 dann wenigstens Einsteins Berner Schreibtisch nach Ulm, stellte seine Pfeife aus, seinen Notenständer und den Schweizer Paß.

Die Präsentation dieser Objekte demonstriert eine weitere Möglichkeit, das Nachleben einer Person zu dokumentieren: nicht in der Ausgestaltung der Orte, an denen sie sich aufgehalten hat, sondern im Vorzeigen von Objekten, mit denen sie zeitlebens Umgang hatte, die sie besessen oder berührt hat. Zu den interessantesten Objekten dieser Art gehören im Falle Einsteins zwei Tafeln, die er zu Beginn der dreißiger Jahre mit Formeln und Begriffen beschrieben hat. Am 16. Mai 1931 hielt Einstein in Oxford die zweite von insgesamt drei Vorlesungen zur Relativitätstheorie. Die Tafel, die er während seines Vortrags mit sieben Formeln versehen hat, ist heute im *Museum of the History of Science* in Oxford zu sehen: *Blackboard used by Albert Einstein, Oxford 1931.* Das Objekt als solches ist ohne Wert: eine Ansammlung von Schiefer, Kreide, Holz und Leim. Zudem werden die wenigsten Besucher des Museums imstande sein, den Berechnungen, die sie zeigt, zu folgen, und auch die Erläuterung, die man auf einer zweiten Tafel hinzugefügt hat, ändert daran wenig.[10] Es geht aber auch gar nicht darum, Einsteins Berechnungen nachzuvollziehen. Für die meisten Betrachter der Tafel wird gerade die Rätselhaftigkeit des Geschriebenen einen Teil ihrer Botschaft ausmachen: hier wurde ungeheuer Schwieriges gedacht. Die begleitende Erläuterung der Kuratoren erinnert daran, daß es im Mai 1931 in Oxford um nicht weniger als die Ausdehnung und das Alter des Universums ging. Gerade der Umstand, daß man sie nicht begreift, macht die sieben Formeln zum Ausweis von Genialität. Ihre eigentliche Nobilitierung erhalten sie freilich erst durch den großen Namen, auf den das museale Arrangement unübersehbar abzielt. Für den Nichteingeweihten haben die Formeln keinerlei Informationswert, doch ist ihnen das Wissen eingeschrieben, daß niemand Geringerer als Einstein persönlich sie uns hinterlassen hat. Und wie im »Hier war es« der musealen Wohn- und Erinnerungsräume liegt auch diesem Wissen die letztlich magische Vorstellung zugrunde, etwas von der Gegenwart und dem Wesen der Person müsse in ihren Kreidestrichen verdichtet sein und die Wandtafel noch immer umschweben. Das Medium der Tafel – Inbegriff der permanenten Überschreibbarkeit – trägt zusätzlich zu dieser Aura bei: Niemand hat es gewagt, die Handschrift des Genius mit einem feuchten Schwamm auszuwischen.

Die Präsentation dieses Relikts im *Museum of the History of Science* macht deutlich, wie eine wissenschaftliche Notiz im Rückblick auratische Qualität entfalten kann. Nichts zeigt diesen Vorgang so schön wie die vermutlich erste graphische Aufzeichnung von Blutdruck und Atmung eines lebenden Organismus, die der Leipziger Physiologe Carl Ludwig 1846 mit Hilfe seines Kurvenschreibers gewonnen hat. Die Kurve steht am Anfang einer Technik der Registrierung, die in den folgenden Jahren und Jahrzehnten Eingang in die physiologische Praxis finden sollte. Der Erfolg der frühen Experimente verlieh der Kurve von 1846 im Rückblick den Glanz eines großen und verheißungsvollen Beginns. Ludwig schickte das nun historisch gewordene Blatt mit den Kurven an seinen Turiner Kollegen Angelo Mosso und setzte folgende handschriftliche Widmung hinzu: »Der Sammlung des Freundes MOSSO stiftet dieses erste Stammeln des Herzens und der Brust C. Ludwig Leipzig 15 Aug. 1874.«[11] Die Schrift des Lebens und die Handschrift des Wissenschaftlers kommen hier auf einem Blatt zusammen, und wie das handgeschriebene *fecit* auf den Leinwänden alter Meister so sollen beide hervorheben: »Ich selbst habe es gemacht.« Vom Urheber signiert und in einen

Rahmen eingefaßt, läßt das Artefakt seinen Laborzusammenhang vergessen und wird – wie es die Widmung besagt – zum Schaustück in der »Sammlung des Freundes«. Auf eine ähnliche Weise sucht man in den musealisierten Formeln in Oxford weniger nach ihrer Aussage als nach dem Abglanz des großen Physikers, der sie im Mai 1931 auf dem schwarzen Schiefer eingetragen hat. Die museale Präsentation der Tafel – *Blackboard used by Albert Einstein, Oxford 1931* – gilt eher einem Kultobjekt als einem Gegenstand des Wissens. Sie erinnert an zwei andere, mit Kreide beschriebene Tafeln, die als *Untitled* in Kunstmuseen in Boston und New York zu sehen sind: Relikte öffentlicher Vorlesungen, die Joseph Beuys zu Beginn der siebziger Jahre gehalten hat. Auch hier ist im bloßen Anschauen nicht mehr nachzuvollziehen, was genau die Worte, Linien und Diagramme sagen wollen. Aber auch hier kommt es darauf nicht an. Was Einstein oder Beuys beschriften, wird ganz von selbst zur Gedenktafel.

Eine zweite von Einstein beschriebene Tafel bewahrt man in der *School of Physics and Astronomy* der Universität Nottingham auf. Sie ist das Relikt einer Vorlesung, die Einstein am 6. Juni 1930 in der Großen Halle der Universität gehalten hat.[12] Die Begleitumstände des Auftritts von Nottingham lassen den Eindruck entstehen, daß Einstein sich seiner Qualität als internationaler Star sehr wohl bewußt war und souverän damit umzugehen verstand. Zur wirkungsvollen Inszenierung des Stars gehört bekanntlich auch das Warten, das seinem Auftritt vorausgeht. Als Erfüllung einer zuvor inszenierten Abwesenheit kann die Ikone um so wirkungsvoller in Erscheinung treten. Für seinen Besuch in Nottingham hatte Einstein eine entsprechende Dramaturgie der Verzögerung gewählt. Pünktlich um 3 Uhr 45, so hatte er brieflich angekündigt, werde er in der Stadt eintreffen. Umringt von einer Schar Neugieriger wartete eine Delegation von Honoratioren und Mitgliedern der Universität auf das Erscheinen des Automobils. Lange stand man so. Nach drei Stunden traf der Gast schließlich ein, gerade noch rechtzeitig zum Beginn seiner Vorlesung. Der Grund für die Verspätung stellt im Zusammenhang des hier behandelten Themas eine besondere Pointe dar: Einstein hatte die Anreise zwischen Cambridge und Grantham unterbrochen, um Wohnhaus und Geburtsort Isaac Newtons zu besuchen.

Die Tafel, die von der Vorlesung schließlich zurückblieb, wurde gerahmt und hinter ein Schutzglas versetzt. Im Vergleich zu den sieben Formeln von Oxford wirkt der Text, mit dem sie nun wohl für immer beschrieben ist, lakonisch und eher unspektakulär. Zur besseren Orientierung seiner Zuhörer hat Einstein hier einfach die Zwischentitel seines – auf deutsch gehaltenen – Vortrags notiert. Die karge Botschaft tut dem Nachleben dieser Zeilen freilich keinen Abbruch. Ganz im Gegenteil wurde die Aura ihrer Niederschrift durch eine Geste der Beglaubigung besiegelt, die den Formeln in Oxford versagt geblieben ist: am rechten unteren Rand hat Einstein die Tafel signiert – »A. Einstein 6. VI. 30«. Wie im Fall der signierten Lebenskurve Ludwigs hebt die Unterschrift des Wissenschaftlers auch hier hervor: »Ich selbst habe es gemacht.« Aber im Gegensatz zu Ludwigs graphischer Aufzeichnung des Lebens liegt im Falle der Tafel von Nottingham ein eigentliches Werk des Unterzeichners gar nicht vor. Kein in Formeln verdichteter Gedankengang, kein Geniestreich des abendländischen Denkens wird hier feierlich signiert, sondern handgeschriebene Zwischentitel eines Vortrags: »Einleitende Bemerkungen«, »Begriff des Körpers«, »Räumliche Beziehungen der Körper« etc. Letztlich signiert Einstein nichts anderes als seine eigene Handschrift: Er notiert einige Worte auf die Tafel und bestätigt mit der Signatur noch einmal, daß tatsächlich er selbst es war, der sie notiert hat – ein Vorgang von erhabener Redundanz. Einer weitergehenden Botschaft bedarf es hier auch gar nicht. Für den Reliquienwert der Tafel ist es nicht entscheidend, was im einzelnen auf ihr zu lesen ist.

Es sieht ganz so aus, als sei der Besuch in Nottingham schon von Anfang an als ein Ereignis eingerichtet worden, an das man sich in Zukunft erinnern würde. Einsteins Signatur am unteren Rand der Tafel richtet sich schon nicht mehr an seine

Zuhörer vom Juni 1930, sondern an eine unbestimmte Nachwelt, die hier später nach Spuren des Physikers suchen würde. Als man sich fünfzig Jahre später tatsächlich daranmachte, das Jubiläum des denkwürdigen Besuchs zu begehen, tauchte überraschend eine weitere Reliquie auf. In einem Brief an den Vizekanzler der Universität berichtet Mr. Harold Atkins, er sei im Besitz der Kreide, die Einstein fünfzig Jahre zuvor in Händen gehalten hatte. Sein Freund Charles Harold Edin, damals Student am Physics Department, hatte die Kreide unmittelbar nach Ende der Vorlesung an sich genommen, sie entzweigebrochen und Atkins eine der beiden Hälften überreicht. Innerhalb des akademischen Kontexts war Atkins ganz nach dem kultischen Modell der *Sekundärreliquien* verfahren, durch die ein Heiliger der Nachwelt im Gedächtnis bleibt – Gegenstände, die er getragen oder gebraucht hat, »Herzogshut und Schwert, Bußgewand, Bettstatt, Löffel und Holzbecher, Psalter und Bibel«.[13] Atkins wußte auch, daß eine Reliquie – ganz unphysikalisch – nach ihrer Teilung in beiden Teilen ungemindertes Heil entfaltete. Und wie im Falle der Heiligen fehlt auch in Nottingham das Echtheitszertifikat nicht. Eine Fotografie zeigt den Leiter der *School of Physics*, wie er das Dokument vor den Augen seiner Studenten in die Höhe hält. Sein Blick ist auf das Kreidestück gerichtet, das an einem dünnen Faden an der Urkunde befestigt ist, auf diesem Bild aber auf wunderbare Weise in der Luft zu schweben scheint. Über den Verbleib der zweiten Hälfte ist nichts bekannt.

4.

Solange Einsteins Schreibtisch in Ulm verweilte, war der Besucher in der Kramgasse auf den Nachbau eines anderen Möbelstücks verwiesen. Eines der ausgestellten Fotos zeigt »Einstein an seinem geliebten Stehpult im Patentamt«.[14] In einem karierten Anzug steht der junge Beamte hinter dem Pult und blickt aufmerksam in ein aufgeschlagenes Buch. Vor der lebensgroßen Reproduktion in der Kramgasse steht ein Nachbau des Stehpults, darauf liegt das Besucherbuch. In zahlreichen Sprachen haben Besucher dort ihre Eindrükke niedergeschrieben, und es ist, als habe die auratische Abstinenz der Räume eine um so lebhaftere Einbildungskraft hervorgetrieben. Während manches noch sachlich und abgeklärt klingt – »Sehr interessante Begegnung mit dem Physiker Albert Einstein« (Daniel P. & Christine P. 5.6.04) – versieht die Mehrzahl der Einträge das karge Interieur mit einer ungeahnten Aufladung. »Cool place! It's like heaven«, schreibt eine Besucherin in das Buch, und gibt damit den Ton für eine ganze Reihe von Einträgen vor, deren Urheber noch im unsichtbaren Weben der Luft die Gegenwart des Physikers erahnen:

Bern, Kramgasse 49

»It's magic« (Chen Mai W. Taiwan 06.09.04)

»26. Mai 2004: Ein Hauch von Genius – a touch of genius in the air« (Walter und Ingeborg M., Thalwil)

»I feel smarter for just being here« (July 7, 2004, Dennis F., Seattle, USA)

»I'm standing where Einstein lived that's so cool!« (I. K. USA 2/1/04)

»Wonderful to think that some of the greatest thoughts were thought here. Hopefully some of his genius remains for us to breath in« (Greg M., Australia)

»Walk in the footsteps of a genius« (8/07/04)

»Avec une intense emotion en ce lieu qui a vu naître une des plus importantes réalisations de l'esprit humain« (Jean P., 29-06-2004, Montreal, Quebec)

Auf der Homepage des Hauses illustriert eine Graphik in an- und absteigenden Balken die Höhe der Besucherzahlen. »Seit der Eröffnung des Einsteinhauses im Jahre 1979 haben mehr als 230 000 Menschen aus der ganzen Welt die Wohnung des berühmten Physikers besucht [...] allein im letzten Jahr wurden Einsteins von durchschnittlich 50 bis 60 Gästen pro Tag besucht.«[15] Das Entscheidende ist, was diese Gäste nicht gesehen haben. Schon nach wenigen Minuten in den verlassenen Räumen der Kramgasse 49 beginnt man zu verstehen, worin die besondere Faszination dieses Museums besteht: Albert Einstein, laut *Time Magazine* vom 31. Dezember 1999 die »Person des Jahrhunderts«, hat einmal hier gelebt, aber seine Gegenwart hat keine Spuren hinterlassen. Das Genie ist fort, und genau diese Leere umspielt die Stätte der Erinnerung mit Blumengirlanden und Bildern, mit Kaminfeuer, Schautafeln und Zitaten von Zitaten. Man verläßt den Ort der Nachträglichkeit und tritt auf die Kramgasse hinaus. Dort zeigt sich noch ein letztes Mal, wie weit der magische Name reichen kann. Im Restaurant *Pastamania* serviert man wie jeden Tag ein *Einstein-Menu*: »Gekochter Zigan-Schinken (Herkunft Schweiz) an Senfsauce, Tomaten-Farfalle, Salat.«

Anmerkungen

Michael Hagner: Zur Einführung

1 Gottfried Benn: Das letzte Ich [1920], in: ders., Sämtliche Werke, Bd. III: Prosa 1. Stuttgart 1987, S. 120–126, S. 123.

William Clark: Einsteins Haar

1 Mary Douglas: Ritual, Tabu und Körpersymbolik: Sozialanthropologische Studien in Industriegesellschaft und Stammeskultur, Frankfurt a.M. 1974, S. 130. [Übersetzung modifiziert, M. A.].
2 Aktuelle Einstein-Karikaturen versammelt: www.aboutfacesentertainers.com/caricature/celebrity_pages/celebrity_einstein.htm. Einige Einstein-Karikaturen, die David Levine für die *New York Review of Books* gezeichnet hat, finden sich unter www.nybooks.com/gallery/gallery-browse?category_id=22. Vgl. auch Sidney Harris: Einstein Simplified: Cartoons on Science, New Brunswick 2004 [1992]; sowie die Filme *Insignificance* (1985) und *IQ* (1994). Zahlreiche Karikaturen, Illustrationen und/oder Fotos enthalten darüber hinaus Allen Eddington (Hrsg.): Essential Einstein, San Francisco 1995; Ze'ev Rosenkranz: Albert Einstein: privat und ganz persönlich, Zürich 2004; sowie Alan Friedman und Carol Donley: Einstein As Myth and Muse, Cambridge 1985. Einstein-Fotos und dergleichen sind allgegenwärtig, jedoch findet sich selbst in den am gründlichsten recherchierten Arbeiten manch offenkundig falsche Zeit- oder Ortangabe. Ein guter Ausgangspunkt für die Internetsuche ist www.albert-einstein.org (mit zahlreichen Links).
3 Zur merkwürdigen Physis des »Mad Scientist« siehe David Basalla: Pop Science: The Depiction of Science in Popular Culture, in: Gerald Holton und William Blanpied (Hrsg.): Science and Its Public: The Changing Relationship, Synthese Library, 96, Dordrecht, S. 261–278. Zur Teratologie vgl. Michael Hagner: Enlightened Monsters, in: William Clark, Jan Golinski und Simon Schaffer (Hrsg.): The Sciences in Enlightened Europe, Chicago 1999, S. 175–217; sowie Michael Hagner (Hrsg.): Der falsche Körper. Beiträge zu einer Geschichte der Monstrositäten, Göttingen 1995.
4 Basalla (wie Anm. 3); Andrew Tudor: Monsters and Mad Scientists: A Cultural History of the Horror Movie, Oxford 1989; Roslynn Haynes: From Faust to Strangelove: Representations of the Scientist in Western Literature, Baltimore 1994.

5 Margaret Mead und Rhoda Métraux: Image of the Scientist Among High-School Students: A Pilot Study, Science 126, 1957, S. 384–90; David Beardslee und Donald O'Dowd: The College-Student Image of the Scientist, *Science* 133, 1961, S. 997–1001; David Chambers: Stereotypic Images of the Scientist: The Draw-A-Scientist Test, *Science Education* 67/2, 1983, S. 255–265; Philip Hills und Michael Shallis: Scientists and Their Images, *New Scientist* 964 (28. August), 1975, S. 471–475.

6 Die gelehrte Dämonologie hielt sich bis in die vierziger Jahre des 18. Jahrhunderts; vgl. Stuart Clark: Thinking with Demons: The Idea of Witchcraft in Early Modern Europe, Oxford 1997, S. 210–211, S. 298–299, S. 310–311. Zum Niedergang der Dämonen vgl. Lorraine Daston und Katharine Park: Wunder und die Ordnung der Natur 1150–1750, Frankfurt a.M. 2002 [1998].

7 Zu den Elogen auf Wissenschaftler im 18. Jahrhundert vgl. Daniel Roche: Le siècle des lumières en province. Académies et académiciens provinciaux, 1680–1789, *Civilisations et Sociétes* 62, Paris 1978, Bd. I, S. 166–181.

8 Roger Highfield und Paul Carter: Die geheimen Leben des Albert Einstein: Eine Biographie, Berlin 1994, S. 15.

9 Antonina Vallentin: Das Drama Albert Einsteins: eine Biographie, Stuttgart 1955, S. 9.

10 Denis Brian: Einstein: A Life, New York 1996, S. 1.

11 Zitiert nach Carl Seelig, Albert Einstein: Eine dokumentarische Biographie, Zürich 1954 [1952], S. 16.

12 Brian (wie Anm. 10), S. 17. Vgl. auch Ronald Clark: Einstein: The Life and Times, New York 1972 [1971], S. 50; Highfield und Carter (wie Anm. 8), S. 67.

13 Vallentin (wie Anm. 9), S. 10.

14 Zitiert nach Seelig (wie Anm. 11), S. 119.

15 Albrecht Fölsing: Albert Einstein: Eine Biographie, Frankfurt a.M. 1994 [1993], S. 258–259.

16 Brian (wie Anm. 10), S. 87.

17 Vgl. Highfield und Carter (wie Anm. 8), S. 102, S. 173–175.

18 »In der Tat, ein schöner Kopf; ist er ein Dichter?« Zitiert nach Thomas Levenson: Einstein in Berlin, New York 2003, S. 392, S. 456.

19 Emilio Segrè: Die großen Physiker und ihre Entdeckungen, München 1990, S. 108.

20 Vgl. Fölsing (wie Anm. 15), S. 488–510; Abraham Pais, »Raffiniert ist der Herrgott …«: Albert Einstein, eine wissenschaftliche Biographie, Heidelberg 2000, S. 305–310; ders.: Einstein Lived Here, Oxford 1994, S. 145–150.

21 *The New York Times*, 1919, 9.11., A6; 10.11., A17; 11.11., A17; 3.12., A19; 7.12., A18.

22 Vgl. Albert Elsen: Rodin's Thinker and the Dilemmas of Modern Public Sculpture, New Haven 1985.

23 Zu Rodins Ausführungen über den Denker als Schöpfer vgl. Elsen (wie Anm. 22), bes. S. 43.

24 Vgl. Robert Burton: The Anatomy of Melancholy, New York 1977 [1621], Bd. I, S. 302–330 [I, Kap. 2, 3, 15]; Wolf von Engelhardt: Dürers Kupferstich ›Melencolia I‹, *Städel Jahrbuch* N.S. 14, 1993; A. Rupert Hall (Hrsg.): Isaac Newton: Eighteenth Century Perspectives, Oxford 1999; David Brewster: Memoirs of the Life, Writings, and Discoveries of Sir Isaac Newton, New York 1965 [1855]; Steven Shapin: The Philosopher and the Chicken, in: Christopher Lawrence und Steven Shapin (Hrsg.): Science Incarnate: Historical Embodiments of Natural Knowledge, Chicago 1998, S. 21–50; Rob Iliffe: Isaac Newton: Lucatello Professor of Mathematics, in: ebd., S. 121–155.

25 Zur Unterwelt im Verhältnis zur »Oberwelt« in der Wissenschaft vgl. William Clark: Narratology and the History of Science, *Studies in the History and Philosophy of Science* 26, 1995, S. 1–71.

26 Pais (wie Anm. 20), S. 315.

27 Zum muskulösen Einstein vgl. Vallentin (wie Anm. 9), S. 9; Clark (wie Anm. 12), S. 352–353.

28 Einsteins Postkarte vom September 1920 an Elisabeth Ney ist wiedergegeben in: Alice Calaprice: Einstein sagt: Zitate, Einfälle, Gedanken. München und Zürich 1997, S. 41, nach dem Original in: Einstein-Archiv 36–525.

29 *The New York Times*, 3.4.1921, A1.

30 Siegfried Grundmann, Einsteins Akte. Einsteins Jahre in Deutschland aus der Sicht der deutschen Politik, Berlin 1998; Pais 1994 (wie Anm. 20); Michel Biezunski: Einstein à Paris: Le temps n'est plus …, Saint-Denis 1995; Philipp Frank: Einstein. Sein Leben und seine Zeit, München 1949.

31 Vgl. Grundmann (wie Anm. 30).

32 Zeitgenössische Quellen zitiert nach Biezunski (wie Anm. 30), S. 66–70; vgl. auch Hilaire Cuny: Tel que nous l'avons connu …, in Louis de Broglie u. a., Einstein, Paris 1966, S. 261–279.

33 Zitiert nach Cuny (wie Anm. 32), S. 263; vgl. auch Biezunski (wie Anm. 30), S. 69–70.

34 Zitiert nach Grundmann (wie Anm. 30), S. 204.

35 Vgl. Pais 1994 (wie Anm. 20), S. 157.

36 Cuny (wie Anm. 32), S. 261, S. 262.

37 Cuny (wie Anm. 32), S. 262.

38 Vgl. Grundmann (wie Anm. 30), S. 205–207.

39 Zitiert nach Grundmann (wie Anm. 30), S. 226 – siehe auch S. 230 bis 231.

40 Biezunski (wie Anm. 30), S. 70.

41 Zitiert nach Jamie Sayen: Einstein in America: The Scientist's Conscience in the Age of Hitler and Hiroshima, New York 1985, S. 69.

42 Zitiert nach Brian (wie Anm. 10), S. 257.

43 Die Anekdoten und Zitate stammen aus Sayen (wie Anm. 41), S. 67–69; Cuny (wie Anm. 32).
44 Banesh Hoffmann mit Helen Dukas: Albert Einstein: Schöpfer und Rebell, Stuttgart 1976, S. 201.
45 Zitiert nach Alice Calaprice (Hrsg.): Dear Professor Einstein: Albert Einstein's Letters to and from Children, New York 2002, S. 197.
46 Henry Smyth: Atomenergie und ihre Verwertung im Kriege: offizieller Bericht über die Entwicklung der Atombombe, Basel 1947, S. 16, S. 69.
47 Time, 1. Juli 1946, S. 58.
48 Vgl. Fred Jerome: The Einstein File: J. Edgar Hoover's Secret War Against the World's Most Famous Scientist, New York 2002; Sayen (wie Anm. 41). Ann Kocins Brief findet sich in Rosenkranz (wie Anm. 2), S. 191.
49 Philippe Halsman: Halsman Sight and Insight, Garden City 1972, S. 9.
50 Sayen (wie Anm. 41), S. 293.
51 Clark (wie Anm. 12), S. 10.
52 Vgl. Anm. 2.
53 Vgl. die Titelgeschichte der *Newsweek* vom 28. Juni 1993 sowie die PBS-Nova-Dokumentarfilme: *Einstein* (1979), *Einstein Revealed* (1992) und *The Elegant Universe* (2003). Siehe auch Joseph Schwartz und Michael McGuiness: Einstein für Anfänger, Reinbek 1979; Friedman und Donley (wie Anm. 2), S. 180–198, untersuchen Einsteins Bild in der Werbung.
54 Das entsprechende Zitat findet sich in Calaprice (wie Anm. 28), S. 364.
55 *The New York Times* (Magazin), 18. August 1929, Teil 5, S. 2.
56 Gerald Holton: What, Precisely, Is ›Thinking‹?: Einstein's Answer« in: A. P. Fench (Hrsg.), Einstein: A Centenary Volume, Cambridge/MA 1979, S. 153–164, S. 153.

Anke te Heesen: DADA/EINSTEIN

1 *Vossische Zeitung*, 25. August 1920, Morgenausgabe, S. 2.
2 Noch 1921 wurde George Grosz und anderen Künstlern der Prozeß wegen einiger ausgestellter Werke gemacht. Vgl. Helen Adkins: Erste Internationale Dada-Messe, in: Berlinische Galerie (Hrsg.): Stationen der Moderne: Die bedeutenden Kunstausstellungen des 20. Jahrhunderts in Deutschland, Berlin 1988, S. 156–183, hier S. 167.
3 Vgl. überblickend dazu unter anderem Carsten Könneker: »Auflösung der Natur, Auflösung der Geschichte.« Moderner Roman und NS-»Weltanschauung« im Zeichen der theoretischen Physik, Stuttgart 2001, bes. zu Gehrcke S. 134–139; sowie Klaus Hentschel: Interpretationen und Fehlinterpretationen der speziellen und allgemeinen Relativitätstheorie durch Zeitgenossen Albert Einsteins, Basel 1990.

4 Vgl. Adkins (wie Anm. 2), S. 157. Zur Collage siehe nach wie vor Hertha Wescher: Die Geschichte der Collage. Vom Kubismus bis zur Gegenwart, Köln 1974 (zuerst 1968), sowie in neuerer Zeit Hanno Möbius: Montage und Collage: Literatur, bildende Künste, Film, Fotografie, Musik, Theater bis 1933, München 2000.

5 Jula Dech: Hannah Höch: Schnitt mit dem Küchenmesser. DADA – Spiegel einer Bierbauchkultur, Frankfurt a.M. 1989, S. 26. Vgl. zu dieser Collage auch Maud Lavin: Cut with the Kitchen Knife: The Weimar Photomontages of Hannah Höch, New Haven/London 1993, besonders das Kapitel »The Berlin Dada Photomontages«, S. 13–46.

6 Vgl. Werner Faulstich: Medienwandel im Industrie- und Massenzeitalter (1830–1900), Göttingen 2004, S. 44.

7 »Der Streit um die Priorität der Fotomontage, die auch Grosz und Heartfield für sich beanspruchten, ist müßig.« Cornelia Thater-Schulz: »Dada ist kein Bluff«, in: Berlinische Galerie und Museumspädagogischer Dienst Berlin (Hrsg.): Hannah Höch 1889–1978: Ihr Werk, ihr Leben, ihre Freunde: Ausstellungskatalog der Berlinischen Galerie, Berlin 1989, S. 10–23, hier S. 19.

8 Ebd.

9 Sie erschien von 1894 bis 1945. Vgl. Kai Lückemeier: Information als Verblendung: Die Geschichte der Presse und der öffentlichen Meinung im 19. Jahrhundert, Stuttgart 2001, S. 294.

10 Ebd., S. 294–295.

11 Vgl. dazu in neuerer Zeit Christiane Kuhlmann: Bewegter Körper – Mechanischer Apparat: Zur medialen Verschränkung von Fotografie und Tanz in den 1920er Jahren an den Beispielen von Charlotte Rudolph, Suse Byk und Lotte Jacobi, Diss. Univ. Bochum 2002.

12 Sigfried Giedion: Bauen in Frankreich: Eisen. Eisenbeton, Leipzig/Berlin 1928, S. 55. Eine Interpretation dieses, sich mit Einstein in der Mitte befindlichen Bildsegmentes der Collage liefert auch Kathrin Hoffmann-Curtius: Michelangelo beim Abwasch: Hannah Höchs Zeitschnitte der Avantgarde, in: *Frauen-Kunst-Wissenschaft* 12 (1991), S. 59–80, hier S. 67. Sie hebt insbesondere die Kugellager als Modell synchroner Bewegungen hervor und verweist darauf, daß Höch ihr Leben lang ein Kugellager in ihrem »Souvenirschrank« aufbewahrte (ebd., S. 77, Fußnote 29).

13 Giedion (wie Anm. 12), S. 55.

14 Salomo Friedländer: Schöpferische Indifferenz. München 1918, S. 326.

15 Ebd., S. 324.

16 Vgl. *Berliner Illustrirte Zeitung*, 1919, Nr. 50, 28. Jahrgang, Titelseite. Neben den zahlreichen Bildelementen der BIZ, die bereits minutiös von Jula Dech ermittelt wurden, konnten bei der Recherche zusätzlich Einstein selbst, das Pferdefuhrwerk (*BIZ*, Nr. 33, Jg. 28) und die Eisenkonstruktion (*BIZ*, Nr. 30, Jg. 28) nachgewiesen werden.

17 In dem der Titelseite folgenden Text über Einstein sind nicht nur vier

Fotografien in verschiedener Größe mit jeweiligen Bildunterschriften montiert, sondern sie haben darüber hinaus nichts mit dem im Artikel Berichteten gemein, sondern zeigen vielmehr Bilder aus der im damaligen Winter in Wien grassierenden Hungersnot sowie Bilder von (vermutlich) dem Militär August von Mackensen und dem Schriftsteller und Berater Friedrich Eberts, Alexander Helphand. Zur Gestaltung solcher bebilderten Fotoillustrierten siehe Robert Lebeck und Bodo von Dewitz: Kiosk: Eine Geschichte der Fotoreportage 1839–1973, Ausstellungskatalog, Göttingen 2001, S. 9–159.

18 Vgl. dazu den ausführlichen Artikel von Andreas Kleinert: Paul Weyland, der Berliner Einstein-Töter, in: Helmut Albrecht (Hrsg.): Naturwissenschaft und Technik in der Geschichte, Stuttgart 1993, S. 198–232.

19 Nach Kleinert (ebd., S. 204) handelt es sich dabei um einen Phantomverein; daß er hätte existieren können, vermittelt der in der angeblichen Schriftenreihe des Vereins veröffentlichte Vortrag von Gehrcke; vgl. hierzu Ernst Gehrcke: Die Relativitätstheorie: Eine wissenschaftliche Massensuggestion. Berlin 1920.

20 Vgl. etwa Berliner Tageblatt, 25. August 1920, Abendausgabe: »Obwohl Professor Einstein, in einer Loge sitzend, eine bequeme Zielscheibe bot, wurde er doch nur mit solchen kleinen Invektiven wie ›Reklamesucht‹, ›wissenschaftlicher Dadaismus‹, ›Plagiat‹ usw. bombardiert.« (Im Gegensatz zu handgreiflicheren Skandalen, die man wohl auch fürchtete, wie der Artikel zuvor berichtete.)

21 *Vossische Zeitung*, 25. August 1920, Morgenausgabe, S. 2.

22 Über die Äußerungen von Laues sowie die Schilderung der Veranstaltung siehe Albrecht Fölsing: Albert Einstein, Frankfurt a. M. 1993, S. 520–523.

23 *Berliner Tageblatt*, 26. August 1920, Abendausgabe.

24 Vgl. dazu die Einschätzung von Fölsing (wie Anm. 22), S. 522, und Dieter Hoffmann: Ein Experimentalphysiker als antitheoretischer Sammler, in: Anke te Heesen (Hrsg.): cut and paste um 1900: Der Zeitungsausschnitt in den Wissenschaften (*Kaleidoskopien*, Bd. 4), Berlin 2002, S. 70–80, hier: S. 77–78.

25 Hierzu siehe als eine frühe zeitgenössische Medienanalyse Julian Hirsch: Die Genesis des Ruhms: Ein Beitrag zur Methodenlehre der Geschichte, Leipzig 1914.

26 Die Sammlung befindet sich in der Bibliothek des Max-Planck-Instituts für Wissenschaftsgeschichte, Berlin.

27 Etwa der Pathologe Rudolf Virchow; vgl. Thomas Schnalke: Wissenswerte – Lebensspuren. Rudolf Virchow und das medizinische Sammeln, in: te Heesen (wie Anm. 24), S. 82–98.

28 Vgl. dazu Lorraine Daston und H. Otto Sibum: Introduction: Scientific Personae and their Histories, in: *Science in Context* 16 (2003), S. 1–8.

29 Vgl. dazu Fölsing (wie Anm. 22), S. 513 ff.; dazu auch Hirsch (wie Anm. 25), S. 140. Dieser zeitliche Hinweis ist vor allem auf das Aufkommen der

Massenpresse bezogen; öffentliche Bilder und Berichterstattung über Wissenschaftler und deren Generierung von öffentlicher Berühmtheit hatte es selbstverständlich schon zuvor gegeben; vgl. hierzu etwa Janet Browne: Charles Darwin as a Celebrity, in: *Science in Context* 16 (2003), S. 175 bis 194.

30 Zur Geschichte dieser Büros, das erste wurde 1879 in Paris gegründet, vgl. Anke te Heesen: cut and paste um 1900, in: te Heesen (wie Anm. 24), S. 20–37.

31 Bei Erwähnung seiner Ausschnittsammlung in seinem Buch von 1924 setzt Gehrcke eine Fußnote, die darauf schließen läßt, daß er auch von Kollegen, Bekannten oder Freunden einige Artikel erhielt: »Allen denen, die mich durch Zustellung und Material oder durch freundlichen Hinweis auf solches wirkungsvoll unterstützt haben, möchte ich auch an dieser Stelle meinen verbindlichsten Dank aussprechen.« Ernst Gehrcke: Die Massensuggestion der Relativitätstheorie: Kulturhistorisch-psychologische Dokumente, Berlin 1924, S. 1.

Michael Hampe: Alles ist relativ

1 Albert Einstein: Reply to Criticisms, in: Paul Arthur Schilpp (Hrsg.), Albert Einstein: Philosopher – Scientist, La Salle/Illinois 1949, S. 674, S. 680.

2 Ernst Cassirer: Zur Einsteinschen Relativitätstheorie. Erkenntnistheoretische Betrachtungen, Berlin 1921.

3 Hans Reichenbach: Die Relativitätstheorie und Erkenntnis a priori, Berlin 1920; ders.: Axiomatik der relativistischen Raum-Zeit-Lehre, Braunschweig 1924.

4 Leonore Ripke-Hühn: Kant contra Einstein, Erfurt 1920, S. 6f. Hier zitiert nach: Klaus Hentschel: Interpretationen und Fehlinterpretationen der allgemeinen Relativitätstheorie durch Zeitgenossen Albert Einsteins, Basel u.a. 1990, S. 218.

5 »… if one does not use the general principle of relativity (invariance under general continuous co-ordinate-transformations)«, Albert Einstein: Reply to Criticisms, in: Paul Arthur Schilpp (wie Anm. 1), S. 675f.

6 Hentschel (wie Anm. 4), S. 217, 219.

7 Albert Einstein: Zur Methodik der theoretischen Physik, in: ders., Mein Weltbild, Frankfurt a.M. u.a. 1977, S. 115.

8 Paul Natorp: Die logischen Grundlagen der exakten Wissenschaften, Leipzig/Berlin 1910, S. 396.

9 Vgl. Hentschel (wie Anm. 4), S. 144.

10 So Wilhelm Müller nach Hentschel (wie Anm. 4), S. 314.

11 Hugo Dingler, Die Grundlagen der Physik. Synthetische Prinzipien der mathematischen Naturphilosophie, Berlin/Leipzig, 2. Aufl., 1921, S. 172, zit. nach Hentschel (wie Anm. 4), S. 313.

12 Hugo Dingler: Kritische Bemerkungen zu den Grundlagen der Relativitätstheorie. Vortrag gehalten auf der 86. Versammlung deutscher Naturforscher und Ärzte, Leipzig 1921, S. 21 f.
13 Albert Einstein: Reply to Criticisms, in: Schilpp (wie Anm. 1), S. 684.
14 Ebd.
15 Ebd., S. 674, meine Hervorhebung.
16 Hentschel spricht in diesem Zusammenhang im Anschluß an Ludwik Fleck von unterschiedlichen Denkstilen und Denkzwängen in der Tradition des Kantianismus, vgl. Hentschel (wie Anm. 4), S. 229. Die richterliche Mentalität in der philosophischen Erkenntnistheorie wird im Vergleich zu anderen Mentalitäten dargestellt in: Michael Hampe: Kritik und Spekulation. Zu Deweys Konzeption moderner Philosophie, *Deutsche Zeitschrift für Philosophie* 49 (2001), S. 133–149, hier S. 144 ff.
17 Ernst Cassirer: Zur Einsteinschen Relativitätstheorie. Erkenntnistheoretische Betrachtungen, in: ders.: Zur modernen Physik, Darmstadt 1957, S. 108.
18 Friedrich Adolf Trendelenburg: Logische Untersuchungen, Berlin 1840.
19 Vgl. Nelson Goodman: Weisen der Welterzeugung, Frankfurt a. M. 1984; ders.: Sprachen der Kunst. Entwurf einer Symboltheorie, 4. Aufl., Frankfurt a. M. 2004.
20 Ernst Cassirer: Substanzbegriff und Funktionsbegriff. Untersuchungen über die Grundlagen der Erkenntnistheorie, Berlin 1910.
21 Oswald Spengler: Der Untergang des Abendlandes, München 1998, S. 542.
22 Ebd., S. 541.
23 Ebd., S. 158 ff.
24 Ebd., S. 542.
25 Ebd., S. 550 f.
26 Ebd., S. 547.
27 Zu Cassirer siehe oben, zu Bachelard vgl. Gaston Bachelard: Die Bildung des wissenschaftlichen Geistes. Beitrag zu einer Psychoanalyse der objektiven Erkenntnis, Frankfurt a. M. 1978; ders.: The Philosophic Dialectic of the Concepts of Relativity, in: Paul Arthur Schilpp (wie Anm. 1), S. 63–580.
28 Hugo Dingler: Der Zusammenbruch der Wissenschaft, München 1926, S. 36; zur Relativitätstheorie siehe S. 115.
29 Vgl. z. B. die Auslassungen von Fernand Romero unter www.deducing.com/rote.html oder von Christopher Jon Bjerknes unter itis.volta.alessandra.it/episteme/ep6/ep6-bjerk2.htm.
30 Vgl. Georg Todoroff: »Mit Einstein bemächtigte sich die Physik der Philosophie. Seine hochgradig schwachsinnige, zutiefst verlogene und von allen diesbezüglichen Experimenten eindeutig und klar widerlegte Relativitätstheorie, die nur aus Widersprüchen besteht, ist von keinem Menschen

zu verstehen, weil Widersprüche nicht zu verstehen, sondern nur zu erkennen sind. Welcher Philosoph sollte aber diese zahllosen Widersprüche, in aller Regel physikalisch ungebildet, erkennen?« Im Internet unter home.t-online/home/todoroff.

31 Christoph von Mettenheim: Popper versus Einstein. On the Philosophical Foundations of Physics, Tübingen 1999.

Carsten Könneker: »Katastrophal für bürgerliche Hirne«

1 Brief an Antonina Vallentin-Luchaire, langjährige Bekannte auch Albert Einsteins und Ehefrau von Julien Luchaire, Direktor des Internationalen Instituts für geistige Zusammenarbeit. Hier zit. n. Siegfried Grundmann: Einsteins Akte. Wissenschaft und Politik – Einsteins Berliner Zeit, 2. Aufl. Berlin/Heidelberg 2004, S. 440.

2 1933 wurde Einstein dann faktisch für vogelfrei erklärt. In dem von Johann von Leers herausgegebenen Machwerk *Juden sehen Dich an*, wo der Physiker als einziger Intimfeind des »Dritten Reichs« gleich mit drei Abbildungen bedacht wurde, war über ihn zu lesen: »Erfand eine stark bestrittene ›Relativitätstheorie‹. Wurde von der Judenpresse und dem ahnungslosen deutschen Volke hoch gefeiert, dankte dies durch verlogene Greuelhetze gegen Adolf Hitler im Auslande. (Ungehängt).« Siehe Johann von Leers: Juden sehen Dich an, Berlin 1933, S. 28. Der wie Einstein in der Kategorie »Lügenjuden« aufgeführte Kulturphilosoph Theodor Lessing wurde am 31. August 1933 ermordet.

3 Bruno Rosenberg im *Mitteilungsblatt des Verbands nationaldeutscher Juden*. Hier zitiert nach Anon.: Einstein-Rummel, *Kölnische Zeitung* 23.9.1921, Nr. 637, S. 1.

4 Ein Beispiel: Fritz Müller: Das Zeitproblem, *Berliner Tageblatt* 16.10.1911, Beilage »Der Zeitgeist«, Nr. 41, S. 1–2. Insgesamt fand die so genannte Längenkontraktion (Eisenbahn-Gedankenexperimente) in der frühen Rezeptionsphase deutlich mehr Beachtung als die Zeitdilatation (Zwillingsparadoxon). Einsteins heute populärste Relation, die Äquivalenz von Masse und Energie, wurde bis 1945 in den allgemeinen Darstellungen hingegen kaum diskutiert. Dies änderte sich nach Abwurf der Atombombe schlagartig.

5 Bruno Donath: Die Umwertung von Raum und Zeit, *Die Woche* 16, 1914, S. 639–641, hier S. 641.

6 Plötzlich mußte man Experimente und Meßapparaturen entwickeln, um ein mathematisch deduziertes Gedankengebäude überprüfen zu können – und nicht mehr nach formal schlüssigen Erklärungen für hinlänglich bekannte Naturphänomene suchen. Einsteins Rede vom »rein fiktiven Charakter« der modernen Physik bringt diesen bedeutenden wissenschaftshistorischen Umbruch auf den Punkt.

7 Dieses und die folgenden Zitate: Herbert Stengemann: Leo Gilbert. »*Das Relativitätsprinzip*, die jüngste Modenarrheit der Wissenschaft.«, *Berliner Tageblatt* 22.7.1914, Nr. 366, 4. Beiblatt.

8 So die Überschrift unter einem ganzseitigen Porträtfoto Einsteins auf dem Titelblatt der *Berliner Illustrirten Zeitung* vom 14.12.1919.

9 Dieses und die folgenden Zitate: Anon.: Professor Albert Einstein, *Das jüdische Echo* 6, 1919, S. 617.

10 Zur großen Bedeutung von Beitrags- und Verdienstargumenten für die Verteidigungsstrategie deutscher Juden gegenüber antisemitischen Verunglimpfungen seit den späten 1870er Jahren siehe Shulamit Volkov: Soziale Ursachen des jüdischen Erfolgs in der Wissenschaft, in: dies., Antisemitismus als kultureller Code, 2. Aufl. München 2000, S. 146–165; Fritz Stern: Freunde im Widerspruch: Haber und Einstein, in: Rudolf Vierhaus, Bernhard von Brocke (Hrsg.): Forschung im Spannungsfeld von Politik und Gesellschaft, Stuttgart 1990, S. 516–551.

11 Dieses und die folgenden Zitate: Scherbel: Relativitätstheorie und Judentum, *Allgemeine Zeitung des Judentums* 85, 1922, S. 271–272, hier S. 272.

12 Brief an Marcel Grossmann vom 12. September 1920. Hier zitiert nach Albrecht Fölsing: Albert Einstein. Eine Biographie, 2. Aufl. Frankfurt a.M. 1993, S. 513.

13 Dieses und die folgenden Zitate: L.W.: Albert Einsteins Kolleg, *Berliner Tageblatt* 20.2.1920, Nr. 93, S. 3. Vgl. auch die Darstellung in der *Vossischen Zeitung* (Anon.: Einstein auf dem Katheder, *Vossische Zeitung* 20.2.1920, Nr. 94, S. 5).

14 Alexander Moszkowski: Einstein. Einblicke in seine Gedankenwelt. Gemeinverständliche Betrachtungen über die Relativitätstheorie und ein neues Weltsystem. Entwickelt aus Gesprächen mit Einstein, Berlin 1922, S. 26.

15 Einführung zu dem 1922 in den Kinos gezeigten Einstein-Film. Hier zitiert nach Grundmann (wie Anm. 1), S. 121.

16 Anon.: Das außerordentliche Interesse ..., *Pforzheimer Anzeiger* 16.6.1921, Nr. 137.

17 Moritz Geiger: Die philosophische Bedeutung der Relativitätstheorie. Vortrag gehalten im 1. Zyklus gemeinverständlicher Einzelvorträge, veranstaltet von der Universität München, Halle 1921, S. 5. Vgl. auch Hermann Brochs literarische Auseinandersetzung mit den mentalitätsgeschichtlichen Folgen des öffentlichen Einstein-Diskurses der frühen 1920er Jahre in der Novellensammlung *Die Schuldlosen* sowie im Filmskript *Das Unbekannte X*. Siehe dazu Carsten Könneker: »Auflösung der Natur, Auflösung der Geschichte«. Moderner Roman und NS-»Weltanschauung« im Zeichen der theoretischen Physik, Stuttgart/Weimar 2001, S. 184–192; S. 272–279.

18 Paul Szende: Soziologische Gedanken zur Relativitätstheorie, *Neue Rundschau* 32, 1921, S. 1086–1095, hier S. 1094.

19 Rudolf Lämmel: Die moderne Naturwissenschaft und der Kosmos, Berlin 1929, S. 198.

20 Karl Lichtenecker: Glück und Ende einer weltbewegenden Theorie, *Der Kunstwart* 39, 1926, S. 63–65, hier S. 64.

21 Zitiert nach Grundmann (Anm. 1), S. 121.

22 Dieses und die folgenden Zitate: Lettau: Die Einsteinsche Relativitätstheorie im Verhältnis zur christlichen Weltanschauung, *Furche* 11, 1920/21, S. 153–155, hier S. 154.

23 Ebd., S. 154 f.

24 Ebd., S. 155. Es würde an dieser Stelle zu weit führen, die Negativrezeption der Relativitätstheorie insbesondere im Umfeld der Kirchen en détail nachzuzeichnen. Daß viele Christen ihren Glauben durch die Einstein zugeschriebenen »wissenschaftlichen« Erkenntnisse über das Ende des Absoluten bedroht sahen, zeigen auch die Versuche führender Theologen, die moderne Physik in die kirchliche Dogmatik zu integrieren. Auf protestantischer Seite ist hier in erster Linie Karl Heim zu nennen, auf katholischer Michael Schmaus. Vgl. Könneker (wie Anm. 17), S. 193–225.

25 Dieses und die folgenden Zitate: J. Lenz: Die Relativitätstheorie und der dialektische Materialismus. Zu Albert Einsteins 50. Geburtstag am 14. März 1929, *Arbeiterstimme* 14. 3. 1929, Nr. 62, Beilage.

26 Mit zunehmender Häufigkeit gegen Ende der 1920er Jahre, als sich die zwischenzeitlich entspannte gesellschaftliche Lage in Deutschland erneut zuspitzte.

27 Albert Einstein: Die Zuwanderung aus dem Osten, *Berliner Tageblatt* 30. 12. 1919, Nr. 623, S. 2. Vgl. auch die überschwengliche Aufnahme dieses Artikels in den *Mitteilungen an den Verein zur Abwehr des Antisemitismus*. (Anon.: Die Hetze gegen die Ostjuden, *Mitteilungen an den Verein zur Abwehr des Antisemitismus* 10. 1. 1920, S. 2–4.)

28 In Deutschland wurde über diese Reise und ihre Motive ausgiebig berichtet. (Vgl. z. B. Anon.: Eine Amerikareise Professor Einsteins, *Berliner Tageblatt* 25. 2. 1921, Nr. 93, S. 2; Sch.: Einstein über amerikanische und englische Wissenschaft, *Berliner Tageblatt* 7. 7. 1921, Nr. 314, S. 2.) Noch während seiner Reise verfaßte Einstein für die *Jüdische Rundschau*, das zentrale Organ der deutschen Zionisten, sein Bekenntnis »Wie ich Zionist wurde«. (Vgl. David Reichinstein: Albert Einstein. Sein Lebensbild und seine Weltanschauung, 3. verm. u. verb. Aufl. Prag 1935, S. 158.) Schon vor 1921 war Einsteins Affinität zum Zionismus und sein »starkes Interesse an der projektierten hebräischen Hochschule in Jerusalem« in Deutschland diskutiert worden. (Anon.: Professor Albert Einstein, *Das Jüdische Echo* 6, 1919, S. 617.) Und auch nach seiner Rückkehr trat Einstein in Deutschland weiter für die »Errichtung einer jüdischen Universität in Jerusalem« ein – für ihn »eines der wichtigsten Ziele der zionistischen Organisation«. (Albert Einstein: Mein Weltbild, hrsg. v. Carl Seelig, Berlin 1997, S. 110.) Einsteins Engagement für den Zionismus riß auch später nicht ab. Beispielsweise führte ihn seine erste größere Auslandsreise nach der schweren Erkrankung von 1928/29 im August 1929 zum internationalen Zionistenkongreß in die Schweiz.

29 »Ich verehre in Lenin einen Mann, der seine ganze Kraft unter völliger Aufopferung seiner Person für die Realisierung sozialer Gerechtigkeit eingesetzt hat. [...] Männer wie er sind die Hüter und Erneuerer des Gewissens der Menschheit.« (Zitiert nach Siegfried Grundmann: Einsteins Akte. Einsteins Jahre in Deutschland aus der Sicht der deutschen Politik, Berlin/ Heidelberg 1998, S. 331.)

30 Vgl. Grundmann (wie Anm. 1), S. 384, sowie die lakonische Aufzählung Einsteins politischer Aktivitäten in: Klaus Bärwinkel: Die Austreibung von Physikern unter der deutschen Regierung vor dem Zweiten Weltkrieg. Ausmaß und Auswirkung, in: Edith Böhne, Wolfgang Motzkau-Valeton (Hrsg.): Die Künste und die Wissenschaften im Exil 1933–1945, Gerlingen 1992, S. 569–599, hier S. 572 f.

31 Vgl. Anon.: Prof. Einstein Vizepräsident der »Bewegung für den Frieden durch Religion«, *Allgemeines Jüdisches Familienblatt* 21. 8. 1931.

32 Auszug aus dem *Großen Bestiarium der modernen Literatur*. Hier zitiert nach Franz Blei: Porträts. Hrsg. v. Anne Gabisch, Wien 1987, S. 562.

33 Dieser Vortrag ist heute wieder allgemein zugänglich durch eine Hör-CD des Supposé-Verlags: Albert Einstein: Verehrte An- und Abwesende! Originaltonaufnahmen 1921–1951, Köln 2003.

34 Dieses und die folgenden Zitate: Anon.: Albert Einsteins Lebens-Bekenntnis, *Tempo* 24. 1. 1933, S. 3.

35 Antonina Vallentin: Das Drama Albert Einsteins, Stuttgart 1955, S. 83.

36 Ebd.

37 Ebd., S. 201. Elsa begegnete dem eigensinnigen Verhalten ihres Mannes durchaus mit gemischten Gefühlen, wie sich Vallentin-Luchaire erinnert: »Was sie an ihm vielleicht am meisten bewunderte, war seine Treue zu sich selbst, eine Treue, die ihr tausend Ängste bereitete. Die Geschichten, die sie am liebsten über ihn erzählte, waren alle Illustrationen seiner Verachtung für Konventionen, seiner Ablehnung aller Kompromisse.« (Ebd., S. 137 f.)

38 Ernst Krieck: Einstein als Krönungsstein, *Volk im Werden* 8, 1940, S. 142–143, hier S. 143.

39 Lenore Kühn: Grabgesang für den »neuen Kopernikus«?, *Rheinisch-Westfälische Zeitung* 25. 1. 1924, Nr. 69, S. 2.

40 Das gilt sogar für ganze Verlagshäuser. Zu den pro Einstein eingestellten Verlagen gehörten u. a. Friedrich Vieweg & Sohn (Braunschweig) und Julius Springer (Berlin), zu den Gegnern Ernst Reinhardt (München), z. T. S. Hirzel (Leipzig), vor allem aber Otto Hillmann (Leipzig), wo die meisten der besonders heftigen Anti-Einstein-Tiraden erschienen.

41 Jakob Kurt Geissler: Schluss mit der Einstein-Irrung!, in: Hans Israel, Erich Ruckhaber, Rudolf Weinmann (Hrsg.): Hundert Autoren gegen Einstein, Leipzig 1931, S. 10–12, hier S. 10.

42 Johannes Riem: Gegen den Einsteinrummel, *Umschau* 24, 1920, S. 583 bis 584, hier S. 583.

43 Anon.: Tödliche Reklame, *Deutsche Tageszeitung* 16.6.1921, Nr. 276, 1. Beiblatt.

44 K. Braßler: Das Einstein'sche Relativitätsprinzip, *Völkischer Beobachter* 11.2.1920, Nr. 12, S. 2–3, hier S. 2.

45 Lothar Tirala: Rasse, Geist und Seele, München 1935, S. 198. Tirala war 1933 von den Nationalsozialisten zum Direktor des Instituts für Rassenhygiene der Universität München berufen worden.

46 Nach dem Abwurf der ersten Atombombe und dem Anbruch des sogenannten Nuklearzeitalters erfuhren der Einstein-Diskurs sowie die Rezeptionsgeschichte der modernen Physik eine nahezu vollständige Neuausrichtung. Vgl. Könneker (Anm. 17), S. 364–369.

47 Vgl. Dr. B.: Der Kampf um Einstein, *Vossische Zeitung* 24.9.1920, Nr. 472, S. 1–2; Anon.: Der Kampf um Einstein, *Vorwärts* 25.8.1920, Nr. 423, S. 2.

48 Ferdinand Roderich-Stoltheim [d.i. Fritsch]: Einsteins Truglehre. Allgemeinverständlich dargelegt und widerlegt, Leipzig 1921, S. 9.

49 Ebd., S. 9f.

50 Ebd., S. 13.

51 Ebd., S. 21.

52 Willibald Hentschel: Einstein und sein Ende, *Hammer* 30, 1931, S. 57 bis 62, hier S. 57.

53 Ebd., S. 60.

54 Graf E. zu Reventlow: Einstein: Unser Messias, *Hammer* 30, 1931, S. 11–15, hier S. 11.

55 Dieses und die folgenden Zitate: Graf E. zu Reventlow: Was sind für uns die Juden?, in: Der Jud ist schuld …? Diskussionsbuch über die Judenfrage, Basel/Berlin 1932, S. 13–40, hier S. 32.

56 Alfred Seelinger: Einsteins Zusammenbruch, *Deutschen-Spiegel* 8, 1931, S. 1069–1072, hier S. 1069f.

57 Adolf Hitler: Dummheit oder Verbrechen, *Völkischer Beobachter* 3.1.1921, S. 1. Hier zitiert nach ders.: Sämtliche Aufzeichnungen 1905–1924. Hrsg. v. Eberhard Jaeckel und Alfred Kuhn, Stuttgart 1980, S. 286. Nach der »Machtergreifung« finden sich bei Hitler praktisch keine Äußerungen mehr bezüglich des vermeintlichen geistigen Degenerationspotentials der modernen Physik. Offensichtlich hielt sich Hitler auf diesem Gebiet bewußt zurück und überließ Alfred Rosenberg, seinem »Beauftragten in weltanschaulichen Fragen«, alle weitere »Aufklärungsarbeit«. Hitler versuchte lediglich, die Brisanz der experimentell immer besser bestätigten neuen Erkenntnisse herunterzuspielen, wie etwa dieser Auszug aus einer Rede anläßlich des Reichsparteitags von 1935 zeigt: »Oder will jemand behaupten, daß die Masse einer Nation direkt Anteil nimmt an den Spitzenleistungen der Chemie, der Physik und überhaupt aller anderen höchsten

Lebensäußerungen [...]? Ich bin im Gegenteil davon überzeugt, daß die Kunst [...] unbewußt weitaus den größten Einfluß auf die Masse der Völker ausübt.« (Die Reden Hitlers am Parteitag der Freiheit 1935, München 1935, S. 32.)

58 Vallentin (Anm. 35), S. 209. Auch vom Berliner Generalmusikdirektor Erich Kleiber ist bekannt, daß er »zu den Leuten [gehörte], die Einstein für die Judenverfolgung in Deutschland verantwortlich machen wollten« – so der Architekt Konrad Wachsmann im Interview mit Michael Grüning. (Ein Haus für Albert Einstein. Erinnerungen, Briefe, Dokumente. Aufgez. u. hrsg. v. Michael Grüning, Berlin 1990, S. 151.)

John Forrester: Die Geschichte zweier Ikonen

1 Interview mit Richard Meryman, *Life*, 3. August 1962; vgl. auch Sarah Churchwell: The Many Lives of Marilyn Monroe, London 2004. Ich möchte mich bei Sarah Churchwell und Elizabeth Lunbeck für ihre Hinweise auf dieses Bonmot Monroes bedanken.

2 Abraham Pais: Einstein Lived Here: Essays for the Layman, Oxford 1994.

3 Erik Erikson: Psychoanalytic reflections, in: Gerald Holton und Yehuda Elkana (Hrsg.): Albert Einstein: Historical and Cultural Perspectives: The Centennial Symposium in Jerusalem, Princeton 1982, S. 151–173, hier S. 157.

4 Vgl. John Forrester: Who is in analysis with whom? Freud, Lacan and Derrida, in: ders.: The Seductions of Psychoanalysis: Freud, Lacan and Derrida, Cambridge 1990, S. 235–236.

5 Richard Staley: On the Histories of Relativity: The Propagation and Elaboration of Relativity Theory in Participant Histories in Germany, 1905–1911, *Isis* 89, 1998, S. 263–299, hier S. 290.

6 William McGuire und Wolfgang Sauerländer (Hrsg.): Sigmund Freud, C. G. Jung, Briefwechsel, Frankfurt a.M. 1974, Anhang 3: Statuten der Internationalen Psychoanalytischen Vereinigung, S. 640.

7 Abraham Pais: »Raffiniert ist der Herrgott ...«: Albert Einstein, eine wissenschaftliche Biographie, Braunschweig, Wiesbaden 1986, S. 325.

8 Die meisten modernen Freud-Interpreten würden diese Sicht allerdings als unzutreffend betrachten, da seine wichtigen Arbeiten über Religion und Kultur, ganz zu schweigen von seiner bedeutenden Einführung in die Psychoanalyse und seiner Neubestimmung der psychoanalytischen Technik, erst nach 1926 entstanden.

9 Vor dem Ersten Weltkrieg war Einstein in den deutschsprachigen Ländern zu einer öffentlich anerkannten Figur geworden (vgl. Pais, wie Anm. 7, S. 300–326) und auch Freuds Ruhm bzw. schlechter Ruf wuchsen zu dieser Zeit stetig. Die Begeisterung für Freudsche Ideen kannte in gewissen

New Yorker Kreisen um 1914/15 keine Grenzen. Vgl. hierzu Nathan G. Hale: Freud and the Americans: The Beginnings of Psychoanalysis in the United States, 1876–1917, New York 1971.

10 Ernest Jones: Das Leben und Werk von Sigmund Freud, Bd. II: Jahre der Reife 1901–1919, Bern, Stuttgart 1962, S. 75.

11 Alan J. Friedman und Carol C. Donley: Einstein as Myth and Muse, Cambridge 1985, S. 13.

12 Siehe Lewis S. Feuer: Einstein and the Generations of Science, New York 1974, S. 14–26 und Peter Loewenberg: Viktor and Friedrich Adler: Revolutionary politics and generational conflict in Austro-Marxism, in: ders.: Decoding the Past: The Psychohistorical Approach, New York 1983, S. 136–160.

13 Jozsef Illy: Albert Einstein in Prague, *Isis* 70, 1979, S. 76–84. Eine weitere Verbindung zwischen Kafka und Einstein war der Ungar Robert Klopstock (1897–1972), Kafkas »letzter Freund« und der Arzt an seinem Sterbebett. Klopstock freundete sich mit Einstein in den späten 1930er Jahren an und wird von Einstein in seinem letzten Brief an Freud so erwähnt, als könnte Freud ihn kennen: »Ich habe schon vorher Ihre beiden Abhandlungen in der Zeitschrift *Imago* gelesen, die mir Dr. Klopstock, ein befreundeter Arzt, gebracht hat.« (Brief vom 4. Mai 1939; zitiert nach Ernest Jones: Das Leben und Werk von Sigmund Freud, Bd. III: Die letzte Phase 1919–1939, Bern, Stuttgart 1962, S. 286 f.)

14 Henry F. Ellenberger: Die Entdeckung des Unbewußten: Geschichte und Entwicklung der dynamischen Psychiatrie von den Anfängen bis zu Janet, Freud, Adler und Jung, Bern 1973, S. 1084. Der Organisator der »Gesellschaft für positivistische Philosophie«, die als Berliner Vorläuferin des berühmteren Wiener Kreises der Nachkriegszeit angesehen wird, war der Philosoph Joseph Petzoldt (1862–1929), ein Freund von Mach und Avenarius.

15 Siehe Pais (wie Anm. 2), S. 152.

16 Feuer (wie Anm. 12), S. 57 ff., und Philipp Frank: Einstein: Sein Leben und seine Zeit, München, Leipzig, Freiburg i. Br. 1949, S. 290; vgl. auch Albrecht Hirschmüller: Physiologie und Psychoanalyse in Leben und Werk Josef Breuers, Bern 1978.

17 Sigmund Freud, Psychoanalyse und Telepathie, in: ders.: Gesammelte Werke, London 1946–1955, Bd. XVII, S. 27 f.

18 Ernst Falzeder und Eva Brabant (Hrsg.): Sigmund Freud, Sándor Ferenczi, Briefwechsel, Bd. II/2: 1917–1919, Wien u. a. 1996, Brief Ferenczis an Freud vom 4. Oktober 1918, S. 170 f.

19 *Time*, 27. Oktober 1924. Einstein war erstmals am 18. Februar 1929 auf der Titelseite abgebildet. Die Zeitschrift wurde 1923 gegründet.

20 Richard Ellmann: James Joyce, Frankfurt a. M. 1994, S. 775; auch zitiert in: Friedman und Donley (wie Anm. 11), S. 103.

21 Brief von René Laforgue an Freud vom 25. Oktober 1923, in: André

Bourguignon: La correspondance entre Freud et Laforgue, *Nouvelle Revue de psychanalyse*, 15, 1977, S. 233–314.

22 Brief von Laforgue an Freud vom 8. November 1923, ebd.

23 Jones (wie Anm. 13), S. 107.

24 Ramsey Papers, Archiv des King's College, Cambridge, Brief an die Mutter vom 22. Juli 1924. Vgl. John Forrester: Freud in Cambridge, *Critical Quarterly* 46, 2004, Nr. 2, S. 1–26.

25 Jones (wie Anm. 13), S. 136; Jones zitiert ein Dokument vom 15. Mai 1925.

26 Marshal Missner: Why Einstein became famous in America, *Social Studies of Science* 15, 1985, S. 267–291, hier S. 287.

27 William Carlos Williams: The Collected Earlier Poems of William Carlos Williams, Norfolk/CT 1951, S. 379 f.; vgl. auch Friedman und Donley (wie Anm. 11), S. 195–198.

28 Freud (wie Anm. 17), Bd. XIV, S. 557.

29 Albert Cohen (1895–1981), Autor des Romans *Belle de Seigneur* (1968).

30 Ernst Falzeder und Eva Brabant (Hrsg.): Sigmund Freud, Sándor Ferenczi, Briefwechsel, Bd. III/1: 1920–1924, Wien u. a. 2003; Brief Freuds an Ferenczi vom 6. August 1924, S. 227.

31 Albert Cohen: »Déclaration«, *Revue Juive*, Nr. 1, 15. Januar 1925.

32 Staley (wie Anm. 5), S. 292.

33 Ronald W. Clark: Albert Einstein: Leben und Werk, Esslingen 1974, S. 271 f.

34 Freud (wie Anm. 17): Bd. XVII, S. 51 f.

35 Brief Freuds an Abraham vom 3. Mai 1908; zitiert nach: Yosef Hayim Yerushalmi: Freuds Moses: Endliches und unendliches Judentum, Berlin 1992, S. 67. Yerushalmis Buch ist das Erhellendste, was über die komplexe Frage von Freud und Judentum geschrieben wurde.

36 Peter Gay: Freud: Eine Biographie für unsere Zeit, Frankfurt a. M. 1989, S. 504.

37 Jones (wie Anm. 13), S. 150.

38 Unveröffentlichter Brief Freuds an Marie Bonaparte vom 10. Mai 1926, Library of Congress, Sigmund Freud Collection, Washington D. C.; vgl. auch Jones, ebd.

39 »[…] make it easier for me by conveying my deep and sincere thanks to the distinguished members of the Curatorium of the Hebrew University, and the executive of the Zionist Organisation. I have especially in mind Dr. Weizmann and Professor Einstein, who have shown me so much sympathy, to whom I am bound by so many common interests, neither of whom, to my regret, I know personally.« (Übersetzung: BE). Brief Freuds an David Eder vom 11. Mai 1926. Als Eder 1936 starb, wurde die Gründung einer psychologischen Bibliothek in der Hebrew University, Jerusalem, vorgeschlagen. Freud, Einstein, Weizmann und Jones wurden in den wissenschaftlichen Beirat berufen (*Bulletin of the International Psycho-analytical Association* 18, 1937, S. 111–112).

40 Brief Freuds an Samuel Freud, (wahrscheinlich) vom Mai 1926, zitiert nach: Ronald W. Clark: Sigmund Freud, Frankfurt a. M. 1981, S. 540.

41 Ernst Falzeder und Eva Brabant (Hrsg.): The Correspondence of Sigmund Freud and Sándor Ferenczi, Vol. 3: 1920–33, Cambridge/MA, London 2000; Brief Freuds an Ferenczi vom 2. Januar 1927, S. 292.

42 Brief Freuds an Marie Bonaparte vom 11. Januar 1927; zitiert in: Jones (wie Anm. 13), S. 160.

43 Vgl. ebd., S. 141.

44 Brief Freuds an Margit Freud vom 4. März 1927, in: Ernst L. Freud (Hrsg.): Sigmund Freud, Briefe 1873–1939, Frankfurt a. M. 1960, S. 372 f.

45 Zu dieser Folge von Briefen im Jahr 1929 siehe Ilse Grubrich-Simitis: »Kein großartigerer, reicherer, geheimnisvollerer Stoff […] als das Seelenleben«. Ein früher Briefaustausch zwischen Freud und Einstein, *Neue Rundschau* 105, Nr. 1, 1994, S. 107–118.

46 Siehe den Brief an seinen Kollegen Max Eitingon, zitiert in: Jones (wie Anm. 13), S. 186.

47 Die Themen des Briefes – Neid und seine Abkömmlinge (es waren die Jahre, in denen Freud seine Theorie vom Penisneid entwickelte), der Unterschied zwischen dem Pionier einerseits und dem letzten und größten einer langen Reihe (so scheint Freud Einstein gesehen zu haben) sowie der besondere Charakter der psychologischen Theorie, bei der sich jeder als Experte fühlt und extrem mißgünstig reagiert, wenn ein anderer vorgibt, auch etwas zu wissen – sind alle kennzeichnend für Freuds Schriften dieser Periode.

48 Gay (wie Anm. 36), S. 646; Gay zitiert einen Brief Einsteins an Freud vom 29. April 1931, Library of Congress, Freud Collection.

49 Ronald W. Clark: Einstein. The Life and Times, London 1973, S. 347.

50 Einstein-Archiv, Abrufnummer 31-435.00. © Hebrew University of Jerusalem (vom Einstein Online-Archiv zur Verfügung gestellt).

51 Grubrich-Simitis (wie Anm. 45), S. 116.

52 Albert Einstein und Sigmund Freud: Warum Krieg?, Zürich 1972, S. 19.

53 Sigmund Freud: Warum Krieg?, in: Freud (wie Anm. 17): Bd. XVI, S. 13 f.

54 Ebd., S. 16.

55 Ebd., S. 24.

56 Ebd., S. 25.

57 Mit einer Ausnahme: In seiner Schrift *Der Mann Moses und die monotheistische Religion* (GW XVI, S. 103–246) verwendet Freud den Begriff »Pazifist«, um die zivilisierte Haltung von Ikhnatons Gott Aton gegen die des kriegerischen Jahve abzugrenzen.

58 Brief Freuds an Max Eitingon vom 8. September 1932, zitiert nach: Jones (wie Anm. 13), S. 210.

59 Brief Freuds an Lampl-de Groot vom 10. Februar 1933, in: Michael Molnar (Hrsg.): Sigmund Freud, Tagebuch 1929–1939: kürzeste Chronik, Basel, Frankfurt a. M. 1996, S. 252.
60 Pais (wie Anm. 7), S. 515.
61 Brief Einsteins an Freud vom 21. April 1936, in: Jones (wie Anm. 13), S. 242 f.
62 Brief Freuds an Einstein vom 3. Mai 1936, in: Jones (wie Anm. 13), S. 243.
63 Jones (wie Anm. 13), S. 287.
64 Ebd.
65 Pais (wie Anm. 7), S. 516; Pais schreibt ihren Namen fälschlicherweise »Bachrach«.
66 *Bulletin of the International Psycho-analytical Association* 33, 1952, S. 261.
67 Chronik der Princeton University Library, Bd. 65, Nr. 1, 2004.
68 Israel Doryon: Lynkeus' New State: A Plan for the Establishment of a New Social Order on an Improved and Humane Basis, Jerusalem 1939/40, S. 7, 9.
69 Albert Einstein: Introduction, in: Henry I. Wachtel (Hrsg.): Security for All and Free Enterprise: A Summary of the Social Philosoph of Joseph Popper-Lynkeus, New York 1955, S. vii.
70 Freud (wie Anm. 57), S. 133.
71 Yitzhak Navon: On Einstein and the Presidency of Israel, in: Holton und Elkana (wie Anm. 3), S. 293–296, hier S. 294.
72 Pais (wie Anm. 7), S. 319.
73 Zitiert in: Banesh Hoffman mit Helen Dukas: Albert Einstein: Schöpfer und Rebell, Stuttgart 1976, S. 31, und in: Erikson (wie Anm. 3), S. 156.
74 »If Einstein is number one, then who is number two? Some might nominate Sigmund Freud, although others would hotly contest his status as a scientist. Even if we leave Freud in contention, who are number three and four? We do not lack for eminent names – Bohr, Crick, Hawking, Marie Curie, Florey, Rutherford – but there is no general recognition at all. Why is this so?« (*New Scientist* 134, 23. Mai 1992, S. 1)

Wolfgang Kemp: Verehrte An- und Abwesende, liebe Nachwelt

1 Aldo van Eyck: Kaleidoscope of the Mind, 1968, zitiert nach: Architectuur en planning. Nederland 1940–1980, Rotterdam 1983, S. 152.
2 Zitiert nach Albert Einstein: Verehrte An- und Abwesende! Originaltonaufnahmen 1921–1951, 2 CDs, Supposé Verlag 2003.
3 Siegfried Grundmann: Einsteins Akte, Berlin-Heidelberg 1998, S. 339. Zu Einsteins zahlreichen Verpflichtungen und außerwissenschaftlichen Aktivitäten findet man viel Material in Grundmanns Studie, die allerdings

versäumt, auf die Internationalität dieses Phänomens hinzuweisen. Das gleiche gilt für Abraham Pais: Einstein Lived Here, Oxford/New York 1994. Eine quellenreiche Darstellung von Einsteins pazifistischem Wirken ist Otto Nathan und Heinz Norden (Hrsg.): Einstein On Peace, New York 1960.

4 Carl Seelig: Albert Einstein, Zürich 1960, S. 159.

5 Albert Einstein: Briefe an Solovine, Berlin 1960, S. 51.

6 Robert Musil: Der Dichter am Apparat (1921), in: ders: Essays, Reden, Kritiken, hrsg. v. Anne Gabrisch, Berlin 1984, S. 187.

7 Hans Freyer: Philosophie der Technik, *Blätter für deutsche Philosophie* 3, 1929/30, S. 201.

8 Die Formulierung findet sich in der instruktiven Darstellung der Freyerschen Technikphilosophie von Rolf Peter Sieferle: Die Konservative Revolution: Fünf biographische Skizzen, Frankfurt a. M. 1995, S. 179.

9 Walter Benjamin: Theater und Rundfunk, in: ders.: Gesammelte Schriften II, Frankfurt a. M. 1977, S. 774.

10 Heide Riedel: 70 Jahre Funkausstellung: Politik, Wirtschaft, Programm, Berlin 1994, S. 36.

11 Krishna Dutta und Andrew Robinson: Rabindranath Tagore. The Myriad-Minded Man, New York 1995, S. 222.

12 Robert Musil: Geschwindigkeit ist eine Hexerei (1927), in: Musil (wie Anm. 6), S. 453.

13 Oswald Spengler: Der Untergang des Abendlandes, München 1972, Bd. 1, S. 499.

14 Peter Galison: Einstein's Clocks: The Place of Time, *Critical Inquiry* 26, 2000, S. 377.

15 Albrecht Fölsing: Albert Einstein: Eine Biographie, Frankfurt a. M. 1993, S. 179.

16 Winfried Kretschmer: Geschichte der Weltausstellungen, Frankfurt a. M./New York 1999, S. 207.

17 Vladimir Nabokov: Ada oder Das Verlangen, Reinbek 1983, S. 508 f.

18 Henri Bergson: Essai sur les données immédiates de la conscience, Paris 1985, S. 170.

19 Nabokov (wie Anm. 17), S. 521.

20 Nabokov (wie Anm. 17), S. 524.

21 Anon.: A Message to the Future, in: Amazing Stories 13, 1, Januar 1939, zitiert nach: The Pulp Zone: http://www.pulpzone.com/. Zu den Zeitkapseln s. jetzt William E. Jarvis: Time Capsules: A Cultural History, Jefferson-London 2003.

22 Albert Einstein Archives: Dokument 28-488.00 vom 1. 1. 1939.

23 Albert Einstein: The Human Side. New Glimpses from His Archives, hrsg. v. Helen Dukas und Banesh Hoffmann, Princeton 1979, S. 105.

Harry Walter: Einstein als Marionette

1 Einstein an James Franck, zitiert in: Carl Seelig: Albert Einstein und die Schweiz, Zürich 1952, S. 72.
2 Vgl. Peter Sloterdijk: Sphären III. Schäume, Frankfurt a. M. 2004, Kapitel 3: Auftrieb und Verwöhnung. Hier auch: »Die Verteidigung der Kindheit ist das Wesen der Kultur – vorausgesetzt, es kommt zugleich zur Verteidigung der Kultur gegen die Übergriffe des Infantilen«, S. 757.
3 Arthur Schopenhauer: Die Welt als Wille und Vorstellung, Drittes Buch, Kapitel 31 »Vom Genie«, Sämtliche Werke, Band 2, Frankfurt a. M. 1986, S. 510.
4 Ebd., S. 510.
5 Ebd., S. 501.
6 Ebd., S. 498.
7 Albert Einstein: Gemeinschaft und Persönlichkeit, in: Albert Einstein: Mein Weltbild, hrsg. v. Carl Seelig, West-Berlin, 1968, S. 11 ff.
8 Vgl. hierzu die Beiträge von Anke te Heesen und Carsten Könnecker in diesem Band.
9 Albert Einstein: Wie ich die Welt sehe, in: Einstein (wie Anm. 7).
10 In Wirklichkeit waren die Deutschen weiter als angenommen davon entfernt, eine Atombombe zu bauen. Siehe dazu Mark Walker, Die Uranmaschine. Mythos und Wirklichkeit der deutschen Atombombe, Berlin 1990.
11 George F. Kennan: In memoriam Robert Oppenheimer, Princeton 1970, in: Johannes Wickert: Einstein, Reinbek 1972, S. 117.
12 Vgl. Armin Hermann: Wie die Wissenschaft ihre Unschuld verlor. Macht und Mißbrauch der Forscher, Stuttgart 1982, S. 199.
13 Heinrich von Kleist: Sämtliche Werke und Briefe, München 1970, Bd. 2, S. 345.
14 Henri Bergson: Das Lachen. Ein Essay über die Bedeutung des Komischen, Darmstadt 1988, S. 22 f.

Horst Bredekamp: »4 Stunden Fahrt, 4 Stunden Rede«

1 Aby Warburg: Tagebuch der Kulturwissenschaftlichen Bibliothek Warburg, hrsg. v. Karen Michels und Charlotte Schoell-Glass, Berlin 2001, S. 338.
2 The Warburg Institute, London, Warburg Institute Archive, General Correspondence, A. Warburg an A. Einstein, 03/09/1928. Vgl. Horst Bredekamp: Words, Images, Ellipses, in: Irving Lavin (Hrsg.): Meaning in the Visual Arts: Views from the Outside. A Centennial Commemoration of Erwin Panofsky (1892–1968), Princeton 1995, S. 363–371, hier S. 366 f., sowie Horst Bredekamp: Claude Lévi-Strauss und Erwin Panofsky.

Wort-, Bild- und Ellipsenfragen, in: *kritische berichte* 2 (1974), S. 5–15, hier S. 9f.

3 Aby Warburg: Der Bilderatlas MNEMOSYNE, hg. v. Martin Warnke unter Mitarbeit von Claudia Brink, Berlin 2000; hierzu zuletzt: Dorothea McEwan: »Wanderstraßen der Kulturen«. Die Aby Warburg – Fritz Saxl Korrespondenz 1920 bis 1929, München/Hamburg 2004, S. 110–112.

4 Italienische Kunst und internationale Astrologie im Palazzo Schifanoja zu Ferrara, in: Aby Warburg: Die Erneuerung der heidnischen Antike. Kulturwissenschaftliche Beiträge zur Geschichte der europäischen Literatur, hg. v. Horst Bredekamp und Michael Diers, 2 Bde., Berlin 1998, Bd. 2, S. 459–481.

5 Ebd., S. 491.

6 Ebd., S. 534.

7 Horst Bredekamp: Die Fenster der Monade. Gottfried Wilhelm Leibniz' Theater der Natur und Kunst, Berlin 2004, S. 78f.

8 »Antwort von Einstein war heute eingetroffen. Villa Michahelles in Scharbeutz« (Warburg (wie Anm. 1), S. 339). Möglicherweise war dieses schnelle Reagieren auch darin begründet, daß Warburg bereits zuvor Versuche gemacht hatte, Einstein zu treffen; hierauf könnte jedenfalls der Eingang von Warburgs Bericht an seinen Bruder Max vom 5. September, also einen Tag nach dem Besuch, deuten: »Gestern habe ich also den Besuch bei Einstein doch ausführen können.« (The Warburg Institute, London, Warburg Institute Archive, General Correspondence, A. Warburg an Max Warburg, 05/09/1928, S. 1) Vermutlich hat Einstein Warburg bereits vom Hörensagen gekannt. Als Vermittler kommt in erster Linie der im Jahre 1863 geborene Kunsthistoriker Adolph Goldschmidt in Betracht, der wie Warburg einer Hamburger Bankiersfamilie entstammte. Goldschmidt war Heinrich Wölfflin im Jahre 1912 auf den kunsthistorischen Lehrstuhl der Berliner Universität gefolgt, um zwei Jahre später gemeinsam mit Einstein in die Preußische Akademie der Wissenschaften berufen zu werden (Kurt Weitzmann: Adolph Goldschmidt und die Berliner Kunstgeschichte, Berlin 1985, und Kathryn Brush: The Shaping of Art History. Wilhelm Vöge, Adolph Goldschmidt, and the Study of Medieval Art, Cambridge 1996, S. 92ff.). Mit seinem zurückhaltenden Auftreten wie ein Gegenbild zum Typus des Ordinarius wirkend (Erwin Panofsky: Goldschmidts Humor, in: Carl Georg Heise (Hrsg.): Adolph Goldschmidt zum Gedächtnis. 1863–1944, Hamburg 1963, S. 25–32, hier S. 30), hat er in seiner unprofessoralen Art vermutlich auch Einstein angezogen (Adolf Goldschmidt: 1863–1944 Lebenserinnerungen, hg. v. Marie Roosen-Runge-Mollow, Berlin 1989, S. 309). »Einsteins Ausstoßung aus der Akademie«, wie Goldschmidt den erzwungenen Austritt charakterisierte, gehörte zu seinen schmerzlichsten Erfahrungen (Goldschmidt 1989, S. 355). Zu den stärksten Eindrücken von Goldschmidts Amerika-Reisen zählte die Begegnung mit den Pueblo Indianern Neu Mexikos, für die fraglos Aby Warburgs Untersuchung des

Schlangenrituals der Hopi Pate gestanden hat (Goldschmidt 1989, S. 319f.; Aby Warburg: Schlangenritual. Ein Reisebericht [mit einem Nachwort von Ulrich Raulff], Berlin 1988). Da er mit dessen Neffen Eric eng befreundet war (Goldschmidt 1989, S. 370f.), verstärkt sich der Eindruck, daß Einstein über Goldschmidt in bezug auf Warburg positiv eingestimmt war.

9 Warburg (wie Anm. 1), S. 339.

10 Zur Problematik dieser Formel: Bredekamp (wie Anm. 7), S. 17ff.

11 Charlotte Schoell-Glass: Aby Warburg's late Comments on Symbol and Ritual, in: *Science in Context* 12 (1999), S. 621–642.

12 Warburg (wie Anm. 4), Bd. 2, S. 534.

13 Aby Warburg: Sandro Botticellis »Geburt der Venus« und »Frühling«, in: Warburg (wie Anm. 4), Bd. 1, S. 1–58.

14 The Warburg Institute, London, Warburg Institute Archive, General Correspondence, A. Warburg an Max Warburg, 05/09/1928, S. 1.

15 Ebd, S. 1f.

16 Warburg (wie Anm. 1), S. 339. Dies war nur ein wenig übertrieben. Im Brief an seinen Bruder des folgenden Tages teilte Warburg mit, daß ihm »weder die 4 Stunden Fahrt noch dreieinhalb Stunden Sprechzeit (unterbrochen durch Mittagessen und etwas Schlaf im Hotel) was ausgemacht haben« (wie Anm. 14, S. 2f.).

17 Warburg (wie Anm. 1), S. 339.

18 Wie Anm. 14, S. 2.

19 Ebd.

20 Warburg (wie Anm. 1), S. 339.

21 Ebd., S. 334. Zu dem Plan der astrologiegeschichtlichen Ausstellung im ehemaligen Wasserturm: McEwan (wie Anm. 3), S. 77–79.

22 Warburg (wie Anm. 3), S. 13.

23 Aus dem unpublizierten Aufsatz über Franz Boll, in: Aby Warburg: Mnemosyne-Atlas, Begleittexte zur Ausstellung *Aby Warburg – Mnemosyne* (Red.: Werner Rappl, Gudrun Swoboda, Wolfram Pichler, Marianne Koos), Akademie der bildenden Künste, Wien 1993, Nr. C, S. 4.

24 Martin Jesinghausen-Lauster: Die Suche nach der symbolischen Form. Der Kreis um die Kulturwissenschaftliche Bibliothek Warburg, Baden-Baden 1985, S. 216. Vgl. Tilmann von Stockhausen: Die Kulturwissenschaftliche Bibliothek Warburg. Architektur, Einrichtung und Organisation, Hamburg 1992, S. 37ff.

25 Brief an seine Brüder vom 31.12.1925, zit. nach Stockhausen (wie Anm. 24), S. 38.

26 Thomas Da Costa Kaufmann: Arcimboldi's Imperial Allegories, in: *Zeitschrift für Kunstgeschichte* 39 (1976), S. 275–96.

27 Aby Warburg an Fritz Saxl, 5.9.1928, in: The Warburg Institute, London, Warburg Institute Archive, General Correspondence.

28 Albert Einstein Archives, Jewish National & University Library, Hebrew University of Jerusalem, A. Einstein an A. Warburg, 10/09/1928.

29 Warburg (wie Anm. 1), S. 342.
30 Ebd., S. 342. Zum Energie- und Kraftbegriff bei Warburg: Ulrich Raulff: Wilde Energien. Vier Versuche zu Aby Warburg, Göttingen 2003, S. 136ff.
31 Unveröffentlicht; hier zit. nach Warburg (wie Anm. 23), Nr. C, S. 3.
32 The Warburg Institute, London, Warburg Institute Archive, General Correspondence, A. Warburg an M. Warburg, 26.9.1928.
33 Frances A. Yates: Giordano Bruno and the Hermetic Tradition, London 1964; Betty J. T. Dobbs: Alchemische Kosmogenie und arianische Theologie bei Isaac Newton, in: Chistoph Meinel (Hrsg.): Die Alchemie in der europäischen Kultur- und Wissenschaftsgeschichte, Wiesbaden 1986, S. 137–150.
34 Albert Einstein: Dialog über die beiden hauptsächlichsten Weltsysteme. Das Ptolemäische und das Kopernikanische, hg. v. Roman Sexl und Karl von Meyenn, Darmstadt 1982, S. XI, nach: Albert Einstein: Galileo Galilei, in: Galileo Galilei, Dialogue Concerning the Two Chief World Systems [Übers.: Stillman Drake], Berkeley 1953, S. XVI.
35 Erwin Panofsky: Korrespondenz 1910 bis 1936, hrsg. v. Dieter Wuttke, Wiesbaden 2001, S. 805.
36 Dr. Panofsky and Mr. Tarkington: An Exchange of Letters, hg. v. Richard M. Ludwig, Princeton/NJ 1974, S. 115f.
37 Erwin Panofsky: Galilei as a Critic of the Arts, Den Haag 1954, S. 24, Anm. 3.
38 Alexandre Koyré: Attitudes esthétiques et pensée scientique, in: *Critique* 100–101 (1955), S. 835–847; Alexandre Koyré: Die Anfänge der neuzeitlichen Wissenschaft, Berlin 1988, S. 70–83; gemeinsam mit Panofskys Text wiederabgedruckt in Erwin Panofsky: Galilée Critique d'Art, hg. u. übers. V. Nathalie Heinich, Leuven 1993, S. 81–97.
39 I. Bernard Cohen: An Interview with Einstein, in: *Scientific American* 93, Juli 1955, S. 69–73, S. 69; vgl. Albrecht Fölsing: Albert Einstein. Eine Biographie, Frankfurt a.M. 1993, S. 243.
40 Erwin Panofsky: Galilei as a Critic of the Arts, in: *Isis* 47 (1965), S. 3–15.
41 Sie haben in einzelnen Fällen in bezug auf die Integration emigrierter jüdischer Wissenschaftler korrespondiert (Erwin Panofsky: Korrespondenz 1937 bis 1949, hg. v. Dieter Wuttke, Wiesbaden 2003, Nr. 703 S. 112f.), vor allem aber in der 1936/37 gegründeten Princetoner Hilfsorganisation zur Unterstützung emigrierter Juden und, nach dem Krieg, der Holocaust-Überlebenden gemeinsam mitgewirkt. Im Jahre 1947 wurde Panofsky zum Vorsitzenden dieser sich nun »Princeton United Jewish Appeal« nennenden Organisation, der Einstein als Ehrenvorsitzender vorstand (ebd., Nr. 1156, S. 832f.). Eine besondere Beziehung zwischen ihnen belegt auch der Umstand, daß anläßlich des siebzigsten Geburtstages von Einstein kein Naturwissenschaftler, sondern Panofsky gebeten wurde, den Zeremonienmeister zu spielen und das Geschenk, eine HiFi-Radioanlage, zu überreichen, de-

ren Übergabe den Musik-Liebhaber Einstein »fast zu Tränen rührte« (ebd., Nr. 1294, S. 1050f.).

Philip Ursprung: Unendliche Oberfläche

1 Ich danke für ihre Hinweise und kritischen Kommentare Bernadette Fülscher, Michael Hagner, Dirk Hebel und Christoph Kohler. Vgl. Klaus Hentschel: Der Einstein-Turm. Erwin F. Freundlich und die Relativitätstheorie – Ansätze zu einer ›dichten Beschreibung‹ von institutionellen, biographischen und theoriegeschichtlichen Aspekten, Heidelberg 1992.

2 Vgl. Bill Chaitkin: Einstein and architecture, in: Maurice Goldsmith, Alan Mackay, James Woudhuysen (Hrsg.): Einstein: the first hundred years, Oxford 1980, S. 131–144, hier S. 139.

3 Vgl. ebd., S. 137.

4 Wolf von Eckhardt: Erich Mendelsohn, übers. von Hans Baessler, Ravensburg 1962, S. 9. (Zuerst New York 1960)

5 Im Rahmen der Kunstgeschichte sind diese Zusammenhänge differenzierter untersucht worden als in der Architekturgeschichte. Vgl. Linda Dalrymple Henderson, The Fourth Dimension and Non-Euclidean Geometry in Modern Art, Princeton 1983.

6 Albert Einstein, Brief an Erich Mendelsohn vom 13. November 1941, zitiert nach von Eckhardt, (wie Anm. 4), S. 14.

7 Michael Grüning, Der Architekt Konrad Wachsmann, Erinnerungen und Selbstauskünfte, Berlin (Ost) 1986, S. 402–403.

8 »Personen-Kultus ist in meinen Augen stets etwas Unberechtigtes. […] Dies ist nun gerade mein Schicksal geworden, und es besteht ein grotesker Gegensatz zwischen dem, was mir die Menschen an Fähigkeit und Leistung zuschreiben, und dem, was ich wirklich bin und vermag.« Albert Einstein: »Meine ersten Eindrücke von Nordamerika«, in: ders.: Mein Weltbild, hrsg. v. Carl Seelig, Frankfurt a.M. 1955, S. 49–53, hier S. 49.

9 Dymaxion ist ein Neologismus, der anläßlich der ersten Ausstellung des Dymaxion-Hauses 1929 in der Harvard Society for Contemporary Art geprägt wurde. Es enthält unter anderem die Begriffe »dynamic« und »maximum«.

10 R. Buckminster Fuller: Cosmography. A posthumous scenario for the future of humanity, New York 1992, S. 78.

11 »This book presents my individual efforts to escape from the clutches of the Dark Ages, but in a larger sense it shows the beginnings of our species' epochal rebirth, what I call the dawn of Einstein's Universe.« (Ebd., S. 2)

12 Ebd., S. 78.

13 Ebd., S. 79.

14 R. Buckminster Fuller: »Brief an Albert Einstein, 17.1.1948«, abgedruckt in: Joachim Krausse, Claude Lichteinstein (Hrsg.): Your Private Sky. R. Buckminster Fuller. Design als Kunst einer Wissenschaft, Baden 2001, S. 184–187, hier: S. 184.

15 Fuller (wie Anm. 10), S. 87.

16 Ebd., S. 88.

17 Ebd., S. 81.

18 Vgl. Krausse, Lichtenstein (wie Anm. 14).

19 Richard Buckminster Fuller: Nine Chains to the Moon, London 1938, S. 42.

20 Krausse, Lichtenstein (wie Anm. 14), S. 111.

21 Ebd., S. 14.

22 Vgl. Diller + Scofidio: Blur. The making of nothing, New York 2002, insbesondere S. 85.

23 Vgl. Anthony Vidler: The architectural uncanny: Essays in the modern unhomely, Cambridge/MA 1992 (dt. Unheimlich. Über das Unbehagen in der modernen Architektur, Hamburg 2002).

24 Vgl. Ilka und Andreas Ruby, Philip Ursprung: Images. A picture book of architecture, München 2004.

Michaela Krützen: Einstein on the Screen

1 www.boxofficemojo.com/alltime/adjusted.htm; www.the-numbers.com/movies/records/#inflation_adjusted; www.filmsite.org/boxoffice.html (Abrufdatum 1. 9. 2004).

2 Bob Gale und Robert Zemeckis: Back to the Future:. Unveröffentlichtes Drehbuch (first draft 24. 2. 1981).

3 Vgl. das Interview mit Robert Zemeckis und Bob Gale auf der DVD zu *Back to the Future*.

4 Albrecht Fölsing: Albert Einstein,. Frankfurt a. M. 1994, S. 10.

5 Ebd., S. 9; vgl. Roland Barthes: Mythen des Alltags, Frankfurt a. M. 1964, S. 24–27.

6 Armin Hermann: Einstein: Eine Biographie, München 2004, S. 251.

7 Die Familie sei zu Beginn des Jahrhunderts eingewandert und habe ursprünglich »von Braun« geheißen, erklärt der Doc im dritten Teil der Trilogie.

8 Claude Lévi-Strauss: Das wilde Denken, Frankfurt a. M. 1973, S. 29.

9 Wie Anm. 3.

10 Vgl. Gale/ Zemeckis (wie Anm. 2).

11 Ausgeschlossen sind ausdrücklich Fernsehspiele wie zum Beispiel *Die Physiker* (1964) oder Mehrteiler wie *Race for the Bomb* (1986).

12 www.yahooserious.com (Abrufdatum 1. 9. 2004).

13 Wie Anm. 12.

14 Fölsing (wie Anm. 4), S. 263.

15 Fölsing (wie Anm. 4), S. 809; auch Hermann (wie Anm. 6), S. 267–469; Thomas Bührke: Albert Einstein, München 2004.
16 Vgl. Michaela Krützen: weissBLOND: Das Haar, der Star, in: Wolfgang Ullrich und Sabine Schirdewahn (Hrsg.): Weiß, Frankfurt a.M. 2003, S. 103–144.
17 Vgl. Richard Dyer: Heavenly Bodies: Film Stars and Society, London 1987. Vgl. dazu auch den Beitrag von Barbara Orland in diesem Band.
18 David Edgar: Two Kinds of Angels, Bradford 1971.
19 Dorothea Kühl-Martini: Marilyn an Papst Johannes, Düsseldorf 1997; Wendy Leigh und Anette Wetzel: Jackie & Marilyn, München 2004.
20 Joseph Campbell: Der Heros in tausend Gestalten. Frankfurt a.M. 1978, S. 366.
21 Joe Hembus: Marilyn Monroe: Die Frau des Jahrhunderts, München 1976, S. 11.
22 Vgl. Michaela Krützen: Dramaturgie des Films: Wie Hollywood erzählt, Frankfurt a.M. 2004.
23 Siegfried Kracauer: Theorie des Films: Die Errettung der äußeren Wirklichkeit, Frankfurt a.M. 1985, S. 143.
24 Roslynn D. Haynes: From Faust to Strangelove. Representations of the Scientist in Western Literature, Baltimore 1994.
25 Roslynn D. Haynes: Von der Alchemie zur künstlichen Intelligenz: Wissenschaftlerklischees in der westlichen Literatur, in: Stefan Iglhaut und Thomas Spring (Hrsg.): Science and Fiction: Zwischen Nanowelt und globaler Kultur, Berlin 2003, S. 192.
26 Peter Weingart: Von Menschenzüchtern, Weltbeherrschern und skrupellosen Genies – Das Bild der Wissenschaft im Spielfilm, in: Stefan Iglhaut und Thomas Spring (wie Anm. 25), S. 227.
27 Andrew Tudor: Monsters and Mad Scientists: A Cultural History of the Horror Movie, Oxford 1989.
28 Melvin Berger: Mad Scientists in Fact and Fiction, New York/London; u.a. 1980.
29 David J. Skal: Screams of Reason: Mad Science and Modern Culture, New York; London 1998, S. 18.
30 Ebd., S. 319–333.
31 www.imdb.com (Abrufdatum 1.9.2004).
32 Georg Seeßlen: Mad Scientist, *Gegenworte* 3, 1999, S. 44–48, hier S. 44.
33 Tudor (wie Anm. 27), S. 154.
34 www.fast-rewind.com (Abrufdatum 1.9.2004).
35 Skal (wie Anm. 29), S. 17.
36 Dank an Bettina Trapp und Judith Früh, Margit Werb und Margit Hausen sowie an Mareike Lueg und Michael Wolf.

Barbara Orland: Einstein trifft Monroe

1 In verschiedensten Sprachen zirkuliert dieses Bonmot durch das Internet. Zurückgeführt wird es auf George Bernard Shaw, der es in Verbindung mit Isidora Duncan erfunden haben soll. Ich möchte mich bei Angela Matyssek und Michael Hagner für hilfreiche Kommentare bedanken.

2 Von den vielen existierenden Biographien über Marilyn Monroe waren mir hilfreich: Ruth-Esther Geiger: Marilyn Monroe, Reinbek 1995; Donald Spoto: Marilyn Monroe:. The Biography, London 1993; Christa Maerker: Marilyn Monroe und Arthur Miller, Reinbek 2002.

3 Vgl. Richard Dyer: Heavenly Bodies: Film Stars and Society, New York 1987. Zum Star-Kult allgemein: Wolfgang Ullrich/Sabine Schirdewahn (Hrsg.): Stars:. Annäherungen an ein Phänomen, Frankfurt a. M. 2002; Elisabeth Bronfen/Barbara Straumann (Hrsg.): Die Diva: eine Geschichte der Bewunderung, München 2002; Joshua Gamson:, Joshua. Claims to Fame: Celebrity in Contemporary America, Berkeley 1994; P. David Marshall:. Celebrity and Power: Fame in Contemporary Culture, Minneapolis 1997.

4 Zur Produktion von Berühmtheit in den Wissenschaften, vgl. Clark Elliot/Pnina Abir-Am (Hrsg.): Commemorative Practices in Science: Historical Perspectives on the Politics of Collective Memory, Chicago 2000; Marcel C. LaFollette: Making Science Our Own. Public Images of Science, 1910–1955, Chicago 1990.

5 Paul Rudnick: Marilyn Monroe, in: *Time* vom 14. Juni 1999. Vgl. auch: http://www.time.com/time/time100/heroes/profile/monroe01.html

6 »Die historische Gleichung $E = mc^2$ erfüllt durch ihre unerwartete Einfachheit fast die reine Idee des Schlüssels, nackt, handlich, aus einem einzigen Metall, mit einer ganz und gar magischen Leichtigkeit eine Tür öffnend, an der man sich seit Jahrhunderten stiess.« So beschrieb Roland Barthes den mythischen Charakter der Einsteinschen Formel. Roland Barthes: Mythen des Alltags, Frankfurt a. M. 1964, S. 25.

7 Tony Thomas: Vorwort zu Adela Gregory und Milo Speriglio: Der Fall Marilyn Monroe, München 1996, S. 11.

8 Barthes (wie Anm. 6), S. 85.

9 Zufälligerweise befinden sich beide Urteile auf derselben Website: http://www.time.com/time/time100/heroes/profile/monroe01.html (Abrufdatum 3.9.2004)

10 Zum Wiener Maler Werner Horvath siehe seine Website: http://members.surfeu.at/horvath/constr1.htm (Abrufdatum 30.10.2004)

11 Das Gespräch mit dem in München lebenden Künstler fand telefonisch am 24. August 2004 statt.

12 Vgl. zum Film »Insignificance« auch den Beitrag von Michaela Krützen in diesem Band.

13 Zum Mythos der Blondine vgl. Michaela Krützen: WeißBLOND. Das

Haar, der Star, in: Wolfgang Ullrich/Juliane Vogel (Hrsg.): Weiß, Frankfurt a.M. 2003, S. 103–143.

14 Die Inszenierung des Körpers der Marilyn Monroe im amerikanischen Film wird kritisch reflektiert in: Wendy Lesser: The Disembodied Body of Marilyn Monroe, in: dies.: His Other Half: Men looking at Women through Art, Cambridge Ma./London 1991, S. 193–224. Allgemein dazu: S. Paige Baty: American Monroe: The Making of a Body Politic, Berkeley/ Los Angeles/London 1995.

15 Der Text des Stückes ist in folgendem Buch abgedruckt: Terry Johnson: Plays 1. Insignificance, Unsuitable for Adults, Cries from the Mammal House, London 1993, S. 1–62.

16 Vgl. www.design.fh-potsdam.de/fb4/projects/dufke/projekte/2004ws/mb08/media_hl/hot_04Okt.pdf (Abrufdatum 16.10.2004)

17 http://www.theaterportal.org/detail_stueck?pident=3793 (Abrufdatum 16.10.2004)

18 Rob Ritchie: Introduction, in: Johnson (wie Anm. 15), S. IX-XII.

19 Vgl. den Beitrag von Michaela Krützen in diesem Band.

20 Vgl. Michael White/John Gribbin: Stephen Hawking: Die Biographie, Reinbek 1995.

21 Thomas Mann beispielsweise verbindet in seiner 1940 entstandenen Novelle »Die vertauschten Köpfe« Schönheit mit Einfalt und Geist mit körperlicher Unattraktivität. Vgl. Thomas Mann: Die vertauschten Köpfe, Frankfurt a.M. 1993.

22 Vgl. für die Bundesrepublik: Michael Wildt: Am Beginn der »Konsumgesellschaft«: Mangelerfahrung, Lebenshaltung, Wohlstandshoffnung in Westdeutschland in den fünfziger Jahren, Hamburg 1994; Axel Schildt, Arnold Sywottek (Hrsg.): Modernisierung im Wiederaufbau: Die westdeutsche Gesellschaft der 50er Jahre, Bonn 1998; Axel Schildt: Moderne Zeiten: Freizeit, Massenmedien und »Zeitgeist« in der Bundesrepublik der 50er Jahre, Hamburg 1995; Werner Faulstich (Hrsg.): Die Kultur der 60er Jahre, München 2003.

23 Vgl. als Überblick und Einstieg das Schwerpunktheft »Populäres Wissen« der Zeitschrift *Werkstatt Geschichte* 23 (1999).

24 Vgl. Matthias Jung: Öffentlichkeit und Sprachwandel: Zur Geschichte des Diskurses über die Atomenergie, Opladen 1994.

25 Vgl. Lee Harrington/Denise D. Bielby (Hrsg.): Populare Culture:. Production and Consumption, Malden/Oxford 2001; Udo Göttlich, (Hrsg.): Politik des Vergnügens: zur Diskussion der Populärkultur in den Cultural Studies, Köln 2000; Peter Kemper: Alles so schön bunt hier: Die Geschichte der Popkultur von den Fünfzigern bis heute, Leipzig 2002; Christin J. Mamiya: Pop Art and Consumer Culture: American Super Market, Austin, Texas 1992.

26 Vgl. Tilman Osterwold: Pop-Art, Köln 2003; Thomas Crow: Die Kunst der 60er Jahre: von der Pop-Art zu Yves Klein und Joseph Beuys, Köln 1997.

27 Eine eingehende Diskussion der Popikone Marilyn Monroe findet sich in S. Paige Baty (wie Anm. 14), S. 57ff. Eine vergleichbare Studie zu Albert Einstein steht noch aus.

28 Vgl. Andy Warhol: Die Philosophie des Andy Warhol von A bis B und zurück, München 1991.

29 So attestieren die Biographen ihr zwar eine »sehr eigene Ausstrahlung«, beschreiben andererseits aber ausführlich, welcher Aufwand betrieben wurde, die als »gehemmt und verkrampft« erlebte Frau zum Starlet zu formen. Vgl. Geiger (wie Anm. 2), S. 34. Zur Arbeit des Blondierens vgl. Krützen (wie Anm. 13).

30 Vgl. Joshua Gamson: The Assembly Line of Greatness: Celebrity in Twentieth Century America, in: Harrington/Bielby (wie Anm. 25), S. 270.

31 Helen Dukas, die immerhin von 1928 bis zum Tode Einsteins diese Rolle ausfüllte, wurde denn auch zum Nachlaßverwalter bestimmt. Vgl. Albrecht Fölsing: Albert Einstein: Biographie, Frankfurt a. M. 1999 (Original 1993), S. 826.

32 Einsteins bereits in den 1920er Jahren äußerst kritisches Verhältnis zu Reportern ist dokumentiert in: Michel Janssen u. a. (Hrsg.): Collected Papers of Albert Einstein, Vol. 7, The Berlin Years:, Writings, 1918–1921, Princeton 2002, S. 442–444.

33 Vgl. Ze'ev Rosenkranz: Albert Einstein – privat und ganz persönlich, Zürich 2004, S. 216.

34 Einige Werbeplakate mit Einstein sind abgedruckt in: Rosenkranz (wie Anm. 33), S. 218–221.

35 Vgl. John M. Glionna: The Late, Great (and Profitable), in: *The Los Angeles Times* vom 6. Oktober 1997, S. B–1.

36 Vgl. http://www.albert-einstein.net/styleguide-readonly/brand.html

37 Vgl. http://markroesler.com/press/viewheadline.php?id=2642 (Abrufdatum 24. 8. 2004)

38 Einen Einblick in diese Marketingstrategie bietet Fabian Hieronimus: Persönlichkeitsorientiertes Markenmanagement: Eine empirische Untersuchung zur Messung, Wahrnehmung und Wirkung der Markenpersönlichkeit, Frankfurt a. M. 2003.

39 Harald S. Fanderl u. a.: Der Charakter der Marke: Messung der Markenpersönlichkeit: Das »Brand Personality Gameboard« Teil 1, in: *Markenartikel-Zeitschrift für Markenführung* 3 (2003), als Download auf http://www.mckinsey.de/kompetenz/cig/expertise/art_uebergreifend.html (Abrufdatum 5. 9. 2004)

40 Persönliche Auskunft von Quint Buchholz, 24. August 2004.

41 Selbst das Zweite Deutsche Fernsehen kolportierte im Rahmen seiner Telesuche nach dem besten Deutschen im Jahre 2003 die Behauptung, daß Marilyn Monroe »total verknallt« in Albert Einstein gewesen sein soll. Vgl. www.zdf.de/ZDFde/inhalt/15/0,1872,2080847,00.html (Abrufdatum 16. 10. 2004)

42 Vgl. Gregory/ Speriglio (wie Anm. 7), S. 34.
43 Zu Einsteins Verhältnis zu Frauen vgl. insbesondere Roger Highfield und Paul Carter: The private Lives of Albert Einstein, London 1993; Denis Brian: Einstein: A Life, New York et al. 1996.
44 Evelyn ist Jahrgang 1941, sie hätte durchaus selbst auf den Gedanken kommen können, daß zu diesem Zeitpunkt Marilyn Monroe noch Norma Jean hieß, 15 Jahre alt und weit davon entfernt war, ein weltberühmter Superstar zu sein. Vgl. Carolyn Abraham: Possessing Genius. The bizarre Odyssey of Einstein's Brain, New York 2001, S. 227.
45 Vgl. Bronfen/Straumann (wie Anm. 3).
46 Vgl. Roger Rosenblatt: The Age of Einstein, in: *Time* vom 3. Januar 2000. http://www.time.com/time/time100/poc/magazine/the_age_of_einstein8a.html (Abrufdaten 24. 8. 2004)
47 Vgl. Krützen (wie Anm. 13).
48 Zit. in Rosenkranz (wie Anm. 33), S. 212.
49 Zit. in Geiger (wie Anm. 2), S. 126.
50 afkac.org/afu/awards/jason/afu_awards_apr_96.html (Abrufdatum 24. 8. 2004)

Michael Hagner: AEG

1 Peter Galison: Einsteins Uhren, Poincarés Karten. Die Arbeit an der Ordnung der Zeit, Frankfurt a. M. 2003.
2 Es versteht sich, daß auch der vorliegende Beitrag von diesem Mechanismus nicht ausgeschlossen ist.
3 Roland Barthes: Mythen des Alltags, Frankfurt a. M. 1964, S. 24.
4 Marianne Raschig: Hände führender Wissenschaftler, in: *Die Umschau* 35 (1931), Heft 2, S. 32–36, Zitate S. 32, 36.
5 Bertolt Brecht: Arbeitsjournal, Bd. 2: 1942–1955, Frankfurt a. M. 1974, S. 473.
6 Anonym: Geniuses Aid Tests of Brain Processes, in: *The New York Times*, 24. Februar 1951, S. 9.
7 Zu Details siehe Michael Hagner: Im Pantheon der Gehirne. Die Elitegehirnforschung von Oskar und Cécile Vogt, in: Hans-Walter Schmuhl (Hrsg.): Rassenforschung an Kaiser-Wilhelm-Instituten vor und nach 1933, Göttingen 2003, S. 99–145.
8 Siehe Carolyn Abraham: Possessing Genius. The Bizarre Odyssey of Einstein's Brain, New York 2002, S. 69–95, auf deren gründliche Recherche ich mich auch in den folgenden Abschnitten beziehe.
9 Zu Details siehe Michael Hagner: Geniale Gehirne. Die Geschichte der Elitegehirnforschung, Göttingen 2004, S. 264–271.
10 Steven Levy: My Search for Einstein's Brain. The New Jersey Monthly, August 1978, S. 43–45, S. 45. Die Geschichte mit Menippos und Helenas

Schädel findet sich bei Lukian: Totengespräche, in: ders.: Sämtliche Werke, Bd. 2, München/Leipzig 1911, S. 187–188.

11 N. W.: Brain That Rocked Physics Rests in Cider Box, in: *Science* 201 (1978), S. 696.

12 Mark Olshaker: Einstein's Brain, New York 1981. Für »The Dark« geht mein Dank an Staffan Müller-Wille.

13 Walter Grasskamp: Das Cover von Sgt. Pepper. Eine Momentaufnahme der Popkultur, Berlin 2004, S. 33. Zu Einstein als Popikone siehe den Beitrag von Barbara Orland in diesem Band.

14 Nicholas Wade: Brain of Einstein Continues Peregrinations, in: *Science* 213 (1981), S. 521.

15 Gina Maranto: Einstein's Brain, in: *Discover*, May 1985, S. 28–34, S. 34.

16 Michael Paterniti: Driving Mr. Albert. A Trip Across America with Einstein's Brain, New York 2000.

17 Abraham 2002 (wie Anm. 8), S. 336–342.

18 Siehe Kenji Sugimoto: Albert Einstein. Die kommentierte Bilddokumentation, Gräfelfing vor München 1987.

19 Per Arne: Einstein's Brain, http://www.encyclopedia-obscura.com/moviesebrain.html (Stand: 19.3.2004). Sugimotos Bekenntnisse stammen aus Kevin Hulls Film.

20 Marian C. Diamond/Arnold B. Scheibel/Greer M. Murphy/Thomas Harvey: On the Brain of a Scientist: Albert Einstein, in: *Experimental Neurology* 88 (1985), S. 198–204; Britt Anderson/Thomas Harvey: Alterations in cortical thickness and neuronal density in the frontal cortex of Albert Einstein, in: *Neuroscience Letters* 210 (1996), S. 161–164; Terence Hines: Further on Einstein's Brain, in: *Experimental Neurology* 150 (1998), S. 343–344.

21 Sandra F. Witelson/Debra L. Kigar/Thomas Harvey: The exceptional brain of Albert Einstein, in: *Lancet* 353 (1999), S. 2149–2153, S. 2149. Siehe auch das Interview mit Witelson im *New Scientist*: Alison Motluk: Dicing with Albert, *New Scientist*, 18 March 2000, S. 43–45.

22 Zu Details der Hirnanatomie siehe Hagner 2004 (wie Anm. 9), S. 206 bis 221, 300–301.

23 Siehe die Arbeiten von Karl Schaffer: Begabung und Gehirn, in: *Psychiatrisch-neurologische Wochenschrift* 34 (1932), S. 485–488, S. 486 f.; ders.: Einiges über das Gehirn der Hochtalente, in: *Schweizer Archiv für Neurologie und Psychiatrie* 44 (1939), S. 347–352, S. 350 f.; Mieczyslaw Minkowski: Maksymilian Rose: Le cerveau de Joseph Pilsudski. Première Partie, in: *Schweizer Archiv für Neurologie und Psychiatrie* 44 (1939), S. 406–409, S. 408.

24 Olivier Robain: Une inquiétante malformation, in: *La Recherche* 326 (1999), S. 39–41.

25 Steven Pinker: La matière et l'esprit au cœur du débat, in: *La Recherche* 326 (1999), S. 36–37.

Peter Geimer: »Hier«

1 Adolf Meichle: Albert Einsteins Berner Jahre 1902–1909, Bern 1992, S. 28.
2 Ebd., S. 13.
3 Harry Walter: Total anschaulich, in: *Neue Rundschau* 115, 2003, Heft 3, S. 50–68, hier: S. 58. Zu Einsteins Haar siehe auch den Beitrag von William Clark in diesem Band.
4 Siehe hierzu Peter Geimer: Derrida ist nicht zu Hause, in: Wolfgang Ullrich/Sabine Schirdewahn (Hrsg.): Stars. Annäherung an ein Phänomen, Frankfurt a. M. 2003, S. 40–61.
5 Meichle (wie Anm. 1), S. 28.
6 Siehe Adolf Meichle: Zeitgeschehen während Albert Einsteins Berner Jahren 1902–1909, Bern 2002.
7 Gottfried Korff: Zur Eigenart der Museumsdinge, in: ders.: Museumsdinge: Deponieren – Exponieren, Köln u. a. 2002, S. 140–145, hier: S. 141.
8 Krzysztof Pomian: Zwischen Sichtbarem und Unsichtbarem: die Sammlung, in: ders., Der Ursprung des Museums. Vom Sammeln, Berlin 1988, S. 13–72, hier S. 14.
9 http://www.einstein.city-map.de/city/db/139503010300.html
10 »The first three lines establish an equation for D, the measure of expansion in the universe. The lower four lines provide numerical values for the expansion, density, radius and the age of the universe.« – Für den Hinweis auf die Tafel in Oxford danke ich Charlotte Bigg.
11 Abgebildet in: Heinz Schröer: Carl Ludwig: Begründer der messenden Experimentalphysiologie, Stuttgart 1967, S. 112.
12 Die Details des Besuchs sind beschrieben auf der homepage der *School of Physics & Astronomy* der Universität Nottingham: http://www.nottingham.ac.uk/%7Eppzdt/Einstein/blackboard.html
13 Renate Kroos: Vom Umgang mit Reliquien, in: Anton Legner (Hrsg.): Ornamenta Ecclesiae: Kunst und Künstler der Romanik, Band 3, Köln 1985, S. 25–49, S. 25.
14 Meichle (wie Anm. 1), S. 10.
15 http://www.einstein-bern.ch/index.php?lang=de&show=start

Abbildungsnachweise

S. 41: Helen Adkins: Erste Internationale Dada-Messe, in: Stationen der Moderne. Die bedeutenden Kunstausstellungen des 20. Jahrhunderts in Deutschland, Katalog hrsg. von der Berlinischen Galerie Berlin: Nicolai 1988,156–183, hier 161.

S. 42, 44: Jula Dech: Hannah Höch. Schnitt mit dem Küchenmesser. DADA – Spiegel einer Bierbauchkultur. Frankfurt: Fischer Taschenbuch Verlag 1989.

S. 45: Berliner Illustrierte Zeitung Nr. 50, Jg. 28, 1919; mit freundlicher Genehmigung der Historischen Sondersammlung der Zentral- und Landesbibliothek Berlin.

S. 52: Zeitungsausschnittsammlung Gehrcke, Mappe 9, 36r; mit freundlicher Genehmigung der Bibliothek des Max-Planck-Instituts für Wissenschaftsgeschichte.

S. 54: Zeitungsausschnittsammlung Gehrcke, Mappe 17, 8r; mit freundlicher Genehmigung der Bibliothek des Max-Planck-Instituts für Wissenschaftsgeschichte.

S. 55: Zeitungsausschnittsammlung Gehrcke, Mappe 17, 37r; mit freundlicher Genehmigung der Bibliothek des Max-Planck-Instituts für Wissenschaftsgeschichte.

S. 191: Joachim Krausse, Claude Lichtenstein (Hrsg.): Your Private Sky. R. Buckminster Fuller. Design als Kunst einer Wissenschaft, Baden 2001, S. 410.

S. 228: Quint Buchholz, »Einstein trifft Monroe«, 1985. Im Besitz des Künstlers. © Quint Buchholz, München

S. 232: http://members.telering.at/art4u/993g.htm. © Werner Horvath

S. 248: Titelseite von Discover, 25. Heft 9, 2004.

S. 251: Aus: Carolyn Abraham: Possessing Genius. the Bizarre Odyssey of Einstein's Brain. New York 2004.

S. 256: Marianne Raschig: Die Hände führender Wissenschaftler, in: *Die Umschau* 35 (9131), Heft 2, S. 35.

Über die Autorinnen und Autoren

Horst Bredekamp ist Professor für Kunstgeschichte an der Humboldt-Universität zu Berlin. Zuletzt erschienen: *Thomas Hobbes Visuelle Strategien* (1999); *Sankt Peter in Rom und das Prinzip der produktiven Zerstörung* (2000); *Die Fenster der Monade. Gottfried Wilhelm Leibniz' Theater der Natur und Kunst* (2004).

William Clark unterichtet zur Zeit an der University of California Riverside. Neuere Veröffentlichungen: (Hg. mit Jan Golinski und Simon Schaffer) *The Sciences in Enlightened Europe* (1999); (Hg. mit Peter Becker) *Little Tools of Knowledge: Historical Essays on Academic and Bureaucratic Practices* (2001); *Academic Charisma and the Origins of the Research University (im Druck).*

John Forrester ist Professor für Wissenschaftsgeschichte an der Universität Cambridge. Neuere Veröffentlichungen: *Truth Games. Lies, Money, and Psychoanalysis* (1997); *Dispatches from the Freud Wars. Psychoanalysis and Its Passions* (1997).

Peter Geimer ist Oberassistent an der Professur für Wissenschaftsforschung der ETH Zürich. Letzte Veröffentlichungen: *Die Vergangenheit der Kunst. Strategien der Nachträglichkeit im 18. Jahrhundert* (2002); (Hg.) *Ordnungen der Sichtbarkeit. Fotografie in Wissenschaft, Technologie und Kunst* (2002).

Michael Hagner ist Professor für Wissenschaftsforschung an der ETH Zürich. Neuere Publikationen: (Hg.) *Ansichten der Wissenschaftsgeschichte* (2001); (Hg. mit Candida Höfer und Anke te Heesen) *Berlin Wilhelmstraße 44* (2003); *Geniale Gehirne. Zur Geschichte der Elitegehirnforschung* (2004).

Michael Hampe ist Professor für Philosophie an der ETH Zürich. Letzte Veröffentlichungen: *Notwendigkeit, Experiment, Zufall. Zum Gesetzesbegriff in Geschichte und Gegenwart* (1999); (zusammmen mit Roland Simon-Schäfer und Wolfram Eilenberger als Michael Simon-Babenberger) *Wie Wittgenstein das Rechnen verlernte* (2004); *Spekulation und Handlung. Essays zum Pragmatismus* (im Druck).

Anke te Heesen ist wissenschaftliche Mitarbeiterin am Max-Planck-Institut für Wissenschaftsgeschichte in Berlin. Letzte Veröffentlichungen: *Der Weltkasten: Die Geschichte einer Bildenzyklopädie aus dem 18. Jahrhundert* (1997); (Hg. mit Candida Höfer und Michael Hagner) *Berlin Wilhelmstraße 44* (2003); (Hg.) *cut and paste um 1900: Der Zeitungsausschnitt in den Wissenschaften* (2002).

Wolfgang Kemp ist Professor für Kunstgeschichte an der Universität Hamburg. Letzte Veröffentlichungen: (Hg.) *Theorie der Fotografie* (Neuausgabe 1999); *Vertraulicher Bericht über den Verkauf einer Kommode und andere Kunstgeschichten* (2002).

Carsten Könneker ist Chefredakteur der Zeitschrift »Gehirn und Geist« (Spektrum der Wissenschaft). Letzte Veröffentlichung: *Auflösung der Natur – Auflösung der Geschichte. Moderner Roman und NS-»Weltanschauung« im Zeichen der theoretischen Physik* (2001).

Michaela Krützen ist Inhaberin des Lehrstuhls für »Kommunikations- und Medienwissenschaft« an der Hochschule für Film und Fernsehen in München. Neuere Veröffentlichungen: *Hans Albers. Eine deutsche Karriere* (1995); *Dramaturgie des Films. Wie Hollywood erzählt* (2004).

Barbara Orland ist Geschäftsführerin des Kompetenzzentrums »Geschichte des Wissens« der ETH und der Universität Zürich. Letzte Veröffentlichungen: (Hg. mit David Gugerli) *Ganz normale Bilder. Zur visuellen Herstellung von Selbstverständlichkeiten im historischen Kontext* (2002); (Hg.) *Artifizielle Körper – Lebendige Technik. Technische Modellierungen des Körpers in historischer Perspektive* (2005); (Hg. mit Johannes Fehr und Matthias Michel) *Wissenschaft Kontrovers. Dokument einer Selbstbefragung über Geld, Kultur und Qualität;* mit CD-ROM (2005).

Philip Ursprung ist Nationalfonds-Förderungsprofessor für Geschichte der Gegenwartskunst am Institut für Geschichte und Theorie der Architektur der ETH Zürich. Publikationen: (Hg.) *Herzog & de Meuron: Naturgeschichte. Ausstellungskatalog Canadian Centre for Architecture, Montreal* (2002); *Grenzen der Kunst: Allan Kaprow und das Happening, Robert Smithson und die Land Art* (2003).

Harry Walter, Autor und Künstler, bildet gemeinsam mit René Straub die künstlerische Produktionsgemeinschaft ABR, hervorgegangen aus dem 1982 gegründeten »Archiv beider Richtungen«. Zahlreiche Ausstellungen, Projekte und Publikationen. Letzte größere Veröffentlichung: *ABR: Ornament und Versprechen.*

Ansichten der Wissenschaftsgeschichte
Herausgegeben von Michael Hagner
Band 15261

»Die Wissenschaftsgeschichte könnte ein prominenter Ort werden, an dem die strikte Trennung der Denk- und Forschungshorizonte in Geistes- und Naturwissenschaften aufgehoben wird.«
Michael Hagner

Eine Einführung in die neuere Wissenschaftsgeschichte an Hand von exemplarischen Studien zu den Naturwissenschaften von der frühen Neuzeit bis ins 20. Jahrhundert. Mit Beiträgen von Soraya de Chadarevian, Lorraine Daston, Peter Galison, Michael Hagner, Donna Haraway, Christoph Hoffmann, Lily E. Kay, Bruno Latour, Hans-Jörg Rheinberger, Simon Schaffer, Londa Schiebinger und Steven Shapin. Einleitung, Kommentare und Literaturhinweise ergänzen diesen Reader.

Fischer Taschenbuch Verlag

fi 15261 / 1

Lorraine Daston

Wunder, Beweise und Tatsachen

Zur Geschichte der Rationalität

Aus dem Englischen von Gerhard Herrgott, Christa Krüger und Susanne Scharnowski

Band 14763

Die Aufsätze dieses Bandes verstehen sich als Versuche zu einer Geschichte der Rationalität. Rationalität läßt sich, das ist der methodische Leitgedanke, am besten in ihren besonderen Ausprägungen studieren, in den Techniken, durch die ästhetische Prinzipien mit der innerweltlichen Praxis verlötet werden. Die hier versammelten Aufsätze stellen sich nicht zuletzt die Aufgabe, diese hochtönenden Abstraktionen in konkrete Arten des Denkens, Fühlens und Handelns zu transformieren, die ihrerseits geschichtliche Errungenschaften sind.

Fischer Taschenbuch Verlag

fi 14763 / 1

Science & Fiction

Über Gedankenexperimente in Wissenschaft, Philosophie und Literatur

Herausgegeben von Thomas Macho und Annette Wunschel

Band 15838

Gedankenexperimente gehören zur Wissenschaft, erst recht zur Literatur, und auch die Philosophie macht von jenen kleinen fiktiven Verrückungen der Realität Gebrauch, deren Auswirkungen in Gedanken durchgespielt werden. Manchmal ist es also Science, dann eher Fiction, die in diesem Band die Oberhand gewinnt, und nicht zuletzt geht es um Science Fiction.

Fischer Taschenbuch Verlag

fi 15838 / 1

Science & Fiction II
Leben auf anderen Sternen
Herausgegeben von Thomas P. Weber
Band 15952

Mondreisen • Die Vielzahl der Welten: Von Newton bis Whewell • Swedenborgs Planeten • Einsam im All: Alfred Russel Wallace • Aliens in der frühen Science Fiction • Außerirdische auf der Leinwand: ET und Alien • Spekulative Biologie • Search for Extraterrestrial Intelligence: SETI • Science Fiction der Jahrtausendwende: Egan und Chiang

Fischer Taschenbuch Verlag

fi 15952 / 1

Michael Friedman

Carnap / Cassirer / Heidegger

Geteilte Wege

Band 16006

Davos im Frühjahr 1929: Ernst Cassirer, philosophischer Repräsentant liberaler Weimarer Kultur, trifft auf Martin Heidegger. Im Hintergrund dabei ist Rudolf Carnap, Mitglied des Wiener Kreises: drei Philosophen, die sich noch auf gemeinsame Grundfragen beziehen, doch schon verschiedene Wege einschlagen und damit divergierende Traditionen der modernen Philosophie begründen werden.

»Ein Durchbruch in der Geschichtsschreibung der Philosophie des 20. Jahrhunderts.«
Richard Rorty

Fischer Taschenbuch Verlag

fi 16006 / 1

Verwindungen
Arbeit an Heidegger
Herausgegeben von Wolfgang Ullrich
Band 15860

Perspektiven auf Heidegger jenseits der üblichen akademischen Interpretationen und kritischen Entlarvungen. In den Beiträgen geht es darum, Heidegger aus nüchtern-ironischer Distanz in den Blick zu bringen, ohne darauf Verzicht zu leisten, Substantielles zu den Texten und zur Person zu sagen.

»Der Fuchs im Laufen ruht,
sofern er dieselbe Färbung behält.«
Martin Heidegger

Fischer Taschenbuch Verlag

fi 15860 / 1

Michaela Krützen

Dramaturgie des Films

Wie Hollywood erzählt

Band 16021

Wie erzählt Hollywood? Ein analytischer Blick auf das populäre Kino und gleichzeitig die detaillierte Untersuchung eines paradigmatischen Films: Jonathan Demmes ›Das Schweigen der Lämmer‹.

Fischer Taschenbuch Verlag

fi 16021 / 1